1권 개념

믿고 보는 초등 과학 개념서

HIGHTOP

하이탑

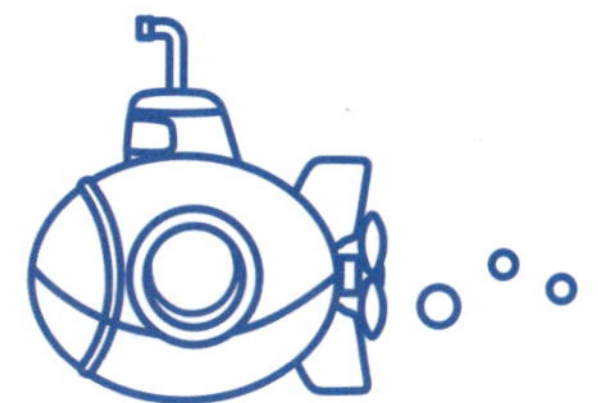

초등 과학

3·1

하이탑

초등 과학의 **구성과 특징**

1권 개념 **1** 단계

❶ 단원 개념도
단원 전체 학습 흐름과 개념 간의 관계를
미리 알고 학습할 수 있습니다.

❷ 필수 개념 30
과학 이야기를 읽듯이 차근차근 읽다 보면
과학 필수 개념 30개를 체계적으로 학습할 수
있습니다.

❸ 개념 이해
그림, 비교, 표, 과정, 실험, 그래프의 구조화
방식을 통해 개념을 쉽게 이해할 수 있습니다.

❹ 보충 / 심화
필수 개념에 대한 자세한 보충 설명과 좀더
확장된 심화 설명으로 이해의 폭을 넓힐 수
있습니다.

|도움영상|

과학 도움 영상
생생한 동영상 자료를 통
해 과학 원리를 좀더 쉽게
이해할 수 있습니다.

과학 고수가 되는 길!
초등부터 **HIGHTOP**과 함께라면
과학 공부 어렵지 않아요.

2단계

1 필수 탐구
과학 교과서의 필수 탐구를 과정, 결과, 알 수
있는 사실까지 꼼꼼하게 정리할 수 있습니다.

2 탐구 문제
탐구 관련 문제를 풀면서 탐구로 알 수 있는
사실을 다시 한번 정리할 수 있습니다.

3 개념 확인 문제
문제를 풀면서 오늘 공부한 개념을 정리하고
다질 수 있습니다.

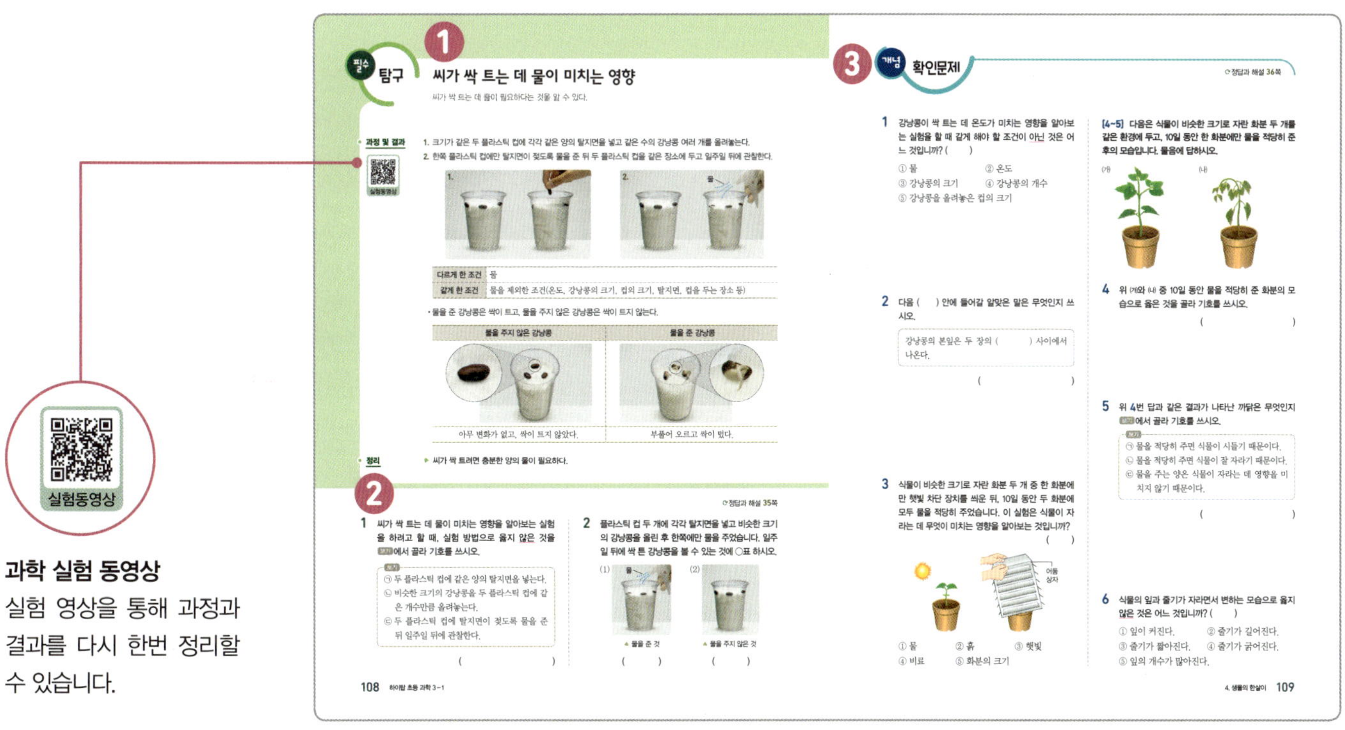

과학 실험 동영상
실험 영상을 통해 과정과
결과를 다시 한번 정리할
수 있습니다.

1권 개념

3단계

❶ 실력 강화 문제

개념 확인 문제보다 한 단계 수준 높은 문제로 구성하였습니다. 각 핵심 개념의 어려운 문제를 풀어봄으로써 자신의 실력을 향상시킬 수 있습니다.

도전! 하이탑 최상위 수준의 문제로 응용력과 문제 해결력을 향상시킬 수 있습니다.

❷ 단원 평가

학교에서 실시하는 단원 평가에 자주 출제되는 문제 유형으로 구성하였습니다. 문제를 푼 후 틀린 문제는 자세한 풀이를 보면서 확실하게 이해할 수 있습니다.

서술형 문제 서술형 답을 쓸 때 꼭 들어가야 하는 핵심 내용을 정리하는 습관을 키울 수 있습니다.

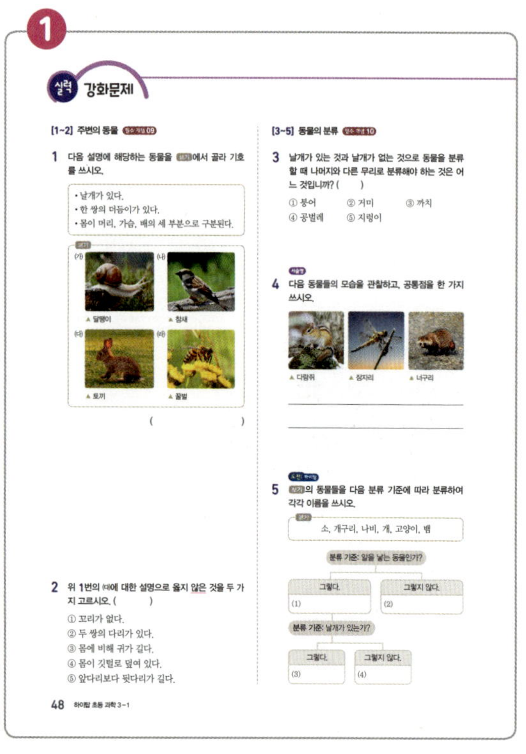

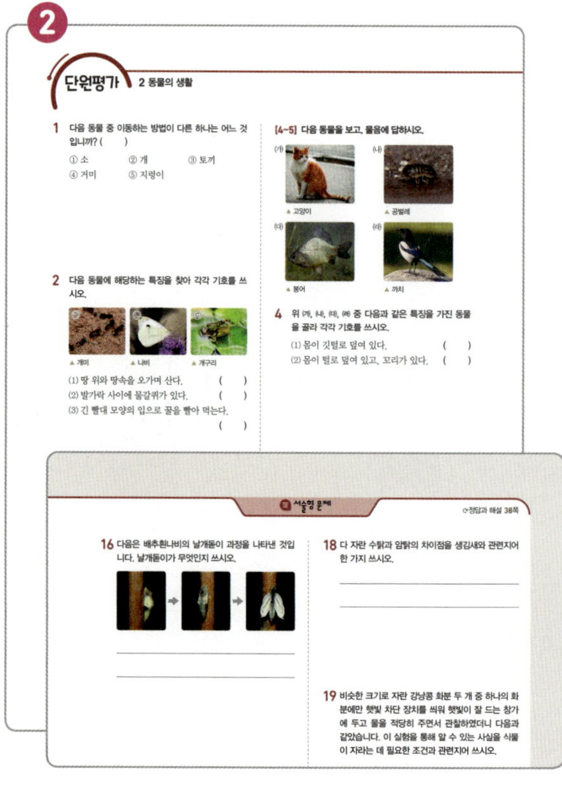

과학 고수가 되는 길!
초등부터 **HIGHTOP**과 함께라면
과학 공부 어렵지 않아요.

2권 심화

❶ 중학교 개념 특강
초등 과학 필수 개념과 연계된 중학교 기초 개념을 미리 쉽게 학습하면서 과학 전체 개념의 이해 폭을 넓힐 수 있습니다.

❷ 중학교 개념 테스트
중학교 개념 특강에서 배운 내용을 잘 이해했는지 간단한 퀴즈를 통해 확인할 수 있습니다.

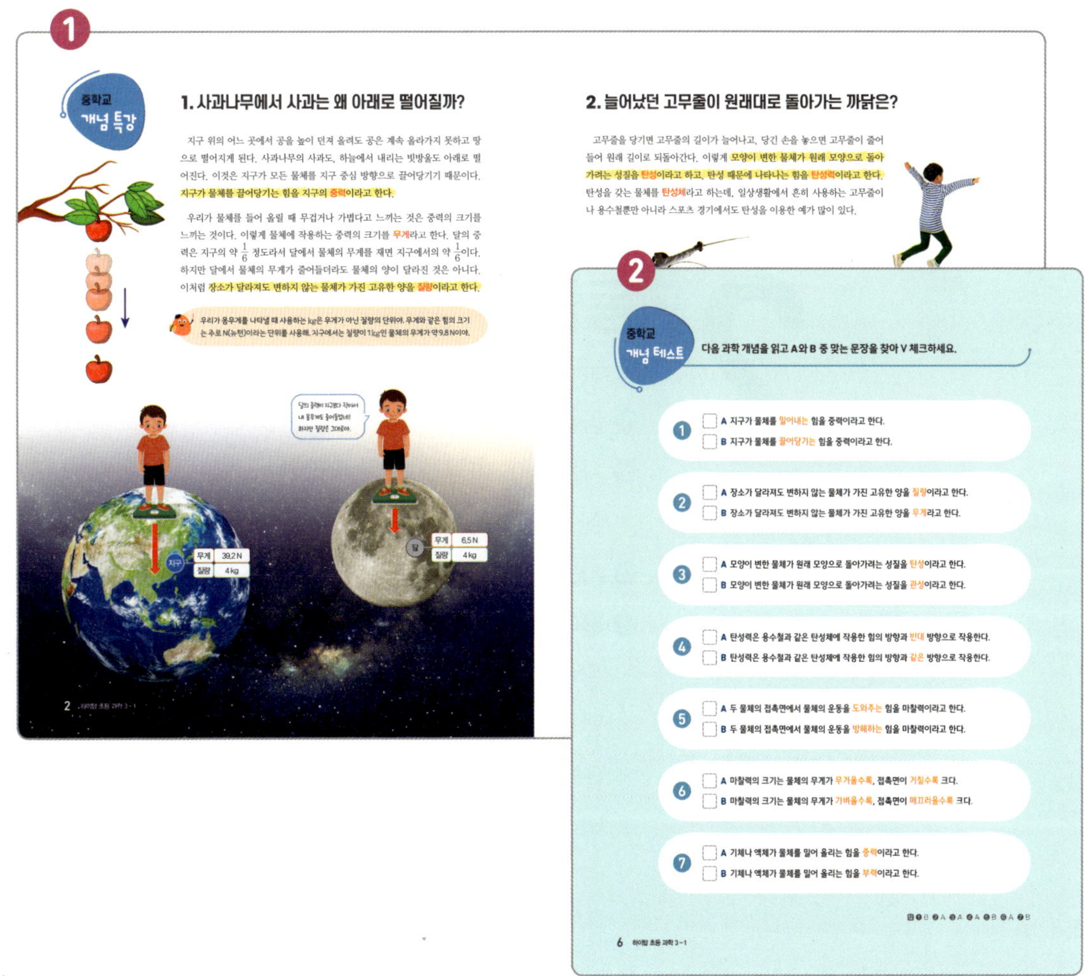

1 힘과 우리 생활

2 동물의 생활

3 식물의 생활

4 생물의 한살이

1

힘과 우리 생활

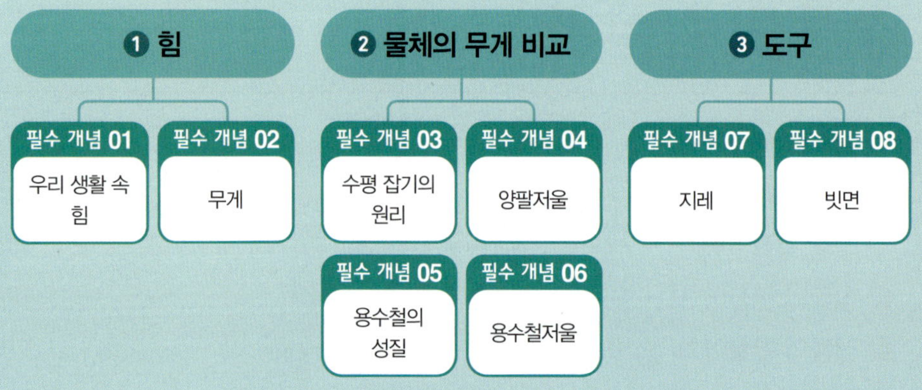

이 단원의
학습
초등학교 3학년

힘과 우리 생활
물체의 무게를 비교하고,
도구를 이용했을 때 힘의 크기가
달라짐을 안다.

후속 학습
중학교 1학년

힘의 작용
힘의 평형을 이해하고, 중력,
탄성력, 마찰력, 부력의
특징을 안다.
2권 중학교 개념특강 1쪽

1

힘

힘과 우리 생활
- 힘
  - 우리 생활 속 힘
  - 무게
- 물체의 무게 비교
- 도구

보충 **힘과 관련된 현상이 아닌 예**

- 물이 끓거나 얼음이 녹는 것처럼 물질의 상태나 성질이 변하는 것은 힘과 관련된 현상이 아니다.
- '공부하기가 힘들다.', '선생님의 말씀이 힘이 된다.'의 힘은 과학에서 말하는 힘이 아니다.

필수 개념 01 물체를 움직이게 하거나 멈추게 하려면 힘이 필요하다.

(1) **힘** 과학에서 힘이란 물체의 모양, 움직이는 방향, 빠르기 등을 변화시키는 원인이다. 물체에 힘을 가하면 물체의 모양이 변하거나, 움직이는 방향이나 빠르기가 변한다.

(2) **생활 속 힘과 관련된 현상** 그네를 밀거나 손수레를 당길 때와 같이 일상생활을 할 때 힘이 필요한 경우가 많이 있다. 가만히 놓여 있는 물체를 움직이게 하거나 움직이는 물체를 멈추기 위해서는 힘이 필요하다.

① 손수레를 힘을 주어 밀면 힘을 준 방향으로 손수레가 움직인다.

② 손에 힘을 주어 날아오는 공을 잡으면 공이 멈춘다.

③ 발로 자전거 페달을 밀면 자전거가 앞으로 움직인다.

④ 칠판지우개를 잡고 밀면 지우개가 밀리면서 칠판에 쓴 글씨가 지워진다.

⑤ 힘을 주어 그네를 밀면 그네가 앞으로 움직인다.

⑥ 손에 힘을 주어 유모차를 밀면 유모차가 움직인다.

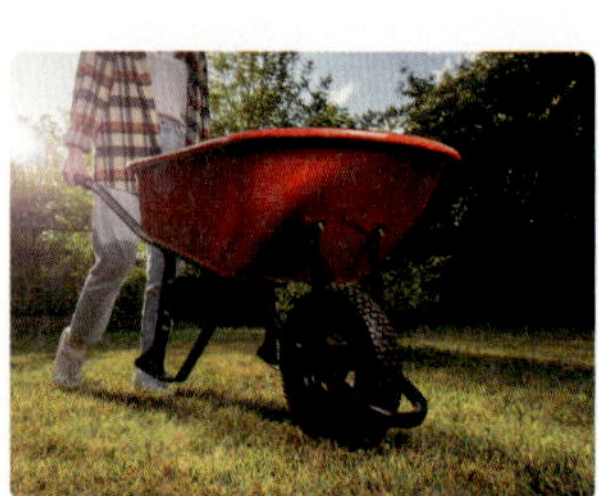

▲ 손수레를 미는 모습

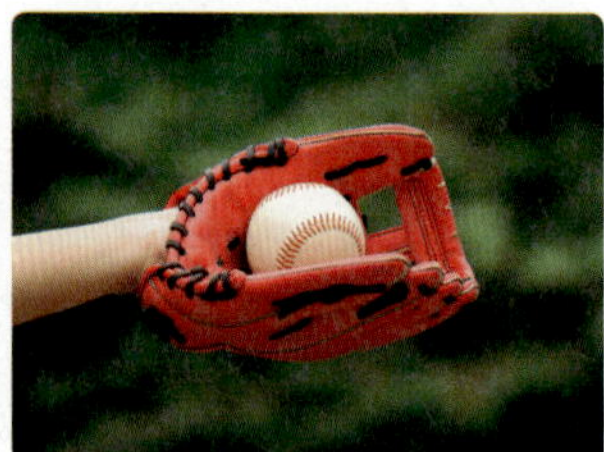

▲ 공을 잡는 모습

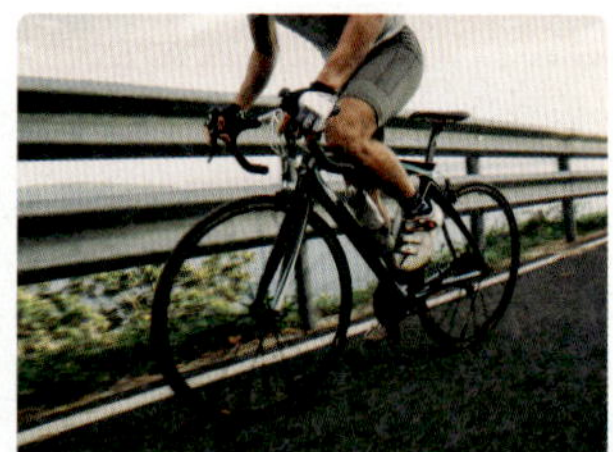

▲ 자전거 페달을 미는 모습

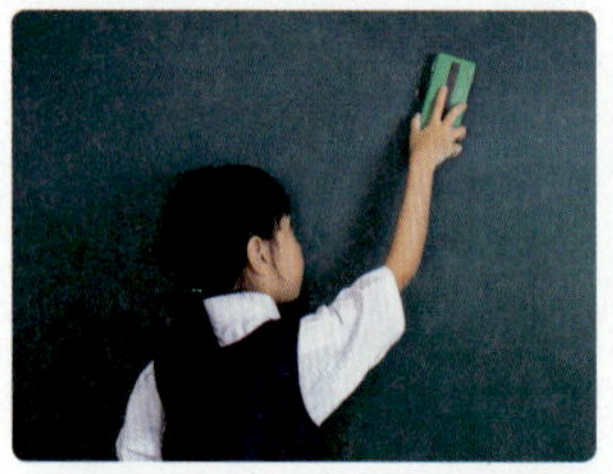

▲ 칠판을 닦는 모습

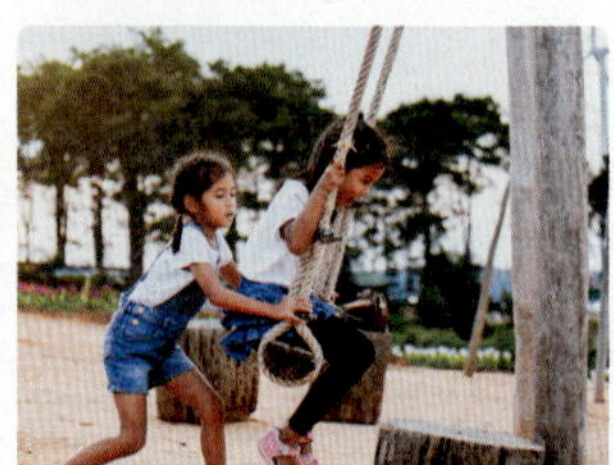

▲ 그네를 미는 모습

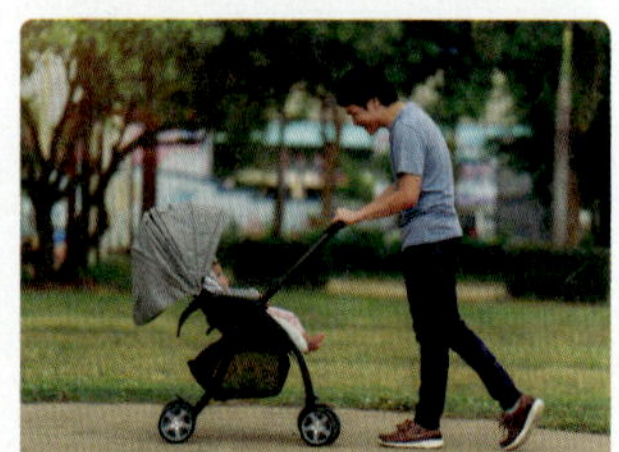

▲ 유모차를 미는 모습

(3) **물체를 밀거나 당길 때의 힘** 물체를 밀거나 당길 때에는 힘이 필요하다. 물체의 무거운 정도에 따라 필요한 힘의 크기가 다르다. 필수 탐구 12쪽

① 무거운 물체와 가벼운 물체를 밀 때 힘의 크기: 무거운 물체를 밀 때에는 큰 힘이 필요하고, 가벼운 물체를 밀 때에는 무거운 물체를 밀 때보다 작은 힘이 필요하다.

② 무거운 물체와 가벼운 물체를 당길 때 힘의 크기: 무거운 물체를 당길 때에는 큰 힘이 필요하고, 가벼운 물체를 당길 때에는 무거운 물체를 당길 때보다 작은 힘이 필요하다.

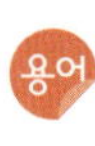

용어

- **원인** 어떤 사물이나 상태를 변화시키거나 일으키게 하는 근본이 된 일이나 사건.

(1) 무게

① **물체의 무게**: 지구가 물체를 끌어당기는 힘의 크기를 무게라고 한다. 지구는 모든 물체를 지구 중심 방향으로 끌어당기는데, 가벼운 물체보다 무거운 물체를 더 세게 끌어당긴다. 그래서 무거운 물체를 들 때 가벼운 물체보다 힘이 더 든다. '물체가 무겁다.'는 것은 '지구가 그 물체를 세게 끌어당긴다.'라는 뜻이다.

② **무게의 단위**: 무게의 단위에는 g중(그램중), kg중(킬로그램중), N(뉴턴) 등이 있지만, 일상생활에서는 줄여서 g(그램), kg(킬로그램)으로 표현하기도 한다.

초등 과학에서는 무게의 단위로 g(그램)과 kg(킬로그램)을 사용한다.

그림 플러스⁺ **지구가 물체를 끌어당기는 힘**

③ **물체의 무게를 저울로 측정하는 까닭**: 여러 가지 물체를 손으로 들어 보면 어느 물체가 더 무거운지 어림할 수 있지만, 같은 물체라도 사람마다 느끼는 무게가 다를 수 있다. 그래서 물체의 무게를 정확히 측정하기 위해 저울을 사용한다.

(2) 저울을 사용해 물체의 무게를 측정하는 경우

① 마트에서는 고기나 채소와 같은 상품의 무게를 저울로 측정하여 무게에 따라 가격을 정한다.

② 우체국에서는 택배를 보낼 때 우편물의 무게를 측정하여 무게에 따라 배송 요금을 정한다.

③ 주방에서는 요리할 때 재료의 무게를 정확하게 측정하여 음식의 맛을 일정하게 낸다.

▲ 마트에서 고기나 채소의 가격을 정할 때

▲ 우체국에서 우편물의 배송 요금을 정할 때

▲ 주방에서 요리에 쓸 재료의 무게를 측정할 때

심화 **질량과 무게**

• **질량**: 물체의 고유한 양으로, 장소가 달라져도 변하지 않는다. 질량의 단위는 g(그램), kg(킬로그램) 등이 있다.

• **무게**: 지구가 물체를 끌어당기는 힘으로, 측정하는 장소에 따라 달라진다. 달에서 무게를 측정하면 지구에서 측정하는 무게의 약 $\frac{1}{6}$이 된다. 무게의 단위는 g중(그램중), kg중(킬로그램중), N(뉴턴) 등이 있지만, 편의상 질량의 단위인 g, kg을 사용하여 표현한다.

보충 **저울로 무게를 정확하게 측정하는 경우**

• 운동 경기에서 선수들의 몸무게를 측정하여 체급을 나눌 때
• 공항에서 비행기에 실을 가방의 무게를 측정할 때
• 건강 검진을 할 때

용어

• **어림** 대강 짐작으로 헤아림.
• **체급** 권투, 유도, 역도 등의 경기에서 선수들의 몸무게에 따라 매겨진 등급.

무거운 물체와 가벼운 물체를 밀 때의 특징

무거운 물체와 가벼운 물체를 밀 때 필요한 힘의 크기를 비교할 수 있다.

● 과정 및 결과

1. 한 상자는 여러 가지 물체를 넣고, 다른 상자는 비워 둔다.

2. 두 상자를 각각 밀 때 힘의 크기를 예상해 본다.

3. 두 상자를 각각 밀어 보며 느낀 힘의 크기를 비교한다.

▲ 물체를 넣은 상자를 밀 때

▲ 빈 상자를 밀 때

- 빈 상자를 밀 때보다 물체를 넣은 상자를 밀 때 힘이 더 많이 든다.

4. 두 상자를 각각 당겨 보며 느낀 힘의 크기를 비교한다.

- 밀 때와 마찬가지로 물체를 넣은 상자를 당길 때 힘이 더 많이 든다.

● 정리

▶ 무거운 물체를 밀거나 당길 때 큰 힘이 필요하다.

▶ 가벼운 물체를 밀거나 당길 때에는 무거운 물체를 밀거나 당길 때보다 작은 힘이 필요하다.

↳정답과 해설 **5**쪽

1 무거운 상자와 가벼운 상자를 밀거나 당길 때에 대한 설명으로 옳은 것을 보기 에서 골라 기호를 쓰시오.

보기
- ㉠ 무거운 상자를 밀면 힘이 많이 든다.
- ㉡ 무거운 상자를 당기면 힘이 적게 든다.
- ㉢ 가벼운 상자를 당길 때와 무거운 상자를 당길 때 드는 힘의 크기는 같다.

( )

2 다음 보기 의 상자 중 밀 때 가장 큰 힘이 필요한 것은 어느 것인지 기호를 쓰시오.

보기
- ㉠ 빈 상자
- ㉡ 과학 교과서 1권이 들어 있는 상자
- ㉢ 과학 교과서 5권이 들어 있는 상자
- ㉣ 과학 교과서 10권이 들어 있는 상자

( )

정답과 해설 5쪽

1 다음 ( ) 안에 공통으로 들어갈 알맞은 말을 쓰시오.

> • ( )은/는 물체의 모양, 움직이는 방향, 빠르기 등을 변화시키는 원인이다.
> • 물체에 ( )을/를 가하면 정지해 있던 물체가 움직이거나 움직이던 물체가 멈춘다.

( )

2 일상생활에서 힘과 관련된 현상으로 옳은 것은 ○표, 옳지 <u>않은</u> 것은 ×표 하시오.

(1) 발에 힘을 주어 축구공을 찼다. ( )

(2) 손에 힘을 주어 상자를 들어 올렸다. ( )

(3) 손으로 연필을 잡고 힘을 주어 글씨를 썼다. ( )

(4) 비가 와서 밖에 나가지 못해 동생은 힘이 없어 보였다. ( )

3 다음은 물체를 밀거나 당길 때 필요한 힘의 크기에 대한 설명입니다. ( ) 안에 들어갈 알맞은 말을 골라 각각 쓰시오.

> ㉠ (가벼운, 무거운) 물체를 밀거나 당길 때보다 ㉡ (가벼운, 무거운) 물체를 밀거나 당길 때 더 큰 힘이 필요하다.

㉠ ( ), ㉡ ( )

4 다음 밑줄 친 이것은 무엇을 의미하는지 쓰시오.

> • 이것은 지구가 물체를 끌어당기는 힘의 크기를 나타낸다.
> • 지구는 <u>이것</u>이 가벼운 물체보다 <u>이것</u>이 무거운 물체를 더 세게 끌어당긴다.

( )

5 다음 빈칸에 들어갈 도구로 옳은 것을 골라 기호를 쓰시오.

> 같은 물체라도 사람마다 무게를 느끼는 정도가 다르기 때문에 ( )을/를 사용하여 물체의 무게를 정확하게 측정한다.

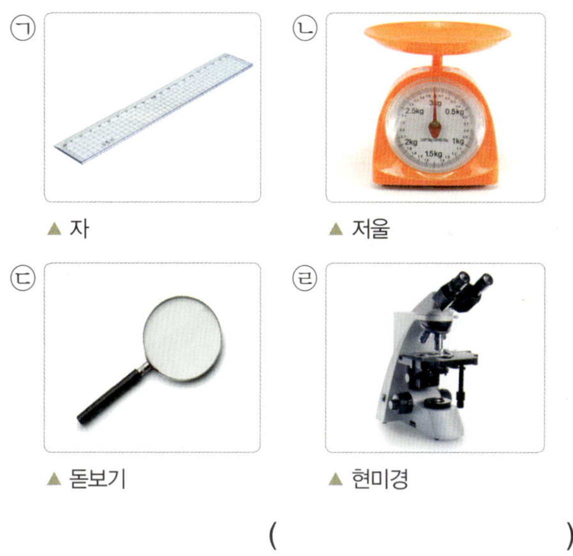

( )

6 우리 생활에서 물체의 무게를 정확하게 측정하는 경우로 옳은 것을 두 가지 고르시오. ( )

① 키를 잴 때
② 병원에서 체온을 잴 때
③ 도서관에서 책을 빌릴 때
④ 운동선수의 체급을 정할 때
⑤ 우체국에서 택배 요금을 정할 때

물체의 무게 비교 (1)

힘과 우리 생활

| 힘 | 물체의 무게 비교 | 도구 |

| 수평 잡기의 원리 | 양팔저울 | 용수철의 성질 | 용수철 저울 |

▲ 몸무게가 같을 때

몸무게가 같은 두 사람이 시소의 받침점으로부터 양쪽으로 같은 거리에 앉을 때 수평이 된다.

▲ 몸무게가 다를 때

몸무게가 다른 두 사람 중 무거운 사람이 가벼운 사람보다 시소의 받침점에서 가까운 쪽에 앉을 때 수평을 잡을 수 있다.

• **받침점** 물체를 떠받치고 있는 고정된 점.

필수 개념 03 두 물체를 받침점에서 같은 거리에 올려 기울어진 쪽이 더 무겁다.

(1) **수평** 어느 한쪽으로 기울지 않고 평평한 상태를 수평이라고 한다. 물체의 무게가 같을 때 수평을 잡으려면 두 물체를 받침점에서 같은 거리에 놓아야 한다. 물체의 무게가 다를 때 수평을 잡으려면 무거운 물체를 가벼운 물체보다 받침점에 더 가까운 거리에 놓아야 한다.

(2) **나무판자로 물체의 무게 비교** 두 물체를 받침점으로부터 같은 거리에 각각 올려 놓을 때 물체의 무게가 같으면 나무판자는 수평이 되지만, 무게가 다르면 무거운 물체 쪽으로 기울어진다.

▲ 감과 귤의 무게가 같다.　　　▲ 배가 사과보다 무겁다.

실험 플러스+ 수평 잡기의 원리

과정

❶ 나무판자 가운데에 받침대를 받쳐 나무판자가 수평이 되도록 한다.

❷ 나무토막 한 개를 나무판자의 한쪽 3번 칸에 올린 후, 다른 나무토막 한 개를 반대쪽에 올려 칸을 옮겨가며 나무판자가 수평이 되는 칸이 몇 번인지 확인한다.

❸ 나무토막 두 개를 쌓아 한쪽 2번 칸에 올리고, 반대쪽 2번 칸에 나무토막 한 개를 올린 후 나무판자가 어느 쪽으로 기울어지는지 확인한다.

❹ ❸에서 반대쪽에 올린 나무토막 한 개를 좌우로 옮기면서 나무판자의 수평을 잡아 본다.

결과

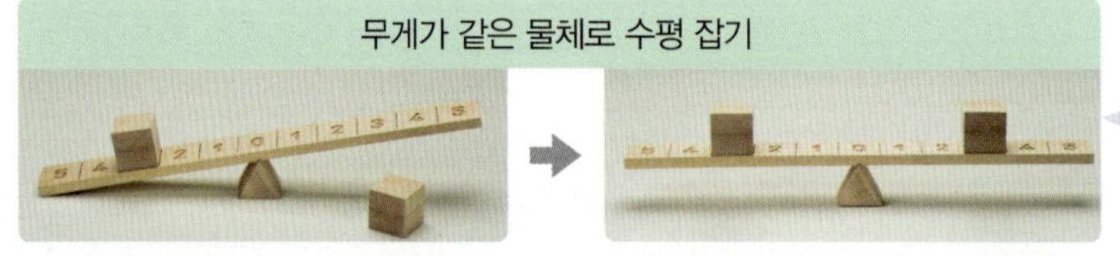
무게가 같은 물체로 수평 잡기

나무토막을 받침점으로부터 양쪽으로 같은 거리에 올려놓는다.

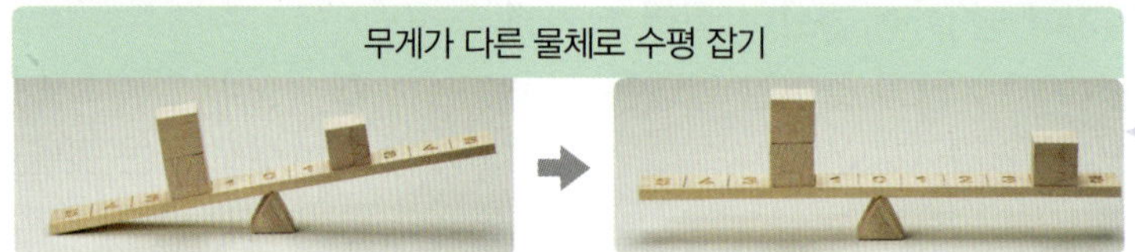
무게가 다른 물체로 수평 잡기

무거운 나무토막을 가벼운 나무토막보다 받침점에 더 가까이 올려놓는다.

▶ 무게가 같은 경우 나무판자의 받침점으로부터 양쪽으로 같은 거리에 두 물체를 올려 수평을 잡는다.

▶ 무게가 다른 경우 무거운 물체를 가벼운 물체보다 나무판자의 받침점에서 가까운 쪽에 올려 수평을 잡는다.

(1) **양팔저울** 양팔저울은 수평 잡기의 원리를 이용하여 물체의 무게를 측정할 수 있는 저울이다.

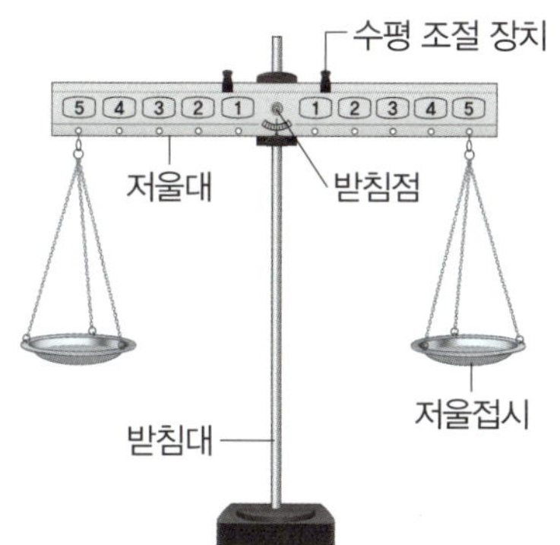

이름	역할
수평 조절 장치	저울대가 수평을 잡을 수 있게 조절하는 장치
저울대	양쪽에 저울접시를 거는 부분
저울접시	측정하고자 하는 물체를 올려놓는 부분
받침점	받침대와 저울대가 만나는 부분
받침대	저울대 가운데가 받침점 역할을 할 수 있도록 걸어 놓은 세로 부분

(2) **양팔저울로 두 물체의 무게 비교하기** 받침점으로부터 양쪽으로 같은 거리에 있는 저울접시에 각각의 물체를 올리면 저울대가 무거운 물체 쪽으로 기울어진다.

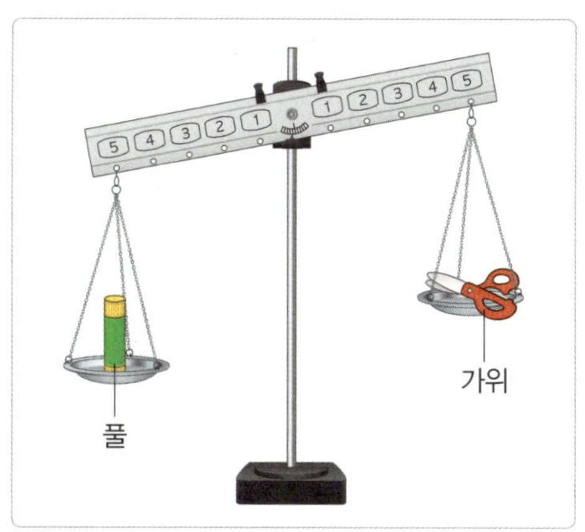

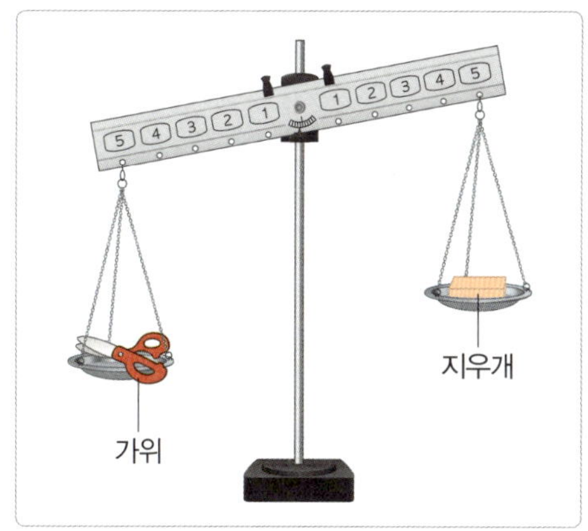

▲ 풀이 가위보다 무겁다.　　▲ 가위가 지우개보다 무겁다.

(3) **양팔저울로 여러 가지 물체의 무게 비교하기** 한쪽 저울접시에 물체를 올리고, 다른 쪽 저울접시에 저울대가 수평을 잡을 때까지 기준 물체(무게가 일정한 물체)를 올려놓고 그 개수를 세어 비교한다. 저울접시에 올린 기준 물체의 개수가 많을수록 무거운 물체이다. **필수 탐구 16쪽**

① 기준 물체로 사용할 수 있는 물체의 ·조건: 기준 물체는 무게가 일정해야 하고, 크기가 적당해야 한다. 또 한 개의 무게가 측정하는 물체의 무게보다 가벼워야 한다.

② 기준 물체로 사용할 수 있는 물체의 예

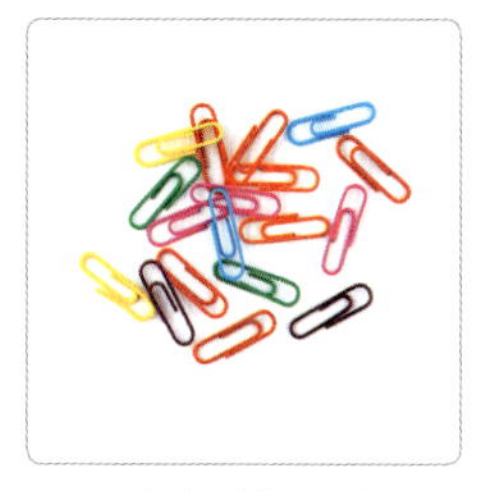

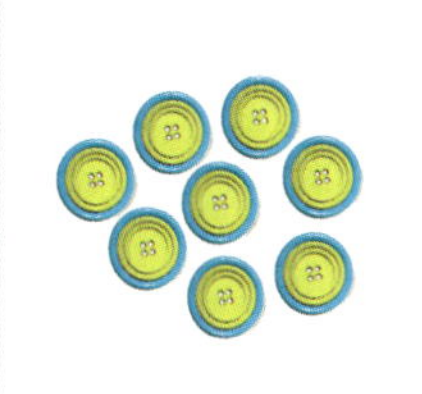

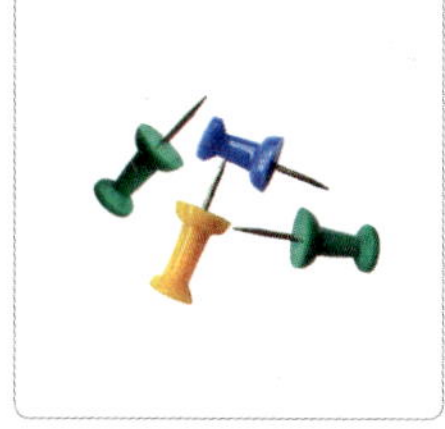

▲ 무게가 같은 클립　　▲ 같은 금액 동전　　▲ 똑같은 단추　　▲ 무게가 같은 장구 핀

보충 양팔저울의 수평 맞추기

수평 조절 장치를 저울대가 올라간 쪽으로 조금씩 밀면서 저울대의 수평을 맞춘다.

심화 수평 잡기의 원리를 이용한 저울

윗접시저울은 받침점에서 같은 거리에 물체를 올릴 수 있는 접시가 있고, 가운데에 저울대의 수평이 잡혔는지 확인하는 바늘이 있다.

용어

·**조건** 어떤 일이 이루어지려면 갖추어져야 할 상태나 요소.

양팔저울로 여러 가지 물체의 무게 비교하기

양팔저울을 이용하여 여러 가지 물체의 무게를 비교할 수 있다.

● 과정 및 결과

1. 수평 조절 장치로 저울대의 수평을 맞춘다.
2. 양팔저울의 한쪽 저울접시에 측정하려는 물체를 올려 놓는다.
3. 저울대가 수평이 될 때까지 다른 쪽 저울접시에 기준 물체(예 클립)를 올려놓는다.
4. 저울대가 수평이 되었을 때 기준 물체의 개수를 세어 본다.
5. 물체를 바꿔 **2~4** 활동을 한 다음, 측정한 물체의 무게를 비교한다.

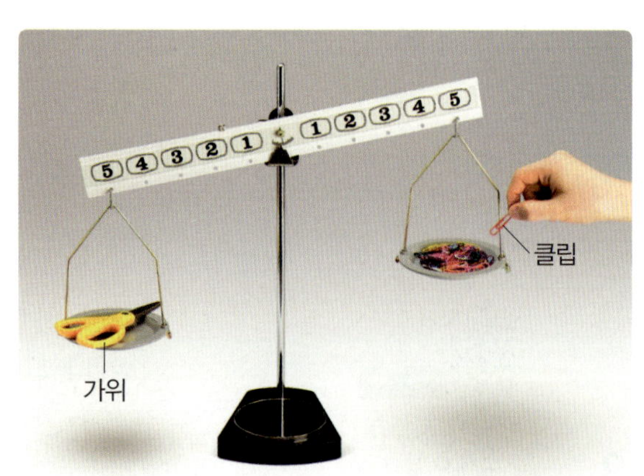

[물체의 무게에 해당하는 클립의 수 예]

물체	지우개	연필	가위	풀
클립의 수(개)	27	11	41	46

- 측정한 물체의 무거운 순서: 풀 > 가위 > 지우개 > 연필
- 클립은 무게가 일정하기 때문에 클립을 올려 저울대가 수평이 되었을 때 클립의 전체 무게와 물체의 무게가 같으므로, 클립의 개수가 많을수록 더 무거운 물체이다.

● 정리

▶ 양팔저울의 한쪽 저울접시에는 물체를, 다른 한쪽 저울접시에는 기준 물체(예 클립)를 올려놓고 그 개수를 세어 여러 가지 물체의 무게를 비교할 수 있다.

▶ 기준 물체의 개수가 많을수록 무거운 물체이다.

↰정답과 해설 **6**쪽

1 양팔저울로 여러 가지 물체의 무게를 비교하는 방법을 순서에 상관없이 나타낸 것입니다. 순서대로 기호를 쓰시오.

> ㉠ 한쪽 저울접시에 물체를 올려놓는다.
> ㉡ 수평 조절 장치로 저울대의 수평을 맞춘다.
> ㉢ 저울대가 수평을 이루면 클립의 개수를 센다.
> ㉣ 다른 쪽 저울접시에 클립을 하나씩 올리면서 저울대의 수평을 맞춘다.
> ㉤ 저울대가 수평이 되었을 때 올려놓은 클립의 개수를 비교해 여러 가지 물체의 무게를 비교한다.

(   ) → (   ) → (   ) → (   ) → (   )

2 다음 표는 양팔저울에 물체와 클립 여러 개를 올려 저울대의 수평을 잡았을 때 클립의 개수를 세어 기록한 것입니다. 가장 무거운 물체를 골라 쓰시오.

물체	볼펜	자	집게	연필	가위
클립의 수(개)	14	10	19	15	32

(   )

↪정답과 해설 **6**쪽

1 어느 한쪽으로 기울지 않고 평평한 상태를 무엇이라고 하는지 쓰시오.

( )

2 다음과 같이 왼쪽 ④번 칸에 나무토막 한 개를 올렸습니다. 무게가 같은 나무토막 한 개를 올려 나무판자의 수평을 잡으려면 어느 곳에 올려야 하는지 기호를 쓰시오.

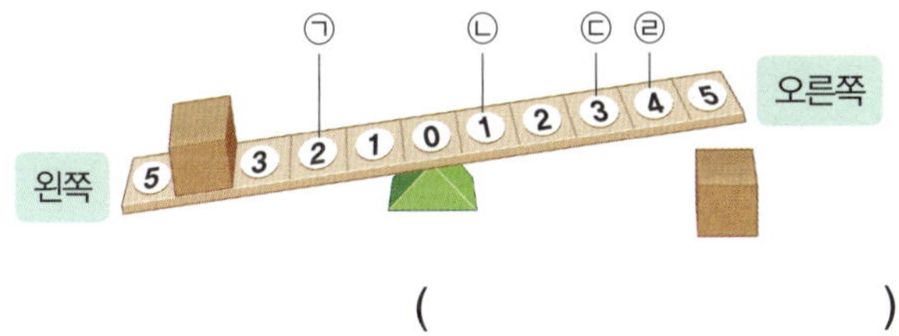

( )

3 다음과 같이 준호와 예진이가 시소를 타고 있는 모습에 대한 설명으로 옳지 <u>않은</u> 것은 어느 것입니까?

( )

① 시소가 수평을 이루었다.
② 준호의 몸무게가 더 무겁다.
③ 예진이의 몸무게가 더 무겁다.
④ 준호가 받침점에 더 가까이 있다.
⑤ 예진이가 받침점에서 더 멀리 있다.

4 다음 양팔저울에 물체를 올려놓기 전에 수평을 맞추기 위한 부분을 골라 기호와 이름을 쓰시오.

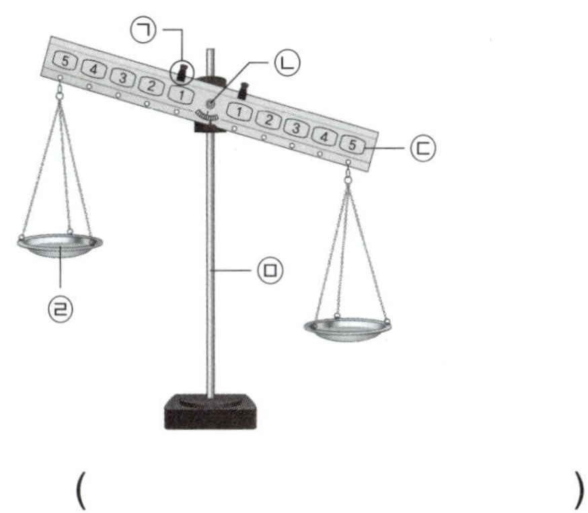

( )

5 다음은 양팔저울로 필통과 풀의 무게를 비교한 모습입니다. 어느 물체가 더 무거운지 쓰시오.

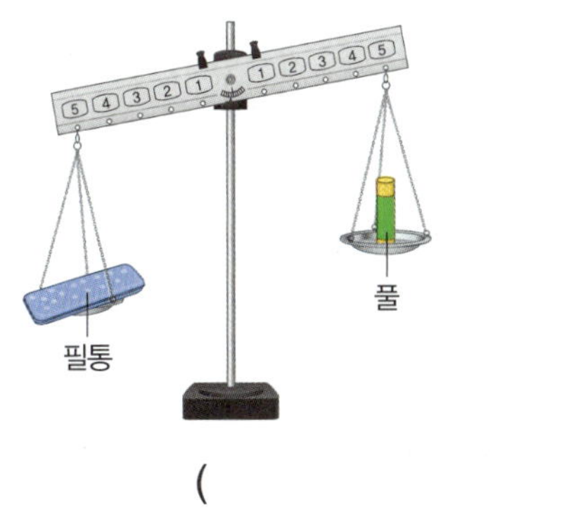

( )

6 양팔저울을 이용하여 여러 가지 물체의 무게를 비교할 때 저울접시에 올려놓는 기준 물체로 사용할 수 있는 물체를 골라 ○표 하시오.

( ) ( ) ( )

[1~2] 우리 생활 속 힘 필수 개념 01

1 다음 대화를 보고 힘에 대해 옳게 말한 사람의 이름을 쓰시오.

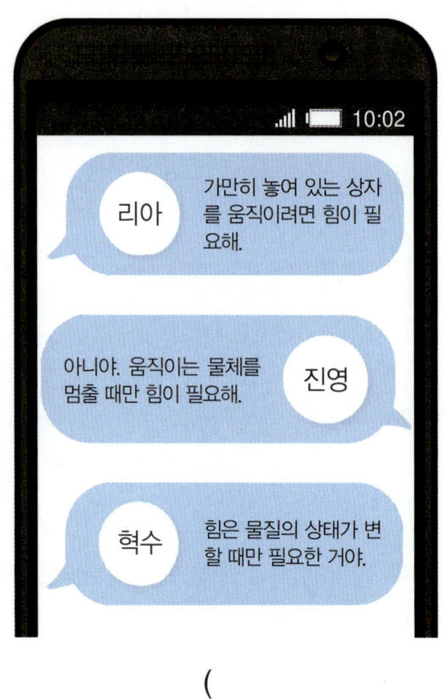

( )

도전! 하이탑

2 생활 속 힘과 관련된 현상으로 옳지 <u>않은</u> 것은 어느 것입니까? ( )

① 
▲ 유모차를 미는 모습

② 
▲ 야구공을 치는 모습

③ 
▲ 그네를 미는 모습

④ 
▲ 얼음이 녹는 모습

[3~5] 무게 필수 개념 02

3 무거운 물체를 가벼운 물체보다 들기 어려운 까닭으로 옳지 <u>않은</u> 것을 보기 에서 골라 기호를 쓰시오.

보기
㉠ 무거운 물체는 가벼운 물체보다 크기가 크기 때문이다.
㉡ 지구가 무거운 물체를 더 큰 힘으로 끌어당기기 때문이다.
㉢ 지구가 가벼운 물체를 더 작은 힘으로 끌어당기기 때문이다.

( )

서술형

4 저울을 사용하여 물체의 무게를 측정하는 까닭은 무엇인지 쓰시오.

____

____

____

5 지구가 끌어당기는 힘의 크기가 가장 작은 물체는 어느 것입니까? ( )

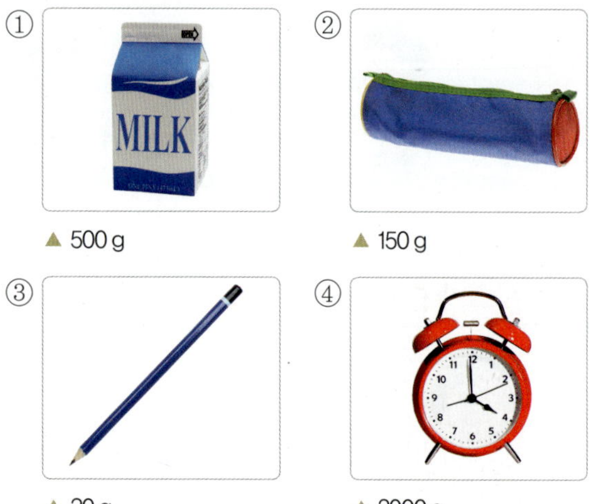

① ▲ 500 g
② ▲ 150 g
③ ▲ 20 g
④ ▲ 2000 g

[6~8] 수평 잡기의 원리 필수 개념 03

6 나무판자의 왼쪽에 나무토막 두 개, 오른쪽에 나무토막 한 개를 올렸더니 다음과 같이 나무판자가 기울어졌습니다. 나무토막 한 개를 어느 방향으로 움직여야 나무판자의 수평을 잡을 수 있는지 기호를 쓰시오.

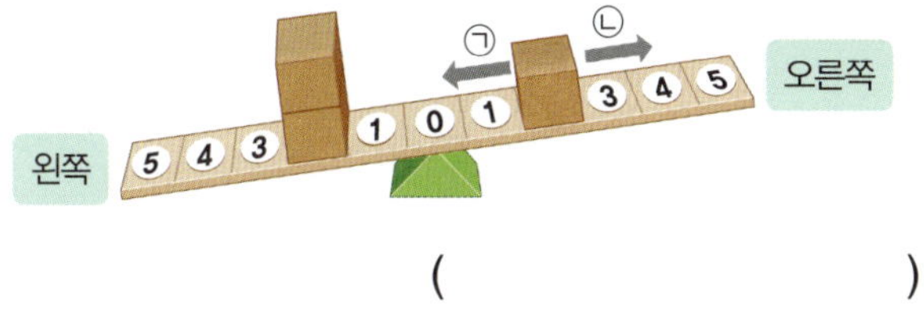

(   )

도전! 하이탑

7 다음은 세 장난감 자동차의 무게를 비교하는 모습입니다. ㉠, ㉡, ㉢ 장난감 자동차의 무게를 가장 무거운 것부터 차례대로 기호를 쓰시오.

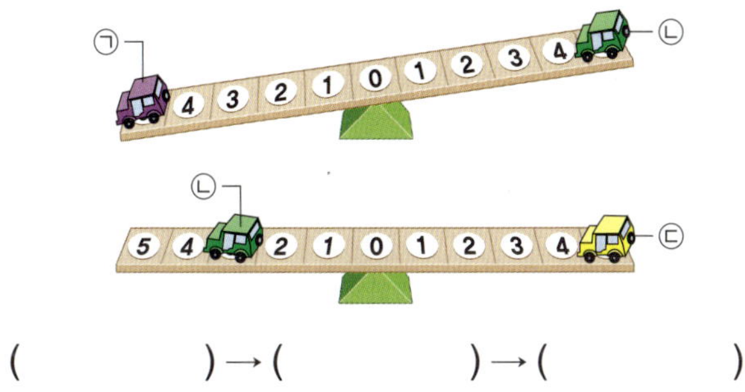

(   ) → (   ) → (   )

8 다음은 시소로 수평을 잡는 방법에 대한 설명입니다. ( ) 안에 들어갈 알맞은 말에 ○표 하시오.

> 무게가 다른 두 사람 중 무거운 사람이 가벼운 사람보다 시소의 받침점에서 (가까운, 먼) 쪽에 앉을 때 수평을 잡을 수 있다.

[9~10] 양팔저울 필수 개념 04

9 다음 양팔저울의 각 부분에 대해 옳게 말한 사람의 이름을 쓰시오.

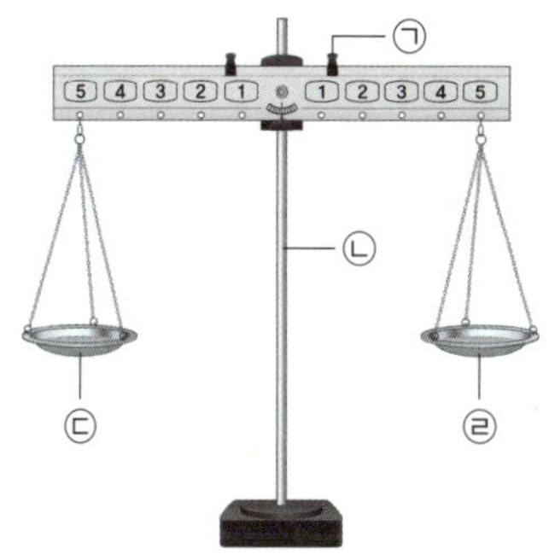

> • 지은: 양팔저울은 ㉠을 중심으로 움직여.
> • 도훈: ㉡은 저울접시를 거는 저울대야.
> • 소정: ㉢과 ㉣은 받침점으로부터 양쪽으로 같은 거리에 있어.

(   )

10 다음은 양팔저울에 물체와 클립 여러 개를 올려 저울대의 수평을 잡았을 때 클립의 총 개수입니다. 지우개, 연필, 풀 중에서 무게가 가장 가벼운 물체는 어느 것인지 이름을 쓰시오.

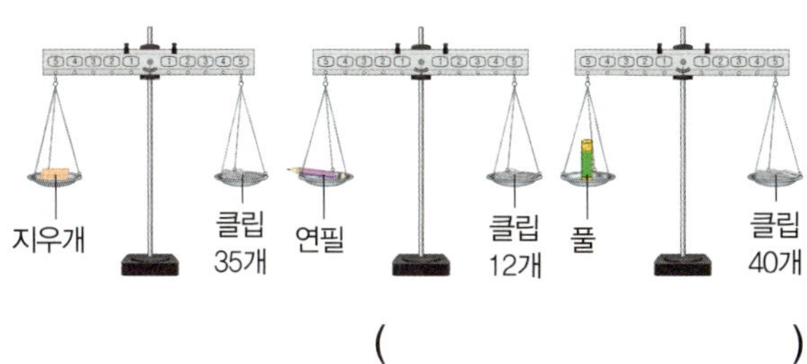

(   )

물체의 무게 비교 (2)

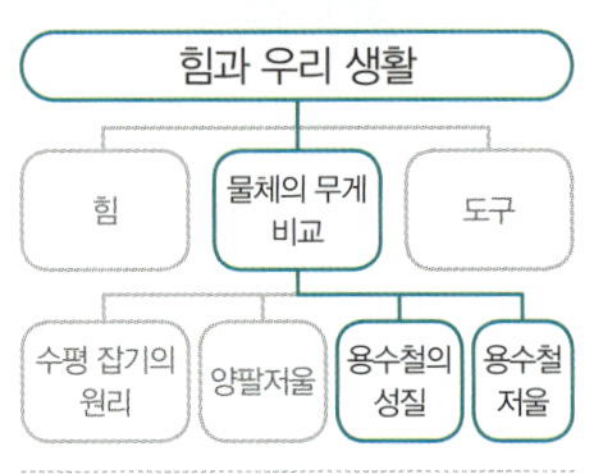

필수 개념 05 용수철에 매단 물체의 무게가 무거울수록 용수철은 많이 늘어난다.

(1) **용수철에 물체를 매달았을 때의 변화** 용수철은 당기면 길이가 늘어나고, 놓으면 원래 길이로 되돌아간다. 용수철에 물체를 매달면 용수철의 길이가 늘어나는 것은 지구가 물체를 지구 중심 방향으로 끌어당기기 때문이다.

실험 플러스⁺ 용수철에 물체를 매달았을 때 변화 관찰하기

과정

❶ 용수철을 스탠드에 걸고, 위쪽에 고정한 후 용수철 끝을 아래로 약하게 당겼다가 가만히 놓아 보고, 더 세게 당겼다가 가만히 놓아 보면서 용수철의 길이 변화를 관찰한다.

❷ 용수철에 가벼운 추, 무거운 추를 순서대로 매달고 용수철이 늘어나는 길이를 관찰한다.

결과

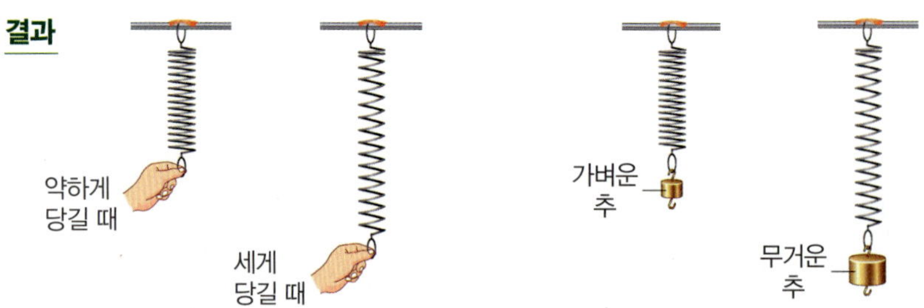

▲ 더 세게 당길 때 용수철이 더 길게 늘어난다.　　▲ 무거운 추를 매달았을 때 용수철이 더 길게 늘어난다.

정리 용수철을 더 세게 당기거나 용수철에 더 무거운 추를 매달면 용수철이 더 길게 늘어난다.

(2) **물체의 무게와 용수철이 늘어난 길이**

① 용수철에 걸어 놓은 추의 무게가 일정하게 늘어나면 용수철의 길이도 일정하게 늘어난다.

② 용수철에 매단 추의 무게가 2배, 3배가 되면, 용수철이 늘어난 길이도 2배, 3배가 된다. **필수 탐구 22쪽**

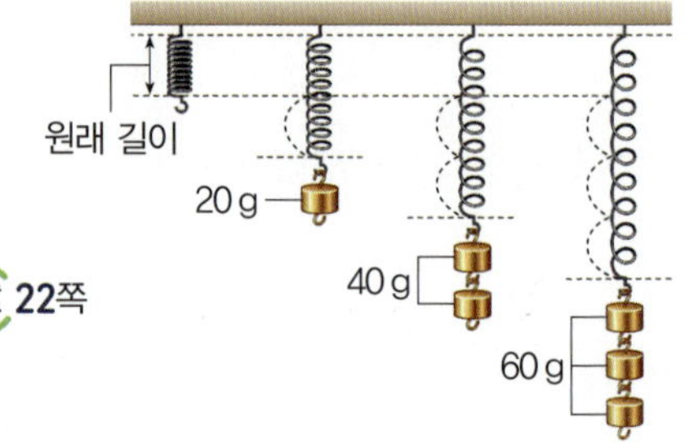

(3) **용수철의 성질을 이용한 저울** 물체의 무게에 따라 용수철의 길이가 일정하게 늘어나는 성질을 이용한 저울에는 가정용 저울, 체중계, 용수철저울 등이 있다. 이 저울들의 내부에는 용수철이 들어 있다.

▲ 가정용 저울

▲ 체중계

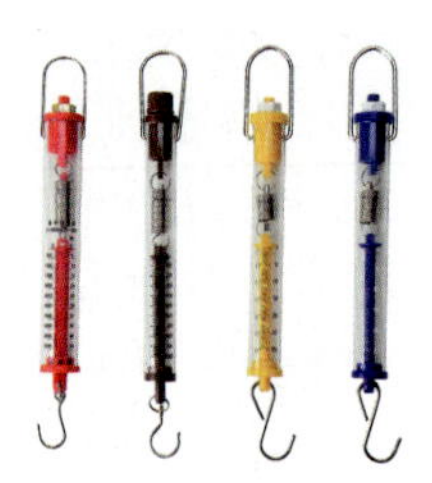

▲ 용수철저울

보충 용수철의 성질

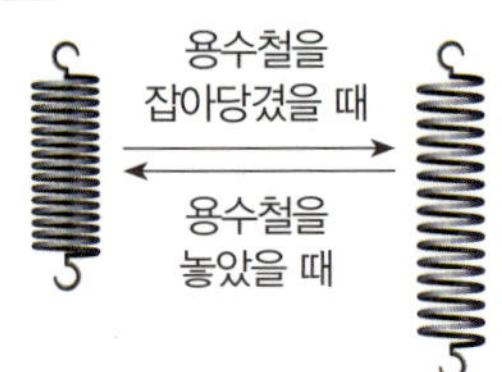

용수철은 손으로 잡아당기면 길이가 늘어나고, 잡았던 손을 놓으면 원래의 모양으로 되돌아가는 성질이 있다.

보충 용수철을 사용한 도구

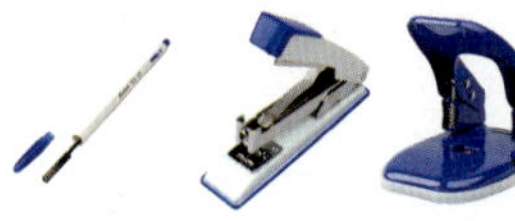

▲ 볼펜　▲ 스테이플러　▲ 펀치

용수철을 사용한 도구들은 용수철에 힘을 가하면 모양과 길이가 변하고, 가했던 힘이 사라지면 원래 모양이나 길이로 돌아가는 성질을 이용한다.

 **용어**

• **용수철** 나선형으로 된 쇠줄. 힘을 가하면 모양이 변하고 힘을 제거하면 원래의 모양으로 돌아가려는 성질이 있음.

• **추** 저울대 한쪽에 걸거나 저울판에 올려놓는, 일정한 무게의 쇠.

(1) **용수철저울** 용수철의 성질을 이용한 용수철저울은 물체를 매달면 물체의 무게에 따라 늘어난 용수철의 길이를 확인하여 그 물체의 무게를 알 수 있다.

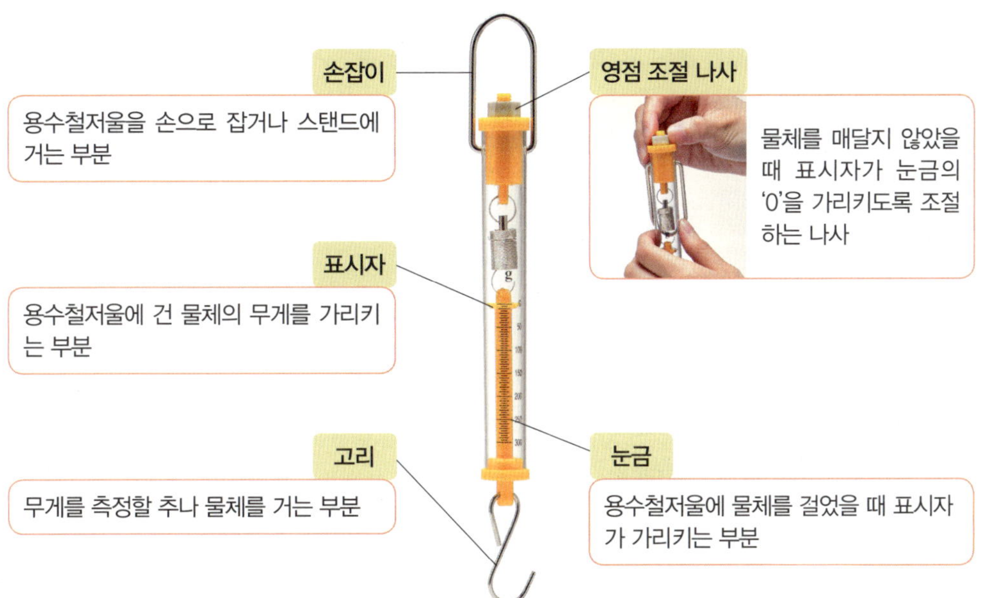

(2) **용수철저울로 물체의 무게 측정하기** 용수철저울로 물체의 무게를 측정할 때에는 먼저 영점 조절 나사로 영점을 맞추고 고리에 물체를 걸어 놓은 다음, 표시자가 가리키는 눈금의 숫자를 단위와 같이 읽는다.

과정 플러스+ 용수철저울 사용 방법

❶ 용수철저울로 측정할 수 있는 최대 무게와 저울에 표시된 눈금 한 칸이 나타내는 무게가 얼마인지 확인한다.

❷ 용수철저울을 •수직으로 세워 잡거나 스탠드에 건다.

❸ 영점 조절 나사를 돌려 표시자를 눈금 '0'에 맞춘다.

❹ 고리에 물체를 매달면 용수철이 늘어나면서 표시자가 물체의 무게에 해당하는 눈금을 가리킨다. 이 눈금의 숫자를 단위와 같이 읽는다.

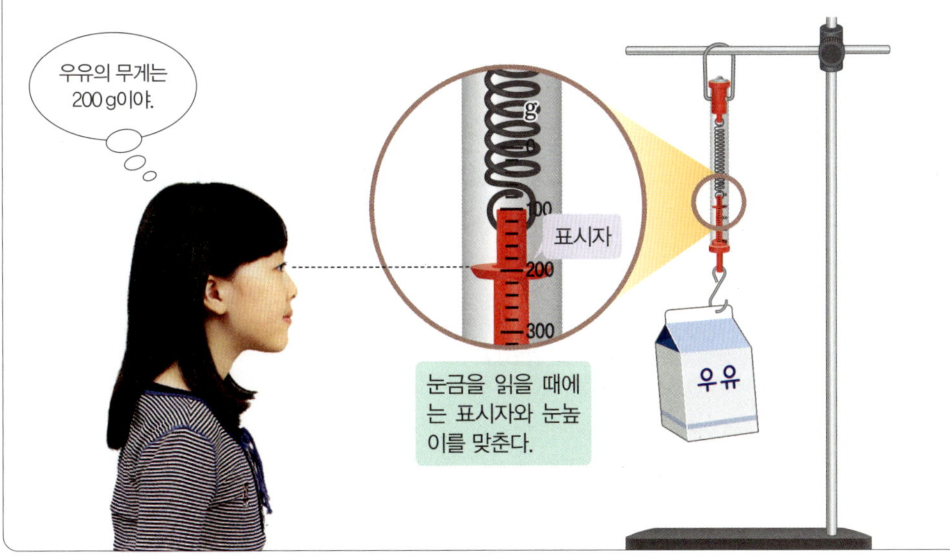

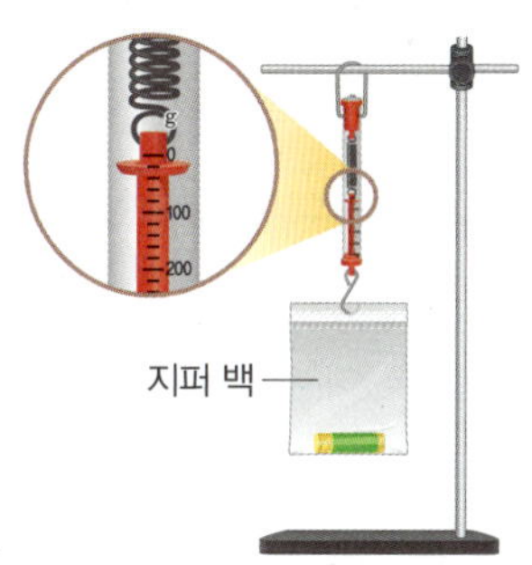

보충 용수철저울의 고리에 걸 수 없는 물체의 무게 측정

용수철저울의 고리에 걸 수 없는 물체는 구멍을 뚫은 지퍼 백을 고리에 걸고 영점을 맞춘 다음, 지퍼 백에 물체를 넣고 무게를 측정한다.

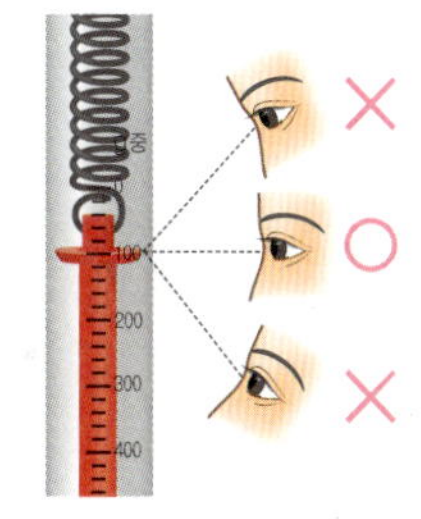

보충 용수철저울의 눈금을 읽는 방법

표시자의 움직임이 멈추면 표시자와 눈높이를 맞추고 눈금을 확인한다.

용어

•**수직** 직선이나 평면과 직각을 이룬 상태.

탐구 추의 무게와 용수철이 늘어난 길이

용수철에 매단 물체의 무게와 용수철이 늘어난 길이의 관계를 알 수 있다.

● **과정 및 결과**

1. 용수철을 스탠드에 걸고 위쪽에 테이프를 붙여 고정한다.

2. 두꺼운 종이를 테이프로 스탠드에 고정한다.

3. 용수철에 추 한 개를 걸고, 용수철 끝의 위치를 찾아 종이에 눈금 '0'을 표시한다. — 처음에는 용수철이 잘 늘어나지 않기 때문에 추 한 개를 먼저 걸어 놓고 실험을 한다.

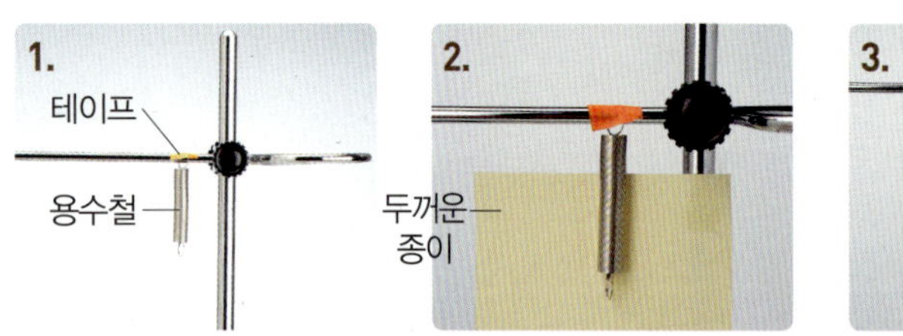

4. 무게가 20 g인 추 세 개를 용수철에 한 개씩 걸 때마다 용수철 끝의 위치와 전체 추의 무게를 종이에 표시한다.

5. 종이에 표시한 눈금 사이의 길이를 자로 측정한다.

추의 무게(g)	0	20	40	60
용수철에 매단 추의 모습	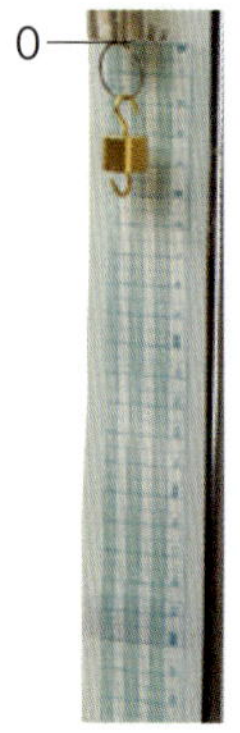	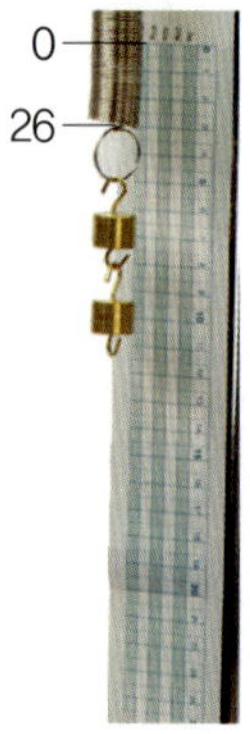	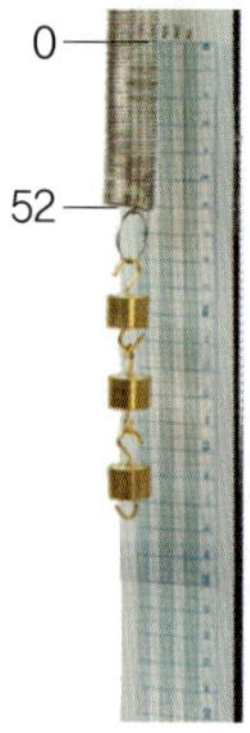	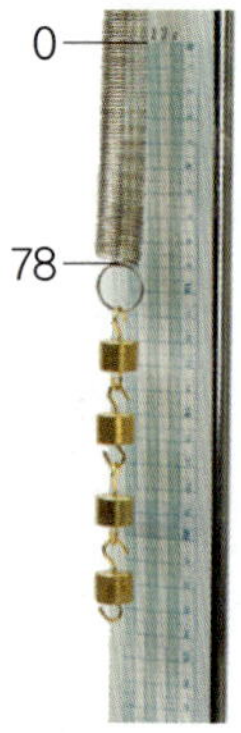
눈금 사이의 길이(mm)		26	26	26
용수철이 늘어난 길이(mm)	0	26	52	78

• 용수철에 매단 추의 무게가 20 g씩 일정하게 늘어날 때마다 용수철의 길이는 26 mm씩 일정하게 늘어난다.

● **정리**

▶ 용수철에 매단 물체의 무게가 일정하게 늘어나면 용수철의 길이도 일정하게 늘어난다.

↪정답과 해설 8쪽

1 다음은 용수철에 매단 추의 개수가 한 개씩 늘어날 때마다 용수철이 늘어난 길이를 정리한 표입니다. 추 한 개를 매달 때마다 용수철이 몇 mm씩 늘어났는지 쓰시오.

추의 무게(g)	0	30	60	90	120
용수철이 늘어난 길이(mm)	0	28	56	84	112

( ) mm

2 무게가 40 g인 추를 한 개씩 더 매달 때마다 30 mm씩 늘어나는 용수철이 있습니다. 이 용수철에 40 g인 추 다섯 개를 매달면 용수철이 늘어난 길이는 몇 mm가 될지 쓰시오.

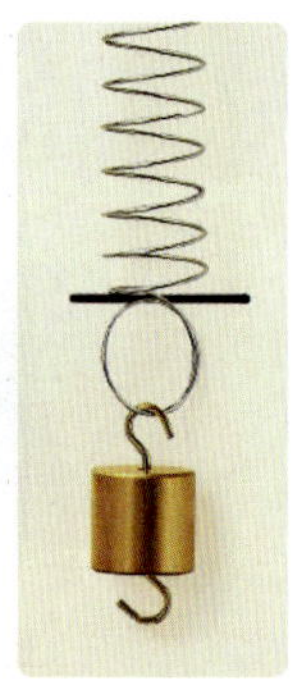

( ) mm

1 오른쪽과 같이 용수철을 스탠드에 걸고 끝을 아래로 당겨 보았습니다. 용수철을 더 길게 늘이는 방법을 옳게 말한 사람의 이름을 쓰시오.

- 수민: 용수철 끝을 잡고 위로 올려야 해.
- 은비: 처음보다 용수철을 더 세게 당기면 돼.
- 재준: 용수철을 처음보다 더 약한 힘으로 당겨야 해.

( )

2 다음은 용수철에 매단 추의 무게에 따라 용수철이 늘어난 길이를 표로 나타낸 것입니다. ㉠에 들어갈 알맞은 수를 쓰시오.

추의 무게(g)	0	30	60	90	120
용수철이 늘어난 길이(cm)	0	4	㉠	12	16

( )

3 용수철의 성질을 이용한 저울이 <u>아닌</u> 것을 골라 기호를 쓰시오.

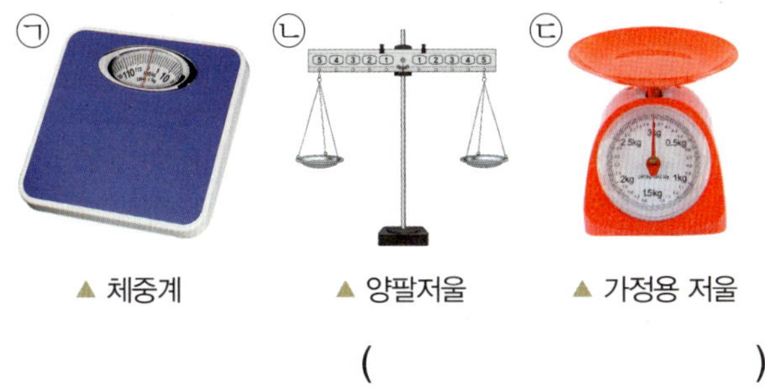

( )

4 오른쪽 용수철저울의 각 부분에 대한 설명으로 옳은 것에 ○표, 옳지 <u>않은</u> 것에 ×표 하시오.

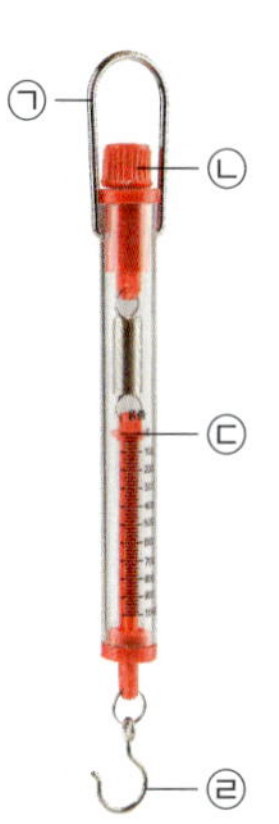

(1) ㉠은 영점을 맞추는 부분이다. ( )
(2) ㉡은 표시자이다. ( )
(3) ㉢은 물체의 무게를 가리키는 부분이다. ( )
(4) ㉣은 무게를 측정할 물체를 거는 부분이다. ( )

5 ㉠, ㉡, ㉢ 중 용수철저울의 눈금을 읽을 때 알맞은 눈높이를 골라 기호를 쓰시오.

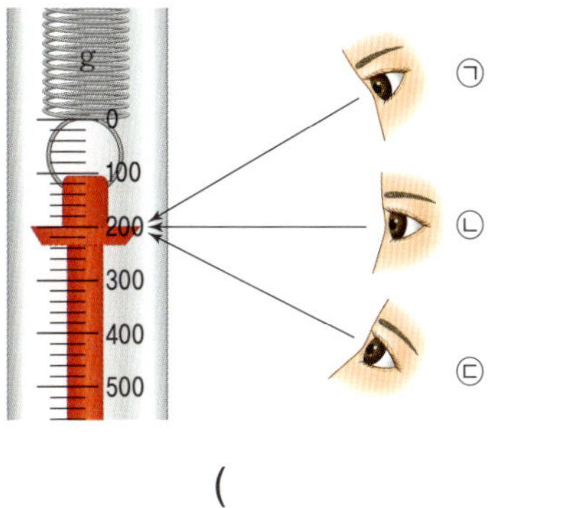

( )

6 위 **5**번에서 용수철저울로 측정한 물체의 무게는 얼마인지 쓰시오.

( )g

3 도구

보충 **지레의 원리를 이용한 시소**

▲ 시소

가벼운 사람이 무거운 사람을 쉽게 들어 올릴 수 있는 것은 시소가 지레의 원리를 이용한 놀이기구이기 때문이다.

필수 개념 07 **지레를 사용하면 물체를 들어 올릴 때 힘이 적게 든다.**

(1) **지레의 원리**　지레는 받침대와 긴 막대를 이용하여 물체를 들어 올리는 데 쓰이는 도구이다. 지레를 이용하면 무거운 물체도 작은 힘으로 쉽게 들어 올릴 수 있다. 지레는 사람이 힘을 가하는 힘점, 지레가 물체에 힘을 가하는 작용점, 그리고 지레를 받치는 받침점으로 이루어져 있다. 이것을 지레의 3요소라고 한다.

그림 플러스⁺　지레의 3요소

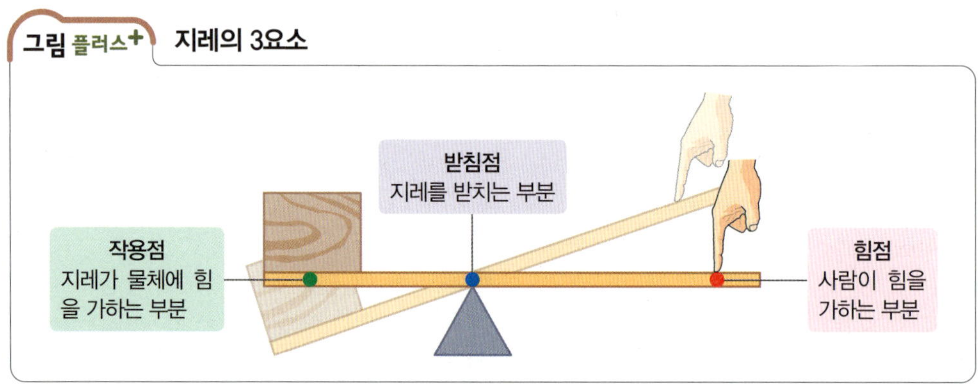

(2) **지레를 이용한 도구**　가위, 손톱깎이, 병따개 등 대부분의 지레를 이용한 도구는 작은 힘으로 물체를 움직이는 데 사용한다. 작용점, 받침점, 힘점의 위치에 따라 지레의 종류를 구분할 수 있다. 필수탐구 26쪽

① 받침점이 힘점과 작용점 사이에 있는 지레(작용점–받침점–힘점)

가위	손톱깎이	못뽑이
• 작용점: 가윗날 부분 • 힘점: 손잡이 부분	• 작용점: 손톱을 깎는 부분 • 힘점: 손잡이 부분	• 작용점: 못을 뽑는 부분 • 힘점: 손잡이 부분

② 작용점이 받침점과 힘점 사이에 있는 지레(받침점–작용점–힘점)

병따개	호두까기	외바퀴 손수레
• 작용점: 뚜껑을 따는 부분 • 힘점: 손잡이 부분	• 작용점: 호두를 깨는 부분 • 힘점: 손잡이 부분	• 작용점: 짐을 싣는 부분 • 힘점: 손잡이 부분

 용어

•**요소**　어떤 사물을 구성하거나 효력을 발생시키기 위하여 없어서는 안 될 근본적인 조건이나 성분.

(1) **빗면의 원리** 비스듬한 면을 빗면이라고 한다. 빗면을 이용하면 물체를 같은 높이만큼 올리기 위해서 바로 들어 올릴 때보다 많은 거리를 이동시켜 주어야 하지만, 힘이 적게 든다. 빗면의 기울기가 완만할수록 필요한 힘의 크기가 줄어들어 작은 힘으로도 큰 힘을 낼 수 있다.

그림 플러스⁺ 빗면의 원리

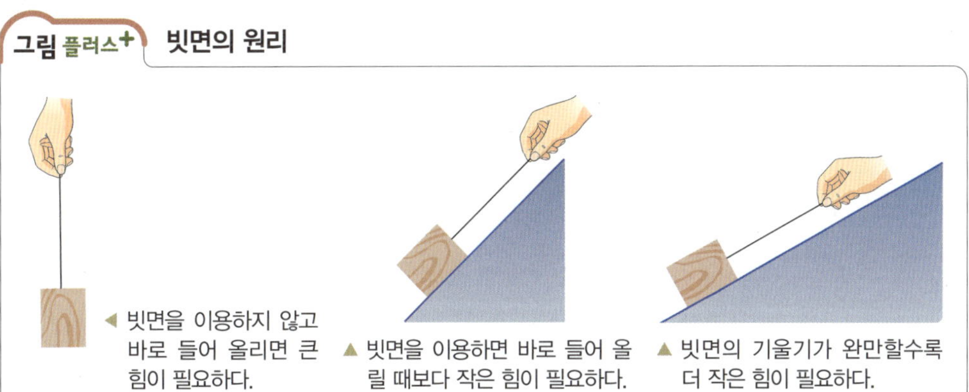

◀ 빗면을 이용하지 않고 바로 들어 올리면 큰 힘이 필요하다.

▲ 빗면을 이용하면 바로 들어 올릴 때보다 작은 힘이 필요하다.

▲ 빗면의 기울기가 완만할수록 더 작은 힘이 필요하다.

(2) **빗면을 이용한 도구** **필수탐구** 26쪽

경사로

유모차나 휠체어를 쉽게 밀고 올라갈 수 있도록 경사로를 만든다.

산길 도로

산에 도로를 만들 때 구불구불하게 만든다.

나사못

망치로 못을 박을 때에는 큰 힘이 들지만, 빗면을 이용한 나사못은 작은 힘으로도 쉽게 박을 수 있다.

사다리

사다리를 이용할 때 벽에 비스듬히 세워 빗면을 만들어 올라간다.

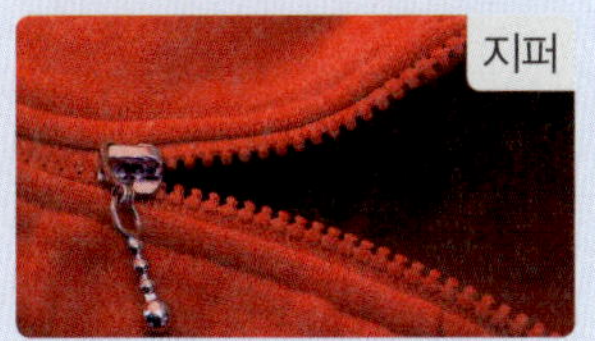

지퍼

지퍼는 빗면을 이용하여 두 줄로 늘어선 이를 서로 맞물리게 하거나 떨어지게 한다.

병뚜껑

병뚜껑 안쪽에 빗면이 있어 작은 힘으로 뚜껑을 열거나 닫을 수 있다.

(3) **고인돌을 만든 방법** 우리 조상들은 빗면을 이용해 고인돌을 만들었다. 땅을 파고 받침돌을 세운 뒤 받침돌 주변에 흙을 쌓아 빗면을 만든다. 통나무를 깔고 덮개돌을 올려놓고 빗면을 이용해 끌어올린다. 덮개돌을 얹은 다음 흙을 치워 고인돌을 완성한다.

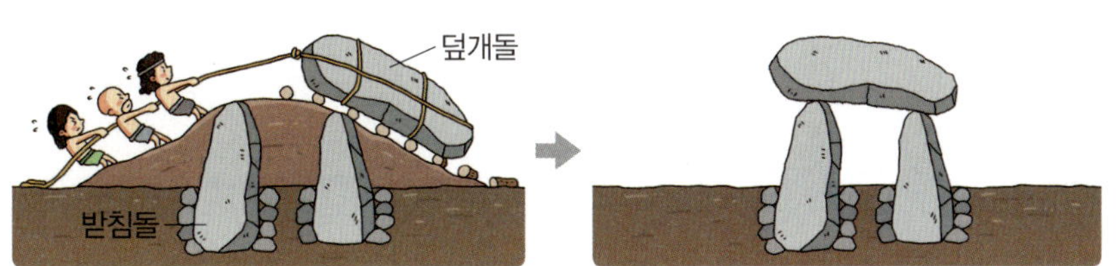

심화 피라미드를 만든 방법

▲ 피라미드

모래를 쌓아서 빗면을 만들고, 그 빗면을 따라 큰 돌을 옮겨서 돌을 쌓는다. 돌을 쌓은 뒤, 쌓은 돌의 높이만큼 다시 흙으로 빗면을 만들고, 돌을 옮긴다. 돌을 모두 쌓은 뒤 흙을 치운다.

|도움영상|

여러 가지 도구를 영상으로 살펴보세요.

용어

• **기울기** 어떤 물체의 기울어진 정도.
• **완만할수록** 기울기가 급하지 않을수록.
• **이** 기계나 기구에서 서로 맞물려 붙은 부분.
• **고인돌** 큰 돌을 몇 개 둘러 세우고 그 위에 넓적한 돌을 덮어 놓은 옛 무덤.

도구를 이용하여 무거운 물체 들어 올리기

지레와 빗면을 이용하면 물체를 들어 올릴 때 드는 힘의 크기가 달라짐을 알 수 있다.

● 과정 및 결과

실험동영상

1. 주스 통을 위로 천천히 들어 올린다.

2. 나무판자의 왼쪽 끝에 주스 통을 놓고 나무판자의 오른쪽 끝을 눌러 본다. 이때 받침대는 중심에서 왼쪽 편에 있게 한다. ── 지레를 사용하여 물체를 들어 올리는 과정

3. 나무판자의 아래쪽 끝에 주스 통을 놓고 밀어 올린다. 이때 나무판자를 놓기 전 오른쪽 끝부분에 책을 쌓아 둔다.
└── 빗면을 사용하여 물체를 들어 올리는 과정

● 정리

▶ 물체를 직접 들어 올릴 때보다 지레와 빗면을 사용하여 들어 올릴 때 힘이 적게 든다.

↪정답과 해설 **9**쪽

1 다음과 같이 나무판자 아래쪽에 받침대를 세우고, 한쪽 끝에 주스 통을 올린 뒤 다른 쪽 끝을 손으로 눌렀습니다. 이것은 지레와 빗면 중 어느 것을 이용했는지 쓰시오.

(   )

2 다음과 같이 나무판자의 한쪽 끝부분을 책 위에 올리고 다른 쪽 끝에서 나무판자를 따라 주스 통을 밀어 올렸습니다. 이것은 지레와 빗면 중 어느 것을 이용했는지 쓰시오.

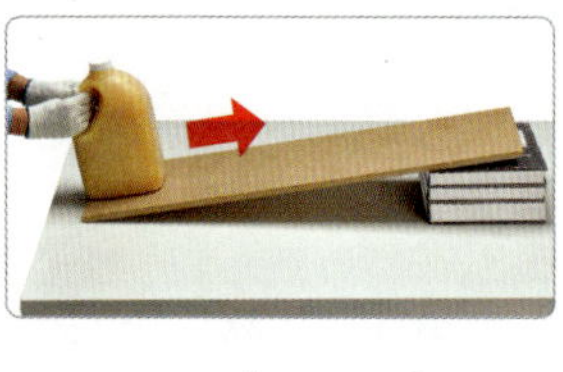

(   )

1 각 도구를 나타낸 그림을 찾아 선으로 이으시오.

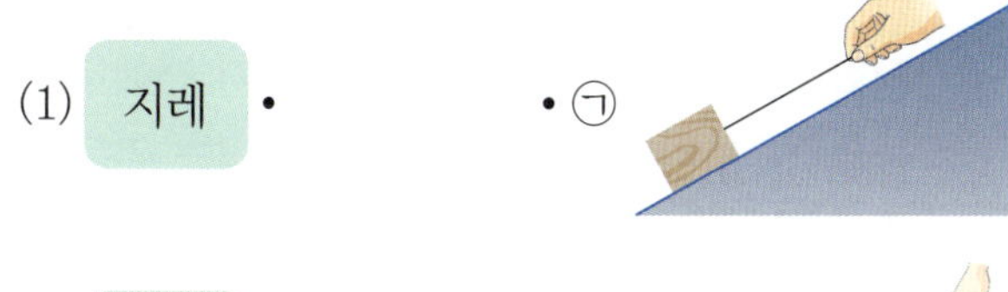

(1) 지레 •

(2) 빗면 •

• ㉠

• ㉡

2 지레에 대한 설명으로 옳은 것을 보기 에서 골라 기호를 쓰시오.

보기
㉠ 지레를 이용하면 물체를 들어 올릴 때 필요한 힘의 크기가 늘어난다.
㉡ 지레를 이용하면 무거운 물체도 작은 힘으로 쉽게 들어 올릴 수 있다.
㉢ 지레를 이용해도 물체를 들어 올릴 때 필요한 힘의 크기는 변하지 않는다.

( )

3 지레를 이용한 도구가 <u>아닌</u> 것은 어느 것입니까?

( )

① ▲ 가위

② ▲ 나사못

③ ▲ 병따개

④ ▲ 손톱깎이

4 다음은 지레의 3요소에 대한 설명입니다. ( ) 안에 들어갈 알맞은 말을 각각 쓰시오.

지레의 3요소 중 사람이 힘을 주는 곳을 (㉠)(이)라 하고, 지레가 물체에 힘을 가하는 곳을 (㉡)(이)라 하고, 지레를 받치는 곳을 받침점이라고 한다.

㉠ ( ), ㉡ ( )

5 물체를 같은 높이만큼 들어 올릴 때 힘이 더 적게 드는 경우를 골라 ○표 하시오.

(1) (2)

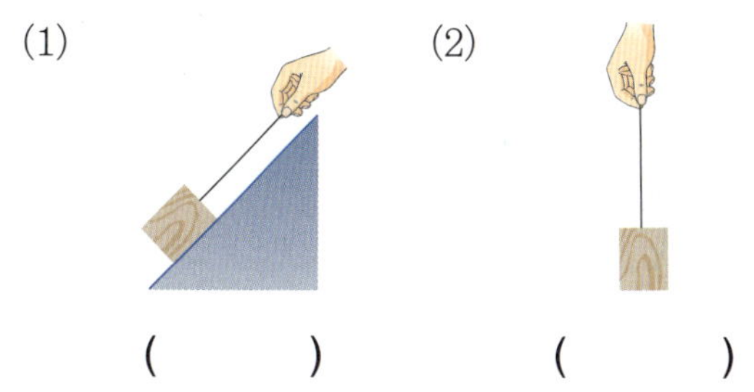

( ) ( )

6 다음은 빗면에 대한 설명입니다. ( ) 안에 들어갈 알맞은 말을 골라 쓰시오.

빗면의 기울기가 (급할수록, 완만할수록) 필요한 힘의 크기가 작아져서 작은 힘으로 큰 힘을 낼 수 있다.

( )

[1~2] 용수철의 성질 필수 개념 05

1 용수철의 성질에 대해 옳게 말한 사람의 이름을 쓰시오.

- 유미: 용수철에 물체를 매달면 용수철의 길이가 줄어들어.
- 현우: 모든 용수철은 한번 늘어나면 원래의 길이로 되돌아가지 않아.
- 설아: 용수철에 매단 추의 무게가 무거울수록 용수철이 많이 늘어나.

(   )

도전! 하이탑

2 다음은 용수철에 매단 추의 무게에 따라 용수철이 늘어난 길이를 나타낸 표입니다. 이 용수철에 가위를 걸었더니 용수철이 늘어난 길이가 80 mm였다면 가위의 무게는 몇 g인지 쓰시오.

추의 무게(g)	0	20	40	60	80
용수철이 늘어난 길이(mm)	0	16	32	48	64

(   )g

[3~5] 용수철저울 필수 개념 06

3 다음과 같이 용수철저울로 장난감 인형의 무게를 측정할 때 고리에 장난감 인형을 걸기 전에 표시자를 눈금 '0' 위치에 맞추기 위해 사용되는 부분의 기호와 이름을 쓰시오.

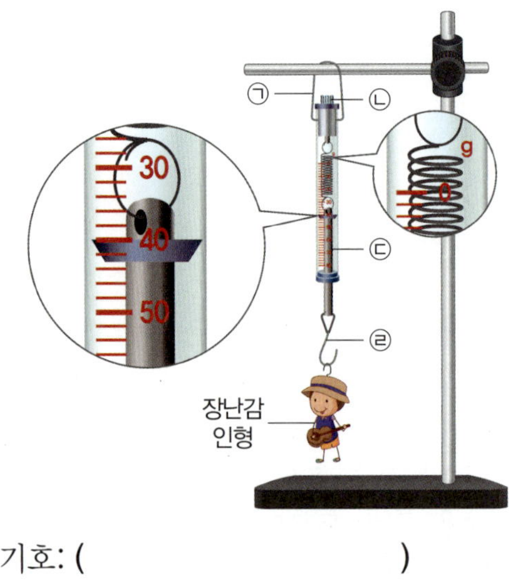

(1) 기호: (   )
(2) 이름: (   )

4 위 **3**번에서 용수철 저울에 건 장난감 인형의 무게는 얼마인지 쓰시오.

(   )g

5 용수철저울의 눈금을 읽을 때의 알맞은 눈높이에 대해 옳게 말한 사람의 이름을 쓰시오.

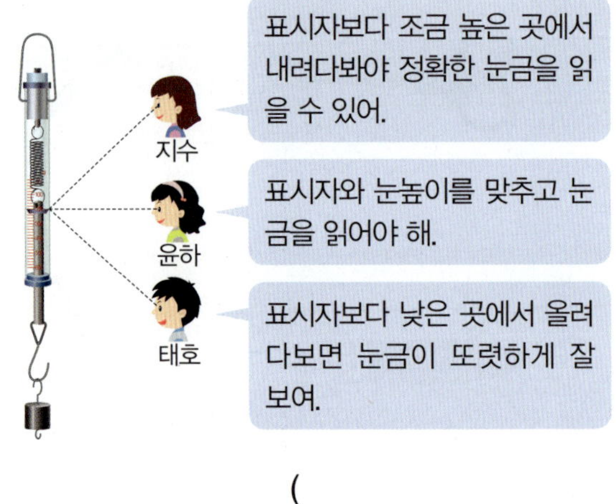

(   )

[6~8] 지레 `필수 개념 07`

6 다음 ( ) 안에 공통으로 들어갈 알맞은 말은 무엇인지 쓰시오.

> • ( )은/는 받침대와 긴 막대를 이용하여 물체를 들어 올리는 데 쓰이는 도구이다.
> • ( )을/를 이용하면 무거운 물체도 작은 힘으로 쉽게 들어 올릴 수 있다.

( )

7 다음 도구에서 물체에 힘이 가해지는 작용점은 어디인지 골라 기호를 쓰시오.

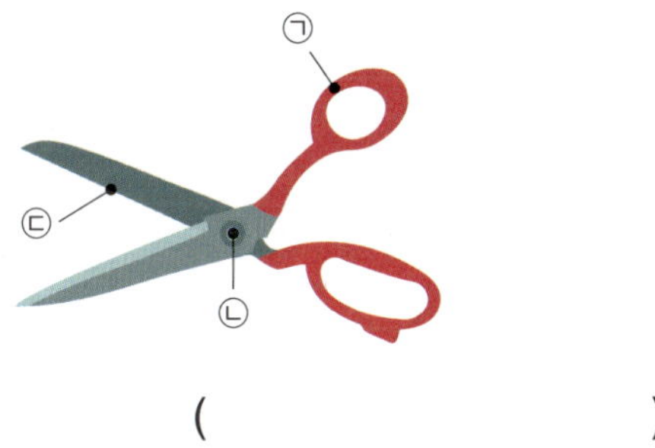

( )

8 지레를 이용한 도구 중 작용점, 받침점, 힘점의 위치가 나머지 도구와 다른 하나는 어느 것인지 기호를 쓰시오.

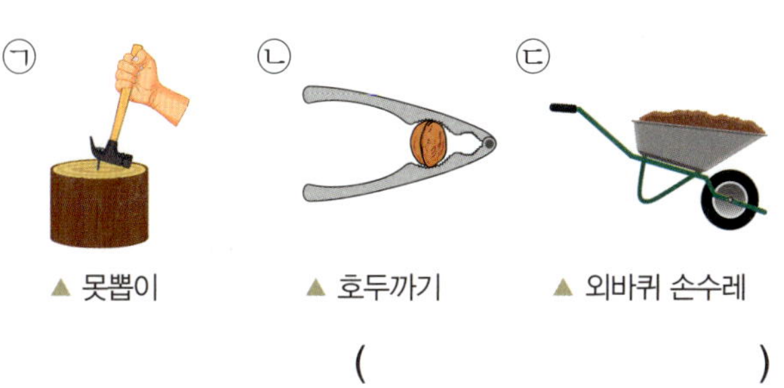

( )

[9~10] 빗면 `필수 개념 08`

9 빗면을 이용한 도구가 <u>아닌</u> 것은 어느 것입니까?

( )

10 빗면을 이용한 도구를 사용하면 어떤 점이 좋은지 쓰시오.

____

____

____

1 힘과 관련된 현상으로 옳지 <u>않은</u> 것은 어느 것입니까? (   )

① 아는 것이 힘이다.

② 손수레를 당기면 손수레가 끌려온다.

③ 그네를 밀면 그네가 앞으로 움직인다.

④ 발로 축구공을 차면 축구공이 굴러간다.

⑤ 칠판지우개를 잡고 밀면 칠판 글씨가 지워진다.

2 다음과 같이 두 상자를 각각 밀어 보았을 때 힘이 더 많이 드는 것에 ○표 하시오.

(   )   (   )

3 무게에 대한 설명으로 옳지 <u>않은</u> 것을 보기 에서 골라 기호를 쓰시오.

보기
㉠ 지구가 물체를 끌어당기는 힘의 크기를 말한다.

㉡ 물체의 무게를 정확히 측정하기 위해 저울을 사용한다.

㉢ 지구는 무거운 물체보다 가벼운 물체를 더 세게 끌어당긴다.

㉣ 일상생활에서는 무게의 단위를 g(그램), kg(킬로그램)으로 표현한다.

(   )

4 사과와 감을 받침점으로부터 양쪽으로 같은 거리에 올렸을 때 사과 쪽으로 기울어진 나무판자의 수평을 잡기 위한 방법으로 옳은 것에 ○표 하시오.

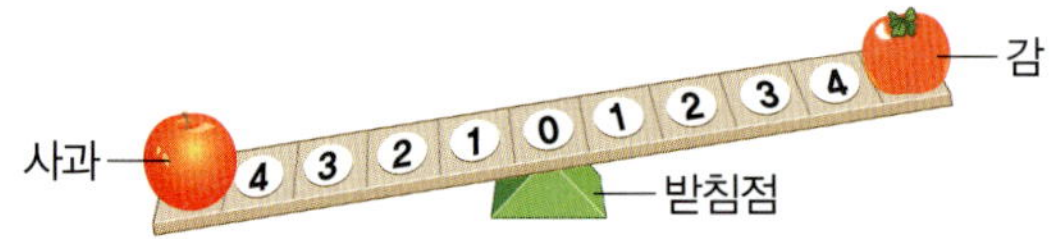

(1) 감을 받침점에 더 가까운 쪽으로 이동시킨다.

(   )

(2) 사과를 받침점에 더 가까운 쪽으로 이동시킨다.

(   )

(3) 사과와 감을 각각 받침점에 가깝게 한 칸씩 이동시킨다.

(   )

5 다음은 네 명의 친구가 번갈아 두 명씩 시소를 타서 수평을 잡은 모습입니다. 가장 무거운 친구와 가장 가벼운 친구의 이름을 쓰시오.

(1) 가장 무거운 친구: (   )

(2) 가장 가벼운 친구: (   )

6 양팔저울에서 용수철저울의 고리와 같은 역할을 하는 부분의 기호와 이름을 옳게 짝 지은 것은 어느 것입니까? (　　)

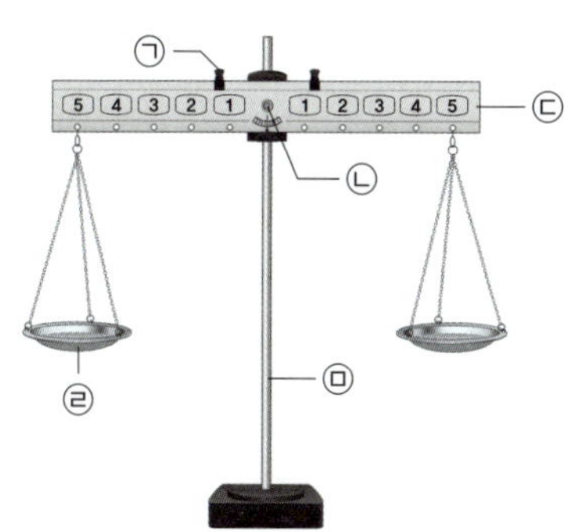

① ㉠ – 저울대
② ㉡ – 수평 조절 장치
③ ㉢ – 받침대
④ ㉣ – 저울접시
⑤ ㉤ – 받침점

7 다음은 양팔저울로 여러 가지 물체의 무게를 비교하는 방법입니다. (　　) 안에 공통으로 들어갈 수 있는 물체를 두 가지 쓰시오.

> ❶ 수평 조절 장치로 저울대의 수평을 맞춘다.
> ❷ 양팔저울의 한쪽 저울접시에 무게를 측정하려는 물체를 올려놓는다.
> ❸ 다른 쪽 저울접시에 저울대가 수평을 잡을 때까지 (　　　)을/를 올려놓는다.
> ❹ 저울대가 수평이 되었을 때 (　　　)의 개수를 센다.
> ❺ 물체를 바꿔 ❶~❹ 과정을 반복하여 물체의 무게를 비교한다.

(　　　　　　　　　)

8 저울과 저울에 이용된 성질이나 원리를 바르게 선으로 이으시오.

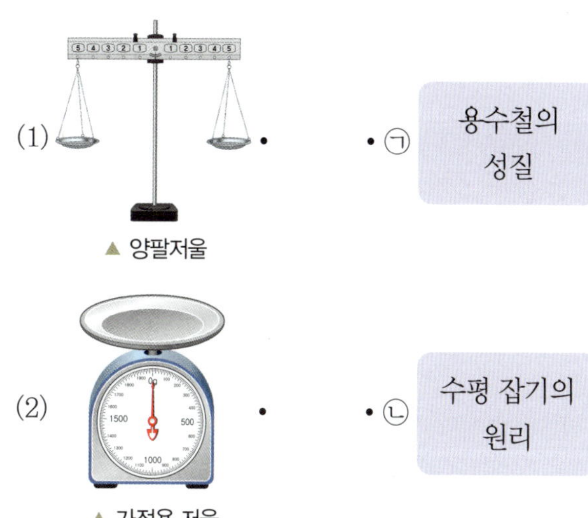

(1) ▲ 양팔저울　•

•㉠ 용수철의 성질

(2) ▲ 가정용 저울　•

•㉡ 수평 잡기의 원리

[9~10] 다음은 추의 무게에 따른 용수철의 길이 변화를 나타낸 표입니다. 물음에 답하시오.

추의 무게(g)	0	20	40	60	80
늘어난 용수철의 길이(cm)	0	2	4	6	8

9 추의 무게가 50 g일 경우 늘어난 용수철의 길이는 몇 cm가 될지 쓰시오.

(　　　　　　　　) cm

10 위 실험에서 늘어난 용수철의 길이가 12 cm라면 용수철에 매단 추의 무게는 몇 g인지 쓰시오.

(　　　　　　) g

11 다음 용수철저울을 보고 각 부분의 이름은 무엇인지 쓰시오.

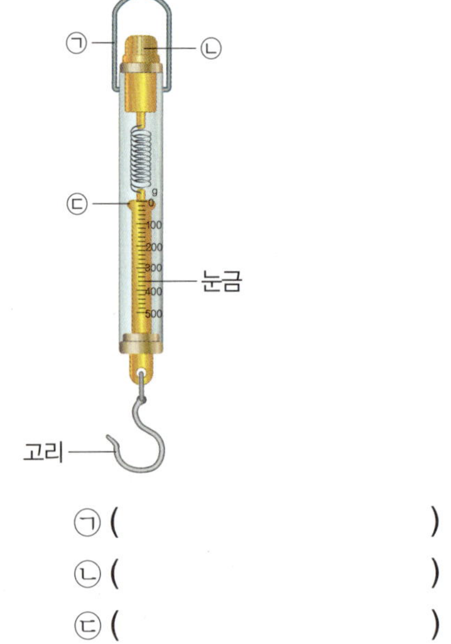

ㄱ (   )

ㄴ (   )

ㄷ (   )

12 다음은 용수철저울로 가위의 무게를 측정하는 모습입니다. 가위의 무게는 얼마인지 쓰시오.

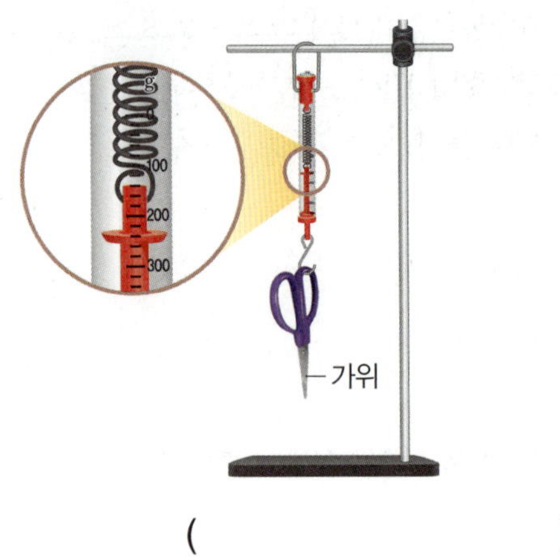

(   )g

13 다음 지레의 3요소를 바르게 짝 지은 것은 어느 것입니까? (   )

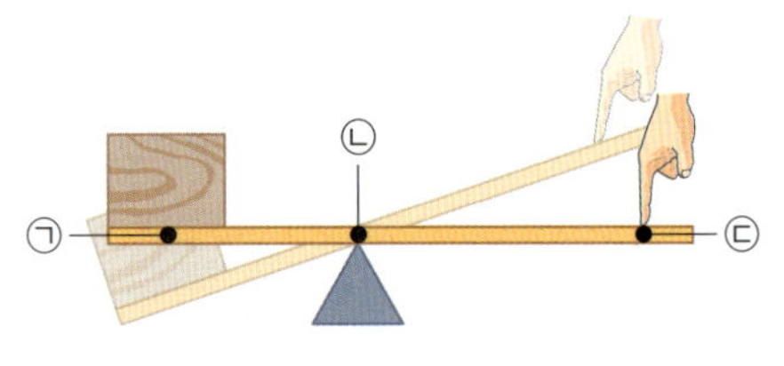

	ㄱ	ㄴ	ㄷ
①	작용점	힘점	받침점
②	작용점	받침점	힘점
③	힘점	받침점	작용점
④	힘점	작용점	받침점
⑤	받침점	작용점	힘점

14 도구에 대한 설명으로 옳은 것을 보기 에서 골라 기호를 쓰시오.

보기

ㄱ 우리 주변에는 지레와 빗면을 이용한 도구가 있다.

ㄴ 지레는 비스듬한 면을 따라 물체를 밀어 올리는 도구이다.

ㄷ 빗면을 이용하면 물체를 바로 들어 올릴 때보다 더 큰 힘이 필요하다.

(   )

15 지레를 이용한 도구에는 '지레', 빗면을 이용한 도구에는 '빗면'이라고 쓰시오.

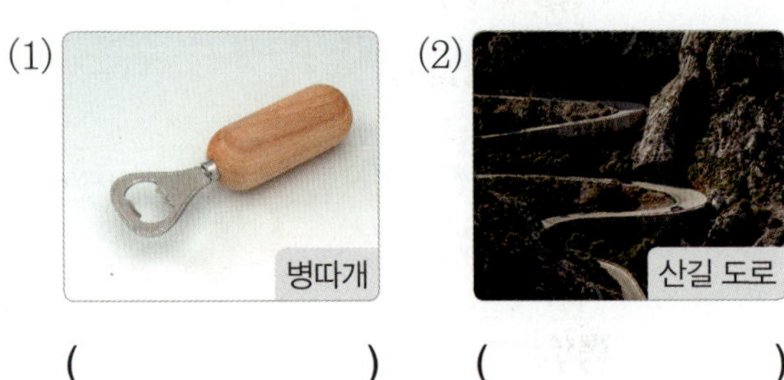

(1) (   ) (2) (   )

16 다음 ㉠과 ㉡ 중 수평이 아닌 것을 골라 기호를 쓰고, 수평이 아닌 나무판자의 수평을 잡는 방법을 한 가지 쓰시오.

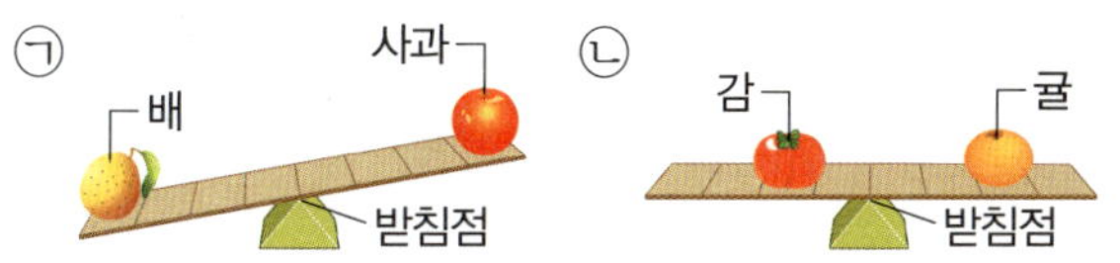

____

____

18 다음과 같이 용수철에 추의 무게를 다르게 매단 모습을 보고 알 수 있는 용수철의 성질을 한 가지 쓰시오.

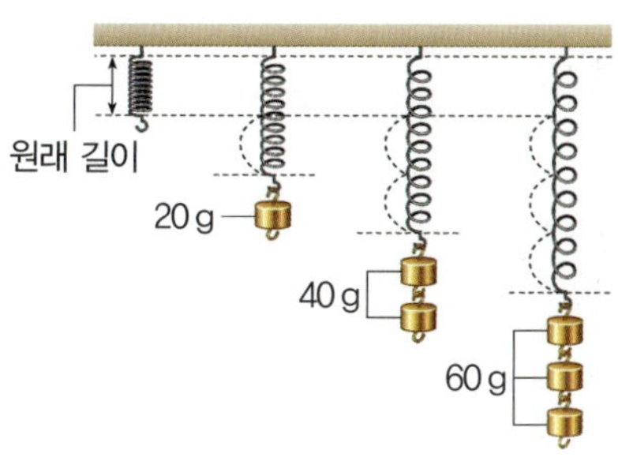

____

____

19 아무것도 매달지 않은 용수철저울을 수직으로 들었더니 표시자의 모습이 오른쪽과 같았습니다. 이 용수철저울로 물체의 무게를 측정하기 위해 해야 할 일은 무엇인지 쓰시오.

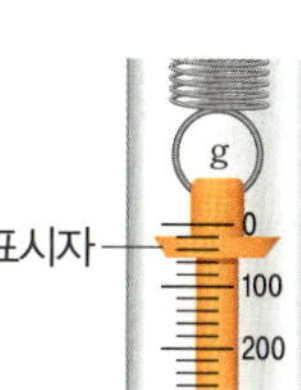

____

____

17 다음과 같이 양팔저울과 여러 개의 클립을 이용하여 풀과 가위의 무게를 비교하는 방법을 한 가지 쓰시오.

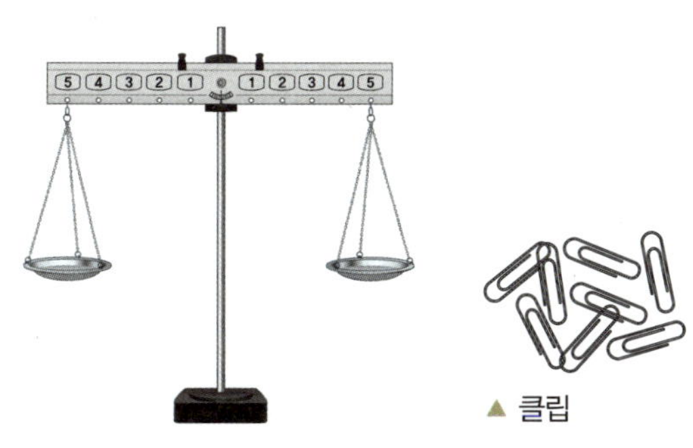

▲ 클립

____

____

20 오른쪽과 같이 고인돌을 만들 때 빗면을 사용한 까닭은 무엇인지 쓰시오.

____

____

힘과 관련된 현상

▲ 공을 잡는 모습

▲ 자전거 페달을 미는 모습

필수 개념 01	물체를 움직이게 하거나 멈추게 하려면 힘이 필요하다.
힘과 관련된 현상	• 손에 힘을 주어 날아오는 공을 잡으면 공이 멈춘다. • 발로 자전거 페달을 밀면 자전거가 앞으로 움직인다.
물체를 밀거나 당길 때의 힘	• 물체를 밀거나 당길 때에는 ❶☐ 이 필요하다. • 무거운 물체를 밀거나 당길 때에는 가벼운 물체를 밀거나 당길 때보다 더 큰 힘이 필요하다.

지구가 물체를 끌어당기는 힘

필수 개념 02	무게는 지구가 물체를 끌어당기는 힘의 크기이다.
무게	• 지구가 물체를 끌어당기는 힘의 크기이다. • 지구는 모든 물체를 지구 ❷☐☐ 방향으로 끌어당기며, 가벼운 물체보다 무거운 물체를 더 세게 끌어당긴다.
무게의 단위	무게의 단위에는 g중(그램중), kg중(킬로그램중), N(뉴턴) 등이 있지만, 일상생활에서는 g(그램), kg(킬로그램)을 사용한다.

나무판자로 수평 잡기

▲ 무게가 같은 경우

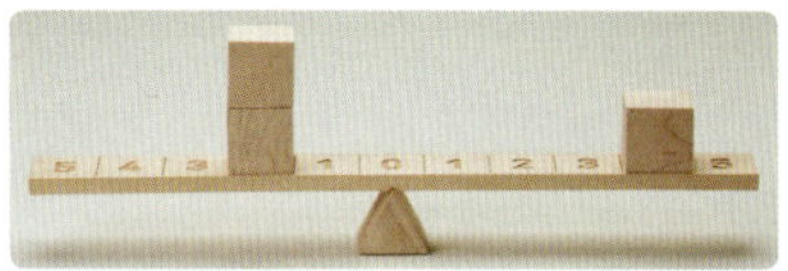

▲ 무게가 다른 경우

필수 개념 03	두 물체를 받침점에서 같은 거리에 올려 기울어진 쪽이 더 무겁다.
❸☐☐	어느 한쪽으로 기울지 않고 평평한 상태이다.
수평 잡기의 원리	• 무게가 같은 경우, 나무판자의 받침점으로부터 양쪽으로 같은 거리에 두 물체를 올려 수평을 잡는다. • 무게가 다른 경우, 무거운 물체를 가벼운 물체보다 나무판자의 받침점에서 가까운 쪽에 올려 수평을 잡는다.

양팔저울

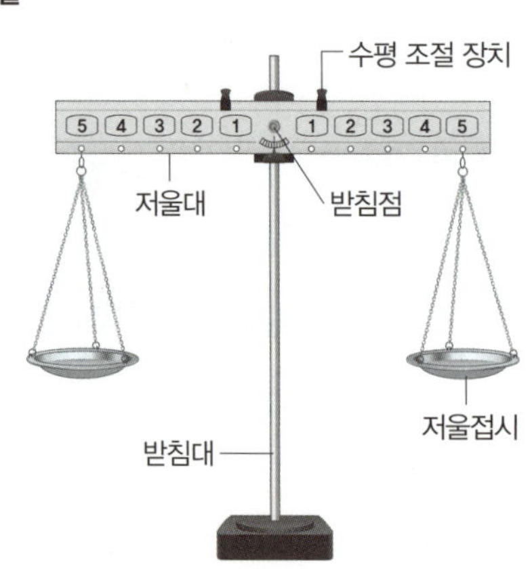

필수 개념 04	양팔저울은 수평 잡기의 원리를 이용한 저울이다.
수평 조절 장치	저울대가 수평을 잡을 수 있게 조절하는 장치
저울대	양쪽에 저울접시를 거는 부분
❹☐☐	측정하고자 하는 물체를 올려놓는 부분
받침점	받침대와 저울대가 만나는 부분
받침대	저울대 가운데가 받침점 역할을 할 수 있도록 걸어 놓은 세로 부분

필수 개념 05	용수철에 매단 물체의 무게가 무거울수록 용수철은 많이 늘어난다.
용수철의 성질	• 용수철은 당기면 길이가 늘어나고, 놓으면 원래 길이로 되돌아간다. • 용수철에 걸어 놓은 물체의 **❺**〔 〕가 일정하게 늘어나면 용수철의 길이도 일정하게 늘어난다.
용수철의 성질을 이용한 저울	가정용 저울, 체중계, 용수철저울 등이 있다.

물체의 무게와 용수철이 늘어난 길이

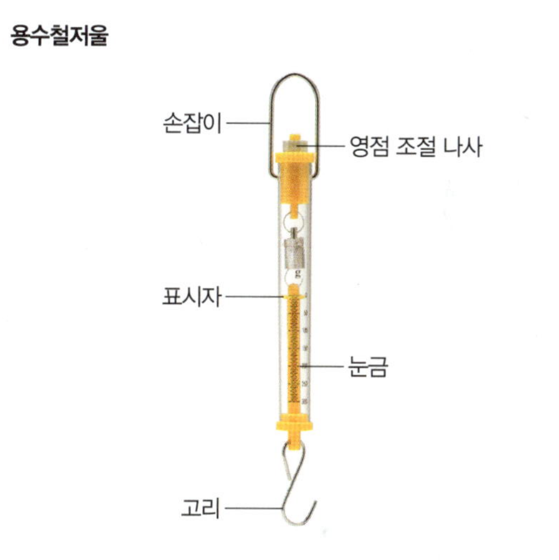

용수철에 매단 추의 무게가 2배, 3배가 되면, 용수철이 늘어난 길이도 2배, 3배가 된다.

필수 개념 06	용수철의 성질을 이용한 용수철저울로 물체의 무게를 측정한다.
손잡이	용수철저울을 손으로 잡거나 스탠드에 거는 부분
영점 조절 나사	물체를 매달지 않았을 때 표시자가 눈금의 '0'을 가리키도록 조절하는 나사
❻〔 〕	용수철저울에 건 물체의 무게를 가리키는 부분
눈금	용수철저울에 물체를 걸었을 때 표시자가 가리키는 부분
고리	무게를 측정할 추나 물체를 거는 부분

용수철저울

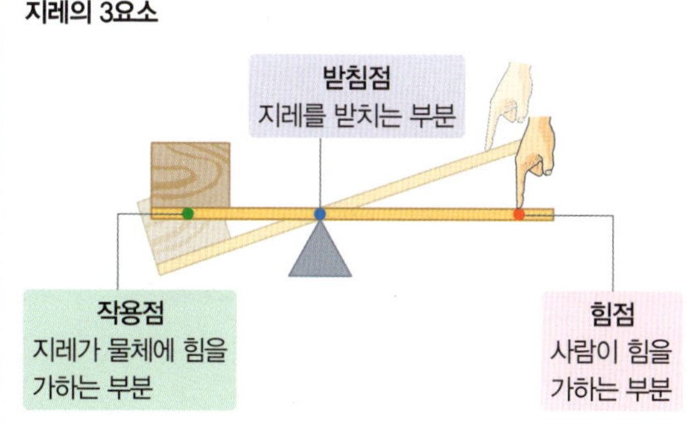

필수 개념 07	지레를 사용하면 물체를 들어 올릴 때 힘이 적게 든다.
❼〔 〕	• 받침대와 긴 막대를 이용하여 물체를 들어 올리는 데 쓰이는 도구이다. • 지레의 3요소: 사람이 힘을 가하는 힘점, 지레가 물체에 힘을 가하는 작용점, 지레를 받치는 받침점
도구의 종류	가위, 손톱깎이, 못뽑이, 병따개, 호두까기, 외바퀴 손수레 등

지레의 3요소

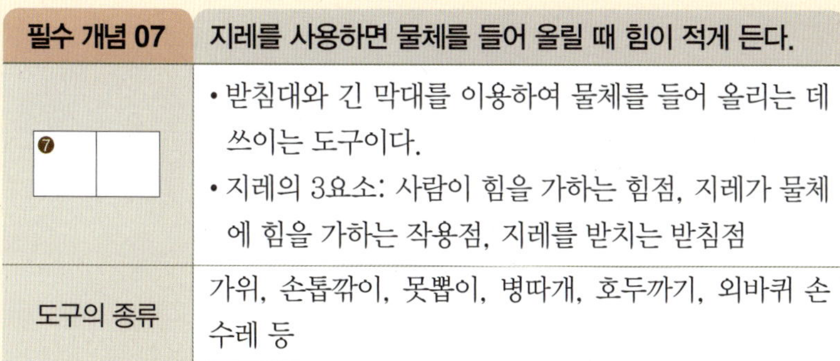

필수 개념 08	빗면을 사용하면 물체를 들어 올릴 때 힘이 적게 든다.
❽〔 〕	• 비스듬한 면을 따라 물체를 밀어 올리는 데 쓰는 도구이다. • 물체를 바로 들어 올릴 때보다 힘이 적게 들고, 빗면의 기울기가 완만할수록 필요한 힘의 크기가 줄어든다.
도구의 종류	경사로, 산길 도로, 나사못, 사다리, 지퍼, 병뚜껑 등

빗면

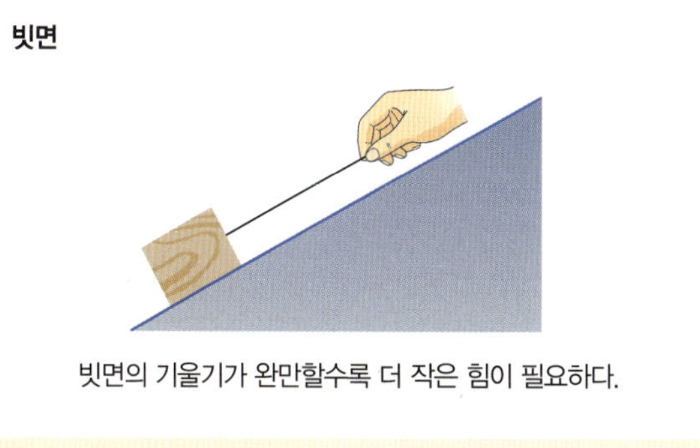

빗면의 기울기가 완만할수록 더 작은 힘이 필요하다.

비주얼 사이언스
Visual Science

우주 정거장에서의 무게

지구는 모든 물체를 지구 중심 방향으로 끌어당기는데, 이 힘을 중력이라고 하며 중력의 크기를 무게라고 한다. 하지만 우주 정거장은 무중력 상태이기 때문에 모든 물체의 무게가 0이 된다.

비행기에 작용하는 힘

활주로를 빠르게 달리는 비행기의 날개 위쪽의 공기는 빠르게 움직이고, 아래쪽의 공기는 느리게 움직이면서 아래쪽에서 위쪽으로 미는 힘인 양력이 생긴다. 양력이 중력보다 커지면 비행기가 하늘로 뜨게 되는 것이다.

- 양력: 위로 뜨게 하는 힘
- 중력: 지구 중심으로 끌어당기는 힘
- 추진력: 엔진에 의해 앞으로 나아가려는 힘
- 저항력: 추진력에 저항하는 힘

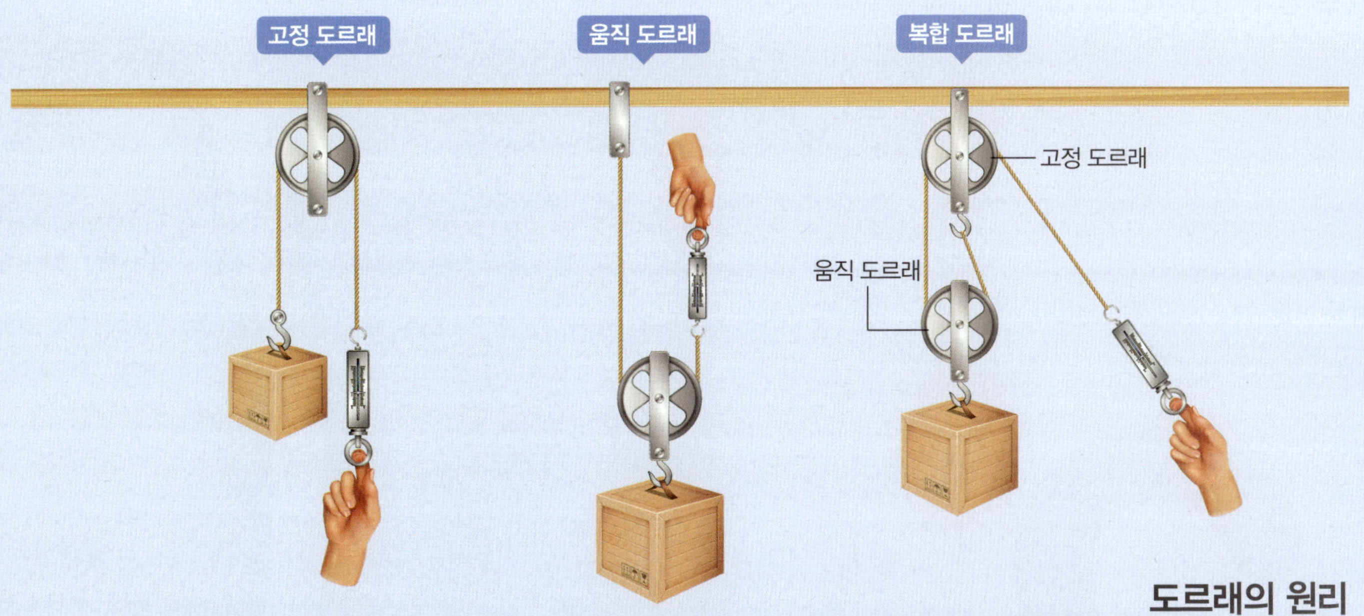

도르래의 원리

도르래는 힘의 방향을 바꾸거나 작은 힘으로 큰 힘을 낼 수 있게 해 주는 도구이다.
고정 도르래를 사용하면 힘의 방향만 바꾸어 주고,
움직 도르래를 사용하면 같은 무게의 물체를 들어 올릴 때 필요한 힘의 크기가 줄어든다.
복합 도르래는 힘의 방향도 바꾸어 주고, 필요한 힘의 크기도 줄어든다.

비스듬하게 던져올린 농구공에 작용하는 힘

공이 올라가는 동안 중력이 공의 운동 방향과 반대 방향으로
작용하기 때문에 속력이 느려진다. 공이 내려오는 동안에는 중
력이 공의 운동 방향과 같기 때문에 속력이 빨라진다.

▲ 빨간색 화살표인 운동 방향은 힘이 아니다.
공중에서 공에 작용하는 힘은 중력뿐이다.

2 동물의 생활

❶ 동물의 분류

❷ 사는 곳에 따른 동물의 특징

❸ 날아다니는 동물, 동물의 활용

필수 개념 09	필수 개념 10
주변의 동물	동물의 분류

필수 개념 11	필수 개념 12
땅에 사는 동물	물에 사는 동물

필수 개념 13	필수 개념 14
사막에 사는 동물	극지방에 사는 동물

필수 개념 15	필수 개념 16
날아다니는 동물	동물의 특징 활용

이 단원의
학습
초등학교 3학년

동물의 생활
동물의 특징에 따라 분류하고,
다양한 환경에 사는 동물의
특징을 안다.

후속 학습
중학교 1학년

생물의 구성과 다양성
생물 다양성과 변이의
관계를 이해하고,
생물의 분류 체계를 안다.
2권 중학교 개념특강 7쪽

1

동물의 분류

동물의 생활

| 동물의 분류 | 사는 곳에 따른 동물의 특징 | 날아다니는 동물, 동물의 활용 |

| 주변의 동물 | 동물의 분류 |

보충 동물이 사는 환경

• 동물은 숲, 들, 사막, 강, 호수, 바다 등 다양한 환경에서 산다.
• 땅에는 흙과 돌, 적당한 양의 물이 있고 먹이가 풍부하다. 사막처럼 모래바람이 불며 물과 먹이가 부족한 땅도 있다.
• 강은 물이 일정하게 흘러가고, 호수는 물이 고여 있다. 바다는 넓고 파도가 친다. 강물은 짜지 않지만, 바닷물은 짜다.

용어

• **더듬이** 곤충, 달팽이 등의 머리 부분에 있는 감각 기관. 후각, 촉각 등을 맡아보며, 먹이를 찾고 적을 막는 역할을 함.
• **아가미** 물속에서 사는 동물에 발달한 호흡 기관.
• **지느러미** 물고기 등이 몸의 균형을 유지하거나 헤엄치는 데 쓰는 기관. 등, 배, 가슴, 꼬리 등에 붙어 있음.

필수 개념 09 우리 주변에는 다양한 동물이 살고 있다.

(1) **주변에서 동물을 볼 수 있는 곳** 집 주변, 학교 화단, 연못 등에서 개미, 까치, 나비, 금붕어, 지렁이, 개구리 등 다양한 동물을 볼 수 있다.

개미

몸이 머리, 가슴, 배 세 부분으로 구분되고, 한 쌍의 더듬이가 있다. 다리는 세 쌍이며, 다리를 이용하여 걸어 다닌다.

까치

뾰족하고 단단한 부리가 있으며, 깃털로 덮인 한 쌍의 날개로 날 수 있다. 머리와 등, 꼬리는 검은색, 배는 흰색이다.

나비

몸이 머리, 가슴, 배 세 부분으로 구분되고, 날개가 두 쌍 있다. 긴 더듬이가 한 쌍이 있고, 다리는 세 쌍이 있다.

붕어

연못의 물속에 살며, 아가미로 숨을 쉰다. 지느러미를 이용하여 물속에서 헤엄쳐 이동한다.

지렁이

몸이 길고 원통 모양이며, 고리 모양의 마디로 되어 있다. 다리가 없으며 기어서 이동한다. 빛을 싫어해 주로 땅속에 산다.

개구리

피부가 촉촉하고 매끄럽다. 뒷다리가 길고 튼튼해 멀리 뛸 수 있으며, 발가락 사이에 물갈퀴가 있어 헤엄을 잘 친다.

(2) **다양한 동물의 특징** 여러 가지 동물을 관찰해 보면 동물의 생김새와 특징을 알 수 있으며, 동물에 관해 흥미와 호기심을 가질 수 있다.

그림 플러스+ 토끼 관찰하기

토끼는 귀가 길고, 꼬리가 짧다. 몸이 털로 덮여 있으며, 두 쌍의 다리 중 뒷다리는 길고 튼튼해 잘 달릴 수 있다.

(1) **분류 기준을 정하는 방법** 동물을 자세히 관찰하고, 공통점과 차이점을 찾아 분류 기준을 정한다. 분류 기준 중에서 여러 사람이 분류한 결과가 사람에 따라 달라질 수 있는 것은 분류 기준으로 알맞지 않다.

① 분류 기준으로 알맞은 것: '날개가 있는가?', '다리가 있는가?', '지느러미가 있는가?', '더듬이가 있는가?', '알을 낳는 동물인가?' **필수 탐구 42쪽**

② 분류 기준으로 알맞지 않은 것: '크기가 큰가?', '빠른가?', '생김새가 아름다운가?'

③ 동물을 특징에 따라 분류하면 동물의 생김새와 생활 방식을 더 깊이 있게 이해할 수 있다.
└─ '큰가?', '작은가?'를 분류 기준으로 정하려면 '○○보다 큰가?', '○○보다 작은가?' 등과 같이 구체적인 기준이 필요하다.

(2) **분류 기준을 정해 동물 분류하기** 예

분류 기준: 다리가 있는가?

그렇다.

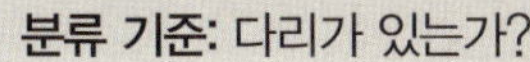

그렇지 않다.

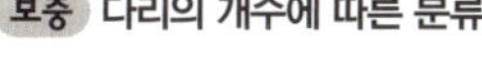

분류 기준: 날개가 있는가?

그렇다.

그렇지 않다.

보충 다리의 개수에 따른 분류

- 다리가 없는 동물: 뱀, 달팽이, 금붕어 등
- 다리가 두 개인 동물: 비둘기, 참새, 까치 등
- 다리가 네 개인 동물: 개구리, 다람쥐, 고양이, 토끼 등
- 다리가 여섯 개 이상인 동물: 잠자리, 꿀벌, 메뚜기, 개미, 공벌레, 거미 등

용어

- **분류** 탐구 대상의 공통점과 차이점을 찾고, 이를 바탕으로 분류 기준을 정해 대상을 무리 짓는 것.

기준을 정해 동물 분류하기

동물의 특징을 바탕으로 분류 기준을 정하고, 기준에 따라 동물을 분류할 수 있다.

과정 및 결과

1. 동물의 공통점과 차이점을 생각하며 분류 기준을 정한다.
2. 분류 기준에 따라 동물을 분류한다.

분류 기준: 알을 낳는 동물인가?	
그렇다.	그렇지 않다.
까치, 뱀, 메뚜기, 금붕어, 개구리, 달팽이, 꿀벌, 거미	토끼, 고양이

분류 기준: 지느러미가 있는가?	
그렇다.	그렇지 않다.
금붕어	까치, 뱀, 메뚜기, 개구리, 토끼, 달팽이, 꿀벌, 고양이, 거미

분류 기준: 더듬이가 있는가?	
그렇다.	그렇지 않다.
메뚜기, 달팽이, 꿀벌	까치, 뱀, 금붕어, 개구리, 토끼, 고양이, 거미

정리

▶ 동물을 생김새, 생활 방식 등의 특징에 따라 분류해 보면 동물에 관해 더 깊이 이해할 수 있다.

↵정답과 해설 14쪽

1 다음 동물들의 공통점으로 옳은 것은 어느 것입니까? (　　　)

> 까치, 개구리, 꿀벌, 거미,
> 뱀, 메뚜기

① 알을 낳는다.　　② 날개가 있다.
③ 더듬이가 있다.　　④ 지느러미가 있다.
⑤ 세 쌍의 다리가 있다.

2 다음 동물들을 '지느러미가 있는가?'라는 분류 기준으로 분류할 때, 나머지와 다르게 분류되는 것을 골라 기호를 쓰시오.

(　　　　　　　　　　)

1 다음 보기 중 날개가 있어 날아다니는 동물의 기호를 쓰시오.

( )

2 개구리를 관찰한 내용으로 옳지 <u>않은</u> 것은 어느 것입니까? ( )

① 피부가 촉촉하다.
② 몸이 털로 덮여 있다.
③ 앞다리보다 뒷다리가 길다.
④ 뒷다리의 발가락 사이에 물갈퀴가 있다.
⑤ 땅에서는 걷거나 뛰어다니고, 물속에서는 헤엄칠 수 있다.

3 다음 개미와 까치의 공통점으로 옳은 것을 두 가지 골라 ○표 하시오.

(1) 다리가 있다. ( )
(2) 알을 낳는다. ( )
(3) 더듬이가 있다. ( )
(4) 몸이 깃털로 덮여 있다. ( )

4 동물을 분류하는 기준으로 알맞지 <u>않은</u> 것을 두 가지 고르시오. ( )

① 새끼를 낳는가?
② 몸이 큰 편인가?
③ 물속에서 사는가?
④ 다리가 두 쌍인가?
⑤ 생김새가 귀여운가?

5 동물을 다음과 같이 분류한 기준으로 옳은 것을 보기 에서 골라 기호를 쓰시오.

그렇다.	그렇지 않다.
금붕어, 고등어, 연어	참새, 잠자리, 뱀

㉠ 날개가 있는가?
㉡ 다리가 있는가?
㉢ 지느러미가 있는가?

( )

6 다음 분류 기준에 따라 분류한 결과에서 <u>잘못</u> 분류한 동물을 한 가지 골라 이름을 쓰시오.

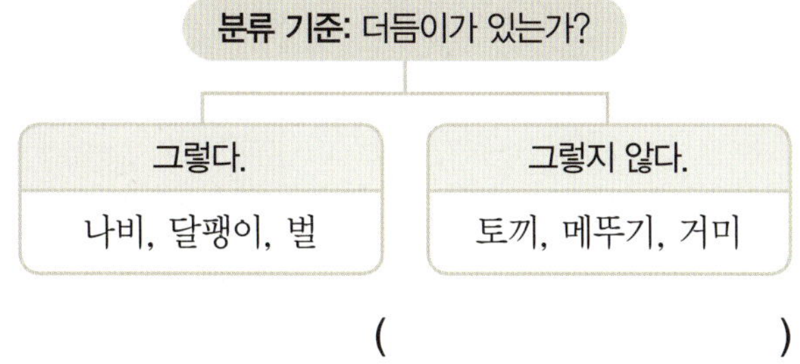

분류 기준: 더듬이가 있는가?

그렇다.	그렇지 않다.
나비, 달팽이, 벌	토끼, 메뚜기, 거미

( )

2 사는 곳에 따른 동물의 특징 (1)

동물의 생활

동물의 분류	사는 곳에 따른 동물의 특징	날아다니는 동물, 동물의 활용

땅에 사는 동물	물에 사는 동물	사막에 사는 동물	극지방에 사는 동물

보충 땅에 사는 동물

• 땅 위에 사는 동물: 고라니, 토끼, 소, 공벌레, 다람쥐 등
• 땅속에 사는 동물: 두더지, 지렁이, 땅강아지 등
• 땅 위와 땅속을 오가며 사는 동물: 뱀, 개미 등

심화 땅강아지가 땅속에서 생활하기에 알맞은 점

땅강아지는 앞다리가 몸에 비해 크고 넓적하며 갈퀴처럼 생겨서 땅을 잘 팔 수 있다.

|도움영상|

땅에 사는 동물을 영상으로 살펴보세요.

 **용어**

•**비늘** 물고기나 뱀 같은 동물의 몸 표면을 덮고 있는 얇고 단단하게 생긴 작은 조각.

필수 개념 11 땅에 사는 동물은 다리가 있으면 걷거나 뛰고, 없으면 기어다닌다.

(1) **땅에 사는 동물** 땅에 사는 동물은 생김새와 생활 방식이 다양하다. 땅 위에 사는 고라니는 두 쌍의 다리로 걷거나 뛰어다닌다. 다리가 없는 뱀은 땅 위와 땅속을 기어다닌다. 땅속에 사는 두더지는 땅을 파기에 알맞은 모양의 앞다리를 가지고 있다. 이처럼 동물의 생김새와 생활 방식은 사는 곳의 환경과 관련이 있다.

(2) **땅에 사는 동물의 생김새와 생활 방식** 필수탐구 46쪽

동물	사는 곳	생김새와 생활 방식
고라니	땅 위	• 몸이 짙은 갈색이고, 털로 덮여 있다. • 두 쌍의 다리로 걷거나 뛰어다닌다.
토끼		• 귀가 크고, 몸이 털로 덮여 있다. • 두 쌍의 다리 중 뒷다리는 길고 튼튼해 잘 뛰어다닐 수 있다.
뱀	땅 위와 땅속	• 몸이 길고, 비늘로 덮여 있다. • 다리가 없어 기어서 이동한다.
개미		• 몸은 검은색이고, 머리, 가슴, 배의 세 부분으로 구분된다. • 세 쌍의 다리로 걸어 다니고, 개미 중에는 날개가 있는 것도 있다.
두더지	땅속	• 몸이 길고 흑갈색의 털로 덮여 있으며, 눈이 거의 보이지 않는다. • 앞발이 튼튼하고 삽처럼 생겼으며, 긴 발톱이 있어 땅속에 굴을 파서 이동한다.
지렁이		• 몸이 길고 원통 모양이며, 고리 모양의 마디로 되어 있다. • 다리가 없어 기어서 이동한다.

그림 플러스+ 땅에 사는 동물

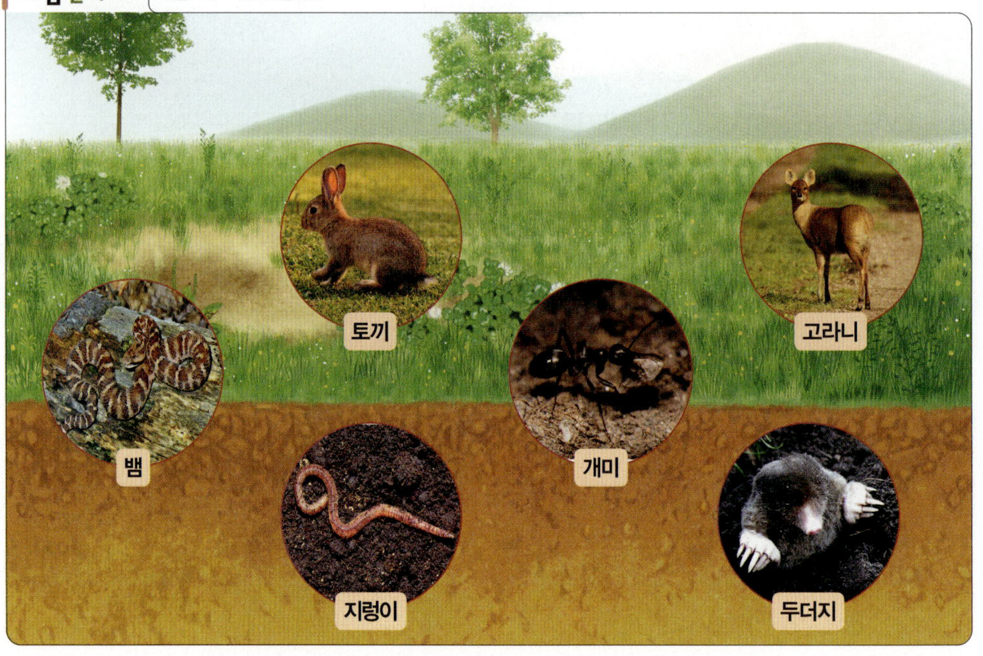

(1) **물에 사는 동물** 강과 호수, 바다에는 다양한 동물이 살고 있다. 도롱뇽이나 게는 다리가 있어 걸어 다니고, 붕어와 고등어는 지느러미를 이용하여 물속에서 헤엄쳐 이동한다. 다슬기나 전복처럼 바위에 붙어서 기어다니는 동물도 있다.

(2) **물에 사는 동물의 생김새와 생활 방식** 필수탐구 46쪽

동물	사는 곳	생김새와 생활 방식
수달	강가나 호숫가	• 몸이 길고 털로 덮여 있으며, 두 쌍의 다리로 걸어 다닌다. • 발가락에 물갈퀴가 있어 물속에서 헤엄칠 수 있다.
도롱뇽		• 몸이 길고 피부가 매끈하다. • 두 쌍의 다리로 걸어 다닌다.
붕어	강이나 호수의 물속	• 몸이 비늘로 덮여 있고, 아가미로 숨을 쉰다. • 몸이 부드러운 곡선 형태(유선형)이고, 지느러미가 있어 물속에서 빠르게 헤엄칠 수 있다.
다슬기		• 몸이 고깔 모양의 단단한 껍데기로 덮여 있다. • 물속 바위에 붙어서 배발로 기어다닌다.
고등어	바닷속	• 몸이 비늘로 덮여 있고, 아가미로 숨을 쉰다. • 몸이 부드러운 곡선 형태(유선형)이고, 지느러미가 있어 물속에서 빠르게 헤엄칠 수 있다.
전복		• 몸은 둥근 모양의 딱딱한 껍데기로 둘러싸여 있다. • 물속 바위에 붙어서 배발로 기어다닌다.
조개	갯벌	• 두 장의 딱딱한 껍데기로 몸이 둘러싸여 있다. • 도끼 모양의 발로 땅을 파고 들어가거나 기어다닌다.
게		• 몸이 딱딱한 껍데기로 덮여 있고, 아가미로 숨을 쉰다. • 집게 다리 한 쌍이 있고, 나머지 다리 네 쌍으로 걸어 다닌다.

그림 플러스+ 물에 사는 동물

보충 물에 사는 동물

• 강가나 호숫가에 사는 동물: 수달, 도롱뇽, 개구리 등
• 강이나 호수의 물속에 사는 동물: 붕어, 물방개, 피라미, 메기, 미꾸라지, 다슬기 등
• 바닷속에 사는 동물: 고등어, 돌고래, 오징어, 상어, 가오리, 거북, 전복 등
• 갯벌에 사는 동물: 조개, 게, 짱뚱어, 갯지렁이 등

심화 붕어와 같은 물고기가 물속에서 생활하기에 알맞은 점

• 지느러미가 있어서 물속에서 헤엄을 잘 칠 수 있다.
• 아가미가 있어서 물속에서 숨을 쉴 수 있다.
• 몸이 유선형이라서 물속에서 빨리 헤엄쳐 이동할 수 있다.

용어

• **배발** 배에 있는 근육성의 발.
• **갯벌** 바닷물이 들어오면 물에 잠기고, 바닷물이 빠져나가면 드러나는 땅.

땅에 사는 동물과 물에 사는 동물 관찰하기

공벌레와 물방개를 관찰하고, 특징을 설명할 수 있다.

● **과정 및 결과**

1. 땅에 사는 동물(예 공벌레)의 생김새를 관찰하고 그림과 글로 나타낸다.

동물 이름: 공벌레

- 몸이 어두운 회색 또는 갈색이다.
- 몸이 여러 개의 마디로 되어 있고, 머리에는 더듬이가 있다.
- 일곱 쌍의 다리로 걸어 다닌다.
- 위험을 느끼면 몸을 둥글게 만든다.

2. 물에 사는 동물(예 물방개)의 생김새를 관찰하고 그림과 글로 나타낸다.

동물 이름: 물방개

- 몸은 넓적한 타원형으로, 등쪽은 초록색을 띤 검은색이다.
- 머리에 더듬이가 있고, 다리가 세 쌍이 있다.
- 털이 나 있는 긴 뒷다리를 뻗어서 헤엄쳐 이동한다.

● **정리**

▶ 땅에 사는 공벌레는 일곱 쌍의 다리로 걸어서 이동하고, 물속에 사는 물방개는 털이 나 있는 긴 뒷다리로 헤엄쳐 이동한다.

↪정답과 해설 15쪽

1 다음 공벌레를 관찰한 내용으로 옳은 것에 ○표 하시오.

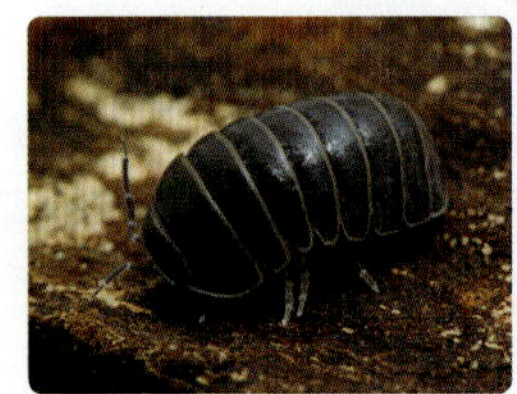

▲ 공벌레

(1) 여덟 쌍의 다리가 있다.   (   )

(2) 몸이 여러 개의 마디로 되어 있다.   (   )

(3) 물속에서 헤엄치기에 알맞게 지느러미가 있다.
          (   )

2 물방개를 관찰한 내용으로 옳지 <u>않은</u> 것은 어느 것입니까? (   )

▲ 물방개

① 더듬이가 있다.
② 세 쌍의 다리가 있다.
③ 몸이 넓적한 타원형이다.
④ 긴 뒷다리에 털이 나 있다.
⑤ 물갈퀴가 있어 헤엄치기에 알맞다.

정답과 해설 15쪽

1 다음에서 설명하는 동물의 이름을 보기 에서 골라 쓰시오.

> • 다리가 없어 기어서 이동한다.
> • 몸이 길고, 몸 표면이 비늘로 덮여 있다.

> 보기
> 소, 토끼, 다람쥐, 땅강아지, 뱀

( )

2 다음 동물이 주로 생활하는 장소를 골라 각각 선으로 이으시오.

(1) 개미 • • ㉠ 땅속

(2) 고라니 • • ㉡ 땅 위

(3) 두더지 • • ㉢ 땅 위와 땅속

3 땅에 사는 동물에 대해 옳게 설명한 사람의 이름을 쓰시오.

> • 윤정: 모두 다리가 있어서 걸어 다닐 수 있어.
> • 시원: 아니야. 모두 날개가 있어서 날아서 이동해.
> • 다미: 다리로 뛰거나 걸어 다니는 동물도 있고, 다리가 없어서 기어다니는 동물도 있어.

( )

4 빈칸에 들어갈 말로 옳은 것은 어느 것입니까?

( )

> 개구리와 수달은 발가락에 ( )이/가 있어 물속에서 헤엄칠 수 있다.

① 날개   ② 비늘
③ 아가미   ④ 물갈퀴
⑤ 지느러미

5 보기 의 물에서 사는 동물 중 바위에 붙어서 기어다니는 것을 골라 기호를 쓰시오.

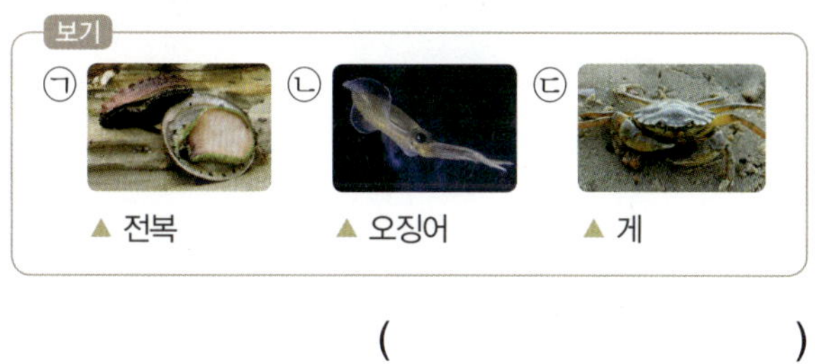

> 보기
> ㉠ ▲ 전복   ㉡ ▲ 오징어   ㉢ ▲ 게

( )

6 바닷속에서 볼 수 있는 동물은 어느 것입니까?

( )

① ▲ 개구리   ② ▲ 고등어
③ ▲ 붕어   ④ ▲ 도롱뇽

[1~2] 주변의 동물 필수 개념 **09**

1 다음 설명에 해당하는 동물을 보기에서 골라 기호를 쓰시오.

> • 날개가 있다.
> • 한 쌍의 더듬이가 있다.
> • 몸이 머리, 가슴, 배의 세 부분으로 구분된다.

보기

(가) ▲ 달팽이　　(나) ▲ 참새
(다) ▲ 토끼　　(라) ▲ 꿀벌

(　　　　　　　　　　　)

2 위 **1**번의 (다)에 대한 설명으로 옳지 <u>않은</u> 것을 두 가지 고르시오. (　　　　)

① 꼬리가 없다.
② 두 쌍의 다리가 있다.
③ 몸에 비해 귀가 길다.
④ 몸이 깃털로 덮여 있다.
⑤ 앞다리보다 뒷다리가 길다.

[3~5] 동물의 분류 필수 개념 **10**

3 날개가 있는 것과 날개가 없는 것으로 동물을 분류할 때 나머지와 다른 무리로 분류해야 하는 것은 어느 것입니까? (　　　　)

① 붕어　　　② 거미　　　③ 까치
④ 공벌레　　⑤ 지렁이

서술형

4 다음 동물들의 모습을 관찰하고, 공통점을 한 가지 쓰시오.

▲ 다람쥐　　　▲ 잠자리　　　▲ 너구리

____

____

도전! 하이탑

5 보기의 동물들을 다음 분류 기준에 따라 분류하여 각각 이름을 쓰시오.

보기

소, 개구리, 나비, 개, 고양이, 뱀

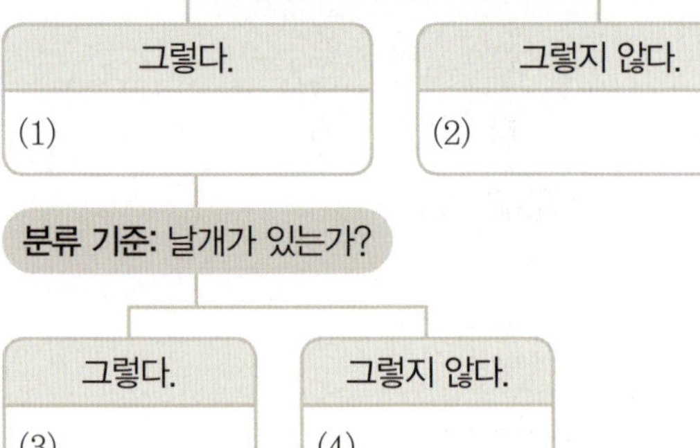

[6~8] 땅에 사는 동물 `필수 개념 11`

6 땅속에 사는 동물끼리 옳게 짝 지은 것은 어느 것입니까? (　　　)

① 뱀, 토끼, 고라니
② 달팽이, 개구리, 개
③ 메뚜기, 거미, 개미
④ 두더지, 공벌레, 고양이
⑤ 땅강아지, 두더지, 지렁이

`도전! 하이탑`

7 오른쪽 두더지가 땅속에서 생활하기에 편리한 점으로 옳은 것을 `보기` 에서 골라 기호를 쓰시오.

▲ 두더지

> `보기`
> ㉠ 다리가 가늘고 길다.
> ㉡ 앞발이 삽처럼 생겨 땅을 잘 팔 수 있다.
> ㉢ 눈이 밝아 멀리 있는 것도 잘 볼 수 있다.
> ㉣ 위험을 느끼면 몸을 공처럼 둥글게 만든다.

(　　　　　　　)

`서술형`

8 뱀과 개미는 이동하는 모습이 어떻게 다른지 비교하여 쓰시오.

▲ 뱀

▲ 개미

____

____

[9~10] 물에 사는 동물 `필수 개념 12`

9 다음은 붕어에 대한 설명입니다. 빈칸에 들어갈 알맞은 말을 각각 쓰시오.

> 붕어는 강이나 호수의 물속에 사는 동물이다. 몸이 (　㉠　)(으)로 덮여 있고, (　㉡　)(으)로 숨을 쉰다.
>
> 

㉠ (　　　　　　　), ㉡ (　　　　　　　)

10 다음 설명에 해당하는 환경에서 사는 동물은 어느 것입니까? (　　　)

> 바닷물이 들어오면 물에 잠기고, 바닷물이 빠져나가면 드러나는 땅이다.

① 
▲ 갯지렁이

② 
▲ 상어

③ 
▲ 돌고래

④ 
▲ 가오리

② 사는 곳에 따른 동물의 특징 (2)

동물의 생활

| 동물의 분류 | 사는 곳에 따른 동물의 특징 | 날아다니는 동물, 동물의 활용 |

| 땅에 사는 동물 | 물에 사는 동물 | 사막에 사는 동물 | 극지방에 사는 동물 |

필수 개념 13 사막에 사는 동물은 덥고 건조한 환경에 잘 견딜 수 있는 특징이 있다.

(1) **사막 환경의 특징** 사막은 비가 내리지 않아 물이 부족하고, 낮에는 햇볕이 뜨겁고 밤에는 매우 추우며 모래바람이 분다. 사막에는 낙타, 미어캣, 사막여우, 사막 도마뱀 등이 살며, 이 동물들은 덥고 건조한 환경에서 살 수 있는 특징이 있다.

(2) **사막에 사는 동물의 생김새와 생활 방식**

① 낙타: 등에 •지방을 저장한 혹이 있어서 먹이가 없어도 며칠 동안 생활할 수 있다. 눈과 귀 주변에 긴 털이 나 있고 콧구멍을 열고 닫을 수 있어서 모래바람을 견딜 수 있다. 또한 발바닥이 넓어서 모래 속으로 잘 빠지지 않고 걸을 수 있다.

보충 사막에 사는 전갈

전갈은 온몸이 딱딱한 껍데기로 되어 있어 몸에 있는 물이 밖으로 잘 빠져나가지 않는다.

그림 플러스+ 낙타가 사막에 살기 유리한 점

┌ 돌아가면서 망을 보는 특징이 있다.
② 미어캣: 몸은 갈색 털로 덮여 있고, 눈 주위의 검은 털이 빛의 반사를 막아 강한 햇빛에서도 멀리 볼 수 있다. 구부러진 발톱으로 굴을 파서 굴속에서 생활한다.

③ 사막여우: 몸에 비해 큰 귀로 몸속의 열을 밖으로 내보내 체온 조절을 하며, 작은 소리도 잘 들을 수 있다. 발바닥에도 털이 있어 모래에 잘 빠지지 않으며, 귓속에 털이 많아 모래바람이 불어도 모래가 잘 들어가지 않는다.

④ 사막 도마뱀: 몸에 비늘이 있어 몸속 수분을 쉽게 빼앗기지 않는다. 서 있거나 이동할 때 뜨거운 모래 위에서 발을 식히기 위해 두 발씩 번갈아 들어 올린다.

용어

•**지방** 동물의 피부 밑이나 근육에 저장되며, 에너지가 됨.

미어캣

사막여우

사막 도마뱀

└ 몸이 모래와 비슷한 황갈색이라 눈에 잘 띄지 않는다.

(1) **극지방 환경의 특징** 극지방은 눈과 •빙하로 덮여 있고 매우 춥다. 하지만 이런 곳에도 북극여우, 북극곰, 바다코끼리, 황제펭귄 등의 동물이 산다. 이 동물들은 추위를 잘 견딜 수 있는 특징이 있다.

(2) **극지방에 사는 동물의 생김새와 생활 방식**

① **북극여우**: 귀가 작고, 털이 두껍고 촘촘하게 나 있어 몸의 열을 빼앗기지 않는다. 여름에는 털 색깔이 땅과 비슷한 갈색이지만, 눈이 많이 내리는 겨울에는 갈색 털이 빠지고 흰색 털이 나 눈에 잘 띄지 않아 사냥하기에 유리하다. (필수 탐구 **52**쪽)

비교 플러스＋ **사막여우와 북극여우**

② **북극곰**: 몸집이 크고 피부가 두꺼우며 몸이 털로 덮여 있어 추위를 견딜 수 있다. 발가락 사이에 물갈퀴가 있어서 헤엄을 잘 치고, 발바닥에 넓고 짧은 털이 나 있어서 얼음이나 눈 위에서도 잘 걸어 다닌다.

③ **바다코끼리**: 피부가 두꺼워 추위를 잘 견디며, 거대한 한 쌍의 이빨이 있는데 이 이빨을 자는 동안 얼음에 박아서 몸이 미끄러지지 않게 고정한다. 또한 바다에서 얼음 위로 올라가거나 얼음에 구멍을 뚫어 먹이를 찾을 때에도 이 이빨을 사용한다.

④ **황제펭귄**: 두꺼운 지방층과 보온이 잘되는 깃털이 있어 추위를 견딘다. 둥근 형태로 모여 서로의 몸에 가깝게 붙어 체온을 나눠 가진다.

▲ 북극곰

▲ 바다코끼리

▲ 황제펭귄

보충 극지방에 사는 동물

- 북극에 사는 동물: 북극여우, 북극곰, 바다코끼리, 북극제비갈매기 등
- 남극에 사는 동물: 황제펭귄, 남극물개, 향유고래, 범고래, 도둑갈매기 등

사막과 북극에 사는 동물을 영상으로 살펴보세요.
|도움영상|

보충 허들링

황제펭귄들이 추위를 견디기 위해 둥근 형태로 겹겹이 서로 몸을 바짝 붙이는 것을 말한다. 몸을 붙인 상태에서 한쪽 방향으로 천천히 움직이면서 바깥쪽 펭귄과 안쪽 펭귄이 자리를 바꾼다. 가장 안쪽은 추위에 약한 새끼들을 둔다.

용어 

- •**극지방** 남극과 북극을 중심으로 한 그 주변 지역.
- •**빙하** 오랜 시간 동안 쌓인 눈이 녹았다 어는 것을 반복하면서 만들어진 거대한 얼음덩어리.
- •**몸집** 몸의 전체적인 부피나 크기.

동물의 생김새와 환경과의 관계 찾기

주변 환경과 비슷한 생김새를 가진 동물이 있음을 알 수 있다.

과정 및 결과

1. 동물의 몸 색깔이 사는 곳의 환경과 비슷한 동물을 조사한다.

▲ 토끼

▲ 메뚜기

▲ 이구아나

- 토끼, 메뚜기, 이구아나 등은 사는 곳의 환경과 몸 색깔이 비슷하다.

2. 동물의 모양이 사는 곳의 환경과 비슷한 동물을 조사한다.

▲ 대벌레

▲ 나뭇잎벌레

▲ 난초사마귀

- 대벌레, 나뭇잎벌레, 난초사마귀 등은 사는 곳의 환경과 비슷한 모양이어서 눈에 잘 띄지 않는다.

정리

▶ 사는 곳의 환경과 비슷한 색깔이나 모양을 가지고 있는 동물은 자신을 잡아먹는 동물이나 먹잇감의 눈에 잘 띄지 않는다.

↻ 정답과 해설 **17**쪽

1 다음 동물 중 사는 곳의 나뭇가지와 비슷한 모양이어서 눈에 잘 띄지 않는 동물은 어느 것입니까?

(   )

① 
▲ 메뚜기

② 
▲ 토끼

③ 
▲ 대벌레

④ 
▲ 다람쥐

2 사는 곳의 환경과 몸 색깔이나 모양이 비슷한 동물들이 유리한 점은 무엇인지 옳게 말한 사람의 이름을 쓰시오.

선우

나희

(   )

개념 확인문제

정답과 해설 18쪽

1 사막 환경에 대한 설명으로 옳지 않은 것은 어느 것입니까? (   )

① 모래바람이 분다.
② 낮에는 햇볕이 뜨겁다.
③ 먹이와 물이 부족하다.
④ 비가 거의 내리지 않는다.
⑤ 밤에는 낮보다 기온이 더 높다.

2 다음은 사막에 사는 낙타에 대한 설명입니다. 옳지 않은 것을 찾아 기호를 쓰시오.

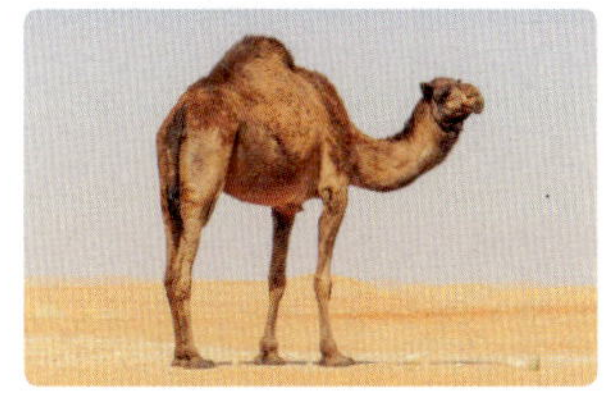

낙타는 ㉠ 등에 지방을 저장한 혹이 있어서 먹이가 없는 사막에서 며칠 동안 살 수 있다. ㉡ 발바닥이 넓어 사막의 모래에 발이 잘 빠지지 않고, ㉢ 콧구멍이 없어 모래바람이 불어도 모래가 들어가지 않는다.

(   )

3 다음 설명에 해당하는 동물을 보기에서 골라 이름을 쓰시오.

- 사막에 사는 동물이다.
- 굴속에서 생활하며, 돌아가면서 망을 본다.
- 앞다리에 구부러진 발톱이 있어서 굴을 파기에 알맞다.

보기
수달　미어캣　사막여우　사막 도마뱀

(   )

4 극지방에서 볼 수 있는 모습으로 옳은 것에 ○표 하시오.

(1) 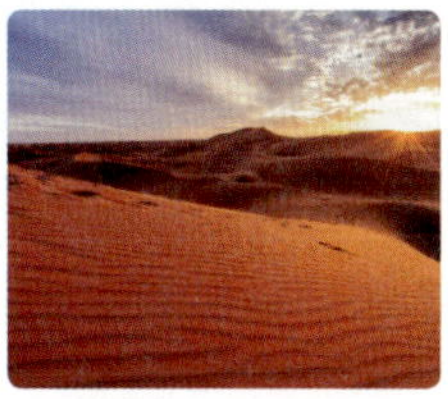

(   )

(2) 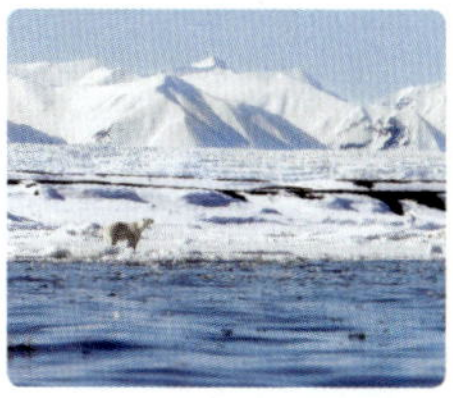

(   )

5 사막여우에 대한 설명에는 '사막', 북극여우에 대한 설명에는 '북극'이라고 쓰시오.

(1) 귀가 크다. (   )
(2) 귀가 작다. (   )
(3) 몸집이 크다. (   )
(4) 몸집이 작다. (   )

6 다음 극지방에 사는 동물의 특징으로 옳은 것을 찾아 각각 선으로 이으시오.

(1) 북극곰 •	• ㉠ 몸집이 크고 몸이 흰색 털로 덮여 있다.
(2) 바다코끼리 •	• ㉡ 몸이 깃털로 덮여 있고 무리를 지어 생활한다.
(3) 황제펭귄 •	• ㉢ 큰 이빨 한 쌍을 이용해 얼음에 올라가거나 구멍을 뚫는다.

3

날아다니는 동물, 동물의 활용

동물의 생활
├ 동물의 분류
├ 사는 곳에 따른 동물의 특징
└ 날아다니는 동물, 동물의 활용
　├ 날아다니는 동물
　└ 동물의 특징 활용

보충 몸의 일부를 날개처럼 사용하는 동물

▲ 하늘다람쥐

하늘다람쥐는 앞다리와 뒷다리 사이에 날개막이 있어서 나무 사이를 날아서 이동할 수 있다.

▲ 날치

날치는 위협을 느끼면 물 밖으로 튀어나와 날아간다. 지느러미를 날개처럼 이용해 날 수 있다.

▲ 박쥐

박쥐는 앞 발가락과 다리 사이에 날개막이 있어 하늘을 날 수 있다.

|도움영상|

날아다니는 동물
을 영상으로 살펴보세요.

용어

•**꽁지깃** 새의 꽁무니에 붙은 깃털.

필수 개념 15　날아다니는 동물은 날개가 있고, 몸의 크기에 비해 가볍다.

(1) **날아다니는 동물**　나비, 매미, 잠자리, 벌 등의 곤충이나 까치, 참새, 직박구리, 딱따구리, 제비 등의 새는 날개가 있어서 하늘을 날 수 있다. 날 수 있는 동물은 대부분 몸의 크기에 비해 무게가 가볍다. 특히, 새는 뼛속이 비어 있으며, 몸이 깃털로 덮여 있어 하늘을 날기에 좋다.

(2) **날아다니는 동물의 생김새와 생활 방식**

동물		생김새와 생활 방식
곤충	나비	• 두 쌍의 큰 날개와 세 쌍의 다리, 한 쌍의 더듬이가 있다. • 긴 빨대 모양의 입을 뻗어 꽃에서 꿀을 빨아 먹는다.
	매미	• 두 쌍의 투명한 날개와 세 쌍의 다리가 있다. • 머리가 크고, 한 쌍의 더듬이가 있다. • 나무에서 수액을 먹고, 나무 사이를 날아다닌다.
	잠자리	• 몸이 가늘고 길며, 머리에 큰 겹눈이 있다. • 두 쌍의 날개와 세 쌍의 다리, 한 쌍의 더듬이가 있다. • 날개가 아주 얇아 빨리 날 수 있다.
새	까치	• 몸이 검은색과 하얀색 깃털로 덮여 있다. • 날개가 있으며, 꽁지깃이 길고 검은색이다.
	참새	• 몸이 갈색 깃털로 덮여 있고, 검은색 줄무늬가 있다. • 날개가 있으며, 꽁지깃은 날 때 방향을 잡는 역할을 한다.
	직박구리	• 몸 전체가 회색이고, 귀 근처에 무늬가 있다. • 날개가 있으며, 부리는 곧고 검은색이다.

그림 플러스+　날아다니는 동물

(1) **동물의 특징을 •모방해 활용하면 좋은 점**　동물은 사는 곳에 알맞은 특징을 가지고 있다. 사람들은 이러한 동물의 특징을 모방해 생활에 편리한 도구와 생활용품을 만들어 사용한다. 필수탐구 56쪽

(2) **동물의 특징을 모방해 활용한 예**

① **전신 수영복**: 상어의 비늘에는 미세한 •돌기가 있어서 물이 흐를 때 소용돌이가 잘 생기지 않는다. 상어 비늘의 특징을 이용해 만든 전신 수영복은 표면에 미세한 무늬가 있어 입으면 물의 •저항을 줄일 수 있다.

② **흡착판**: 문어 다리의 빨판이 물체에 잘 붙는 특징을 이용해 비누걸이나 칫솔걸이 등의 흡착판을 만든다.

③ **등산화**: 산양의 발바닥은 테두리가 단단하지만, 안쪽은 고무처럼 말랑해서 절벽에서 잘 미끄러지지 않는다. 이러한 산양 발바닥의 특징을 이용한 등산화는 밑창을 부드러운 고무로 만들어 산에서 미끄러지지 않고 안전하게 다닐 수 있도록 도와준다.

④ **집게 차**: 수리의 발은 움켜쥐는 힘이 강해 먹이를 잡으면 잘 놓치지 않는다. 이러한 수리 발의 특징을 이용한 집게 차는 무거운 물건을 꽉 붙잡아 집어 올릴 수 있다.

상어 피부를 활용하여 만든 전신 수영복

문어 빨판의 특징을 활용하여 만든 흡착판

산양 발바닥의 특징을 활용하여 만든 등산화 밑창

수리 발의 특징을 활용하여 만든 집게 차

심화　동물의 특징을 활용한 로봇

뱀은 좁은 공간을 기어서 이동할 수 있다. 이러한 뱀의 특징을 활용해 만든 로봇 뱀은 좁은 지형을 탐사하거나 무너진 건물 등 위험한 공간을 수색할 수 있다.

용어

- **모방** 다른 것을 본뜨거나 본받음.
- **돌기** 뾰족하게 도드라진 부분.
- **저항** 물체의 운동 방향과 반대 방향으로 작용하는 힘.

동물의 특징을 모방해 활용하는 예 조사하기

생활 속에서 동물의 특징을 모방해 활용한 예를 조사할 수 있다.

· 과정 및 결과

1. 오리 사진을 찾아 물놀이용 물갈퀴와 함께 관찰하고, 공통점을 찾아본다.

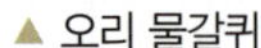

▲ 오리 물갈퀴

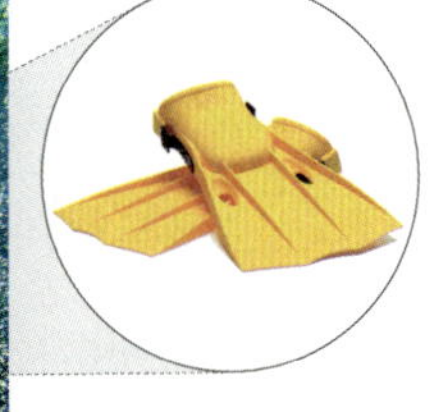

▲ 물놀이용 물갈퀴

· 오리는 발가락 사이에 물갈퀴가 있어 물속에서 헤엄을 잘 친다. 이러한 특징을 활용하여 잠수할 때 발에 끼워 헤엄치는 것을 도와주는 물놀이용 물갈퀴를 만들었다.

2. 생활 속에서 동물의 특징을 활용한 다른 예를 조사한다.

산천어의 특징을 활용한 고속열차	하늘다람쥐의 특징을 활용한 윙슈트	도마뱀붙이의 특징을 활용한 게코 테이프
 산천어　고속열차	 하늘다람쥐　윙슈트	 도마뱀붙이　게코 테이프
산천어의 머리 모양은 날렵한 곡선 모양이다. 이러한 산천어의 머리 모양을 모방해 만든 고속열차는 빠르게 달릴 수 있다.	하늘다람쥐는 날개막을 펼치고 하늘을 활공한다. 이러한 날개막을 모방해 만든 윙슈트를 입으면 스카이다이빙을 할 때 떨어지는 속도를 줄일 수 있다.	도마뱀붙이의 발바닥에는 수백만 개의 미세한 털이 있어 벽을 오를 수 있다. 이러한 특징을 활용해 만든 테이프는 벽이나 천장에도 붙일 수 있고, 쉽게 떼어낼 수 있다.

· 정리

▶ 사람들은 동물의 특징을 흉내 내거나 이용하여 생활에 편리한 도구와 생활용품을 만들어 사용한다.

↻ 정답과 해설 **18**쪽

1 다음 고속열차는 날렵한 곡선 모양으로 되어 있어 빠르게 달릴 수 있습니다. 이것은 어떤 동물의 특징을 모방한 것입니까? (　　　)

① 게
② 나비
③ 다슬기
④ 달팽이
⑤ 산천어

2 하늘다람쥐의 특징을 활용한 예로 옳은 것을 골라 기호를 쓰시오.

㉠ 
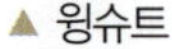
㉡ 

▲ 윙슈트　　　　　▲ 물놀이용 물갈퀴

(　　　　　　　　)

정답과 해설 **19**쪽

1 보기 에서 날아다니는 동물을 모두 골라 기호를 쓰시오.

> 보기
> ㉠ 뱀　　　㉡ 나비　　　㉢ 참새
> ㉣ 고라니　　㉤ 잠자리　　㉥ 직박구리

(　　　　　　)

2 다음 두 동물의 공통점을 두 가지 고르시오.

(　　　)

▲ 까치　　　　　　▲ 매미

① 부리가 있다.
② 날개가 있다.
③ 뼛속이 비어 있다.
④ 몸이 비교적 가볍다.
⑤ 몸이 깃털로 덮여 있다.

3 몸의 일부를 날개처럼 사용하는 동물이 <u>아닌</u> 것은 어느 것입니까? (　　　)

①　▲ 박쥐　　　　②　▲ 날치

③　▲ 하늘다람쥐　　④　▲ 두더지

4 오른쪽 집게 차는 쓰레기를 집어서 옮깁니다. 집게 차는 어떤 동물의 특징을 활용한 것인지 골라 ○표 하시오.

집게 차

(1) 
수리

(2) 
거북

(　　　)　　　(　　　)

5 다음 생활용품을 보고, 어떤 동물의 특징을 모방해 활용한 것인지 찾아 선으로 이으시오.

(1) 
▲ 흡착판

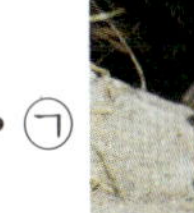 ㉠ 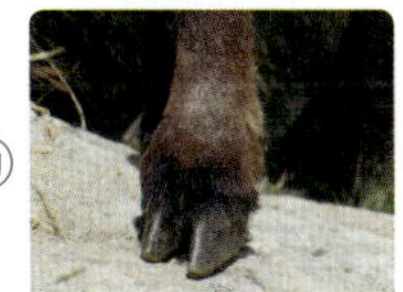
▲ 산양 발바닥

(2) 
▲ 등산화

㉡ 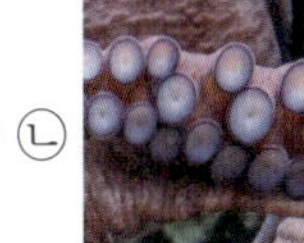
▲ 문어 빨판

6 오른쪽 그림은 어떤 동물의 특징을 활용한 것입니까?

(　　　)

① 상어　　　② 여우
③ 낙타　　　④ 조개
⑤ 토끼

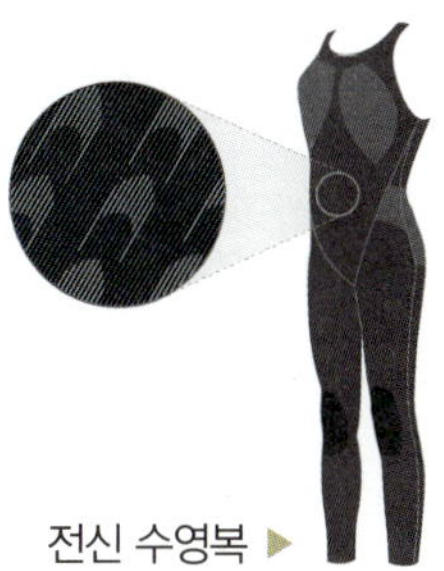
전신 수영복 ▶

[1~3] 사막에 사는 동물 필수 개념 13

1 다음 동물들이 사는 환경을 보기 에서 골라 기호를 쓰시오.

▲ 미어캣　　　▲ 낙타　　　▲ 전갈

보기

ㄱ 숲　　　ㄴ 사막　　　ㄷ 바다
ㄹ 북극　　　ㅁ 남극

(　　　　　　　　)

2 오른쪽 사막 도마뱀의 특징을 잘못 말한 사람의 이름을 쓰시오.

사막 도마뱀

• 예은: 몸이 털로 덮여 있어서 몸의 열을 빼앗기지 않아.
• 선재: 몸에 비늘이 있어 수분이 증발하는 것을 막을 수 있어.
• 가을: 뜨거운 모래 위에서 발을 식히기 위해 두 발씩 번갈아 들어 올려.

(　　　　　　　　)

서술형

3 오른쪽 사막여우가 사막에서 살기에 알맞은 특징은 무엇인지 한 가지 쓰시오.

사막여우

____

____

[4~5] 극지방에 사는 동물 필수 개념 14

4 보기 의 동물 중 다음과 같은 특징을 가진 동물은 무엇인지 기호를 쓰시오.

• 몸이 깃털로 덮여 있다.
• 무리를 지어 서로 몸을 바짝 맞대고 추위를 견딘다.

보기

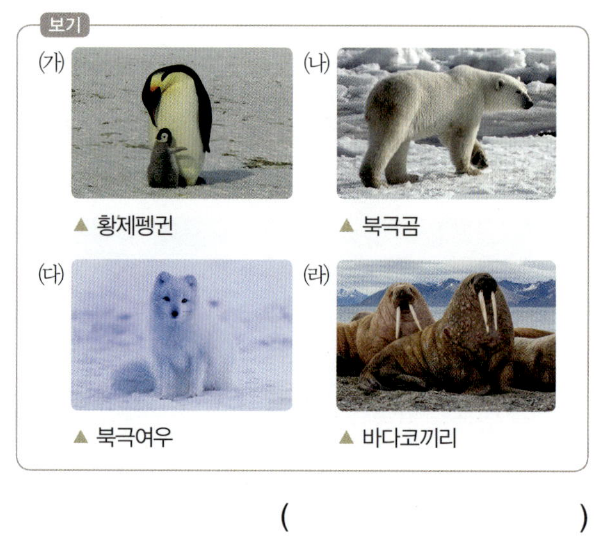

(가) ▲ 황제펭귄　　　(나) ▲ 북극곰
(다) ▲ 북극여우　　　(라) ▲ 바다코끼리

(　　　　　　　　)

도전! 하이탑

5 위 **4**번의 (가), (나), (다), (라)를 다음과 같은 분류 기준에 따라 분류하여 기호를 쓰시오.

분류 기준: 북극에 사는가?

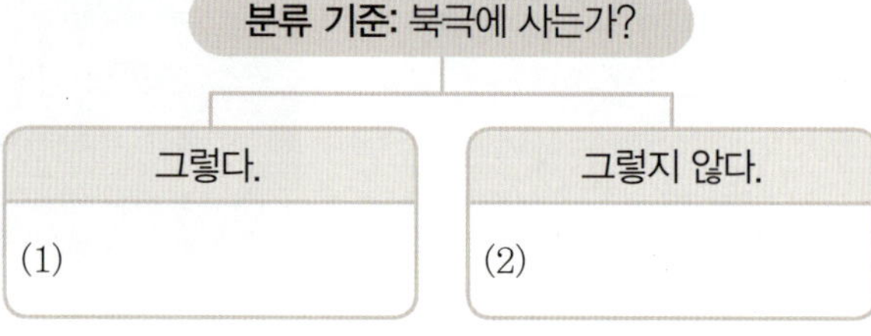

그렇다.	그렇지 않다.
(1)	(2)

[6~8] 날아다니는 동물 필수 개념 15

6 다음과 같은 특징을 가진 동물로 옳은 것은 어느 것입니까? (   )

> 세 쌍의 다리가 있고, 두 쌍의 날개로 하늘을 날아다닌다.

① 박쥐　　　　　② 까치
③ 참새　　　　　④ 잠자리
⑤ 직박구리

7 새의 특징으로 옳지 <u>않은</u> 것을 두 가지 고르시오.
(   )

① 날개가 있다.
② 다리가 한 쌍 있다.
③ 몸이 비늘로 덮여 있다.
④ 몸의 크기에 비해 무게가 가볍다.
⑤ 지느러미가 있어 하늘을 날 수 있다.

8 다음 동물들의 공통점을 한 가지 쓰시오.

▲ 박쥐　　　　▲ 날치　　　　▲ 하늘다람쥐

____

____

[9~10] 동물의 특징 활용 필수 개념 16

9 어디에나 잘 달라붙는 문어 빨판의 특징을 모방해 활용한 것을 골라 기호를 쓰시오.

ⓐ 

▲ 물놀이용 물갈퀴

ⓑ

▲ 비누걸이의 흡착판

ⓒ 

▲ 등산화의 밑창

ⓓ 

▲ 윙슈트

(   )

10 생활 속에서 동물의 특징을 모방해 활용한 예에 대한 설명으로 옳은 것은 ○표, 옳지 <u>않은</u> 것은 ×표 하시오.

(1) 동물의 특징을 모방해 로봇을 만들기도 한다.
(   )

(2) 몸집이 작은 동물의 특징만 모방해 활용할 수 있다.
(   )

(3) 산천어의 머리 모양을 모방해 빠르게 달리는 고속열차를 만들었다.
(   )

(4) 게코 테이프는 수리의 발가락에 미세한 털이 많이 있어 벽을 오를 수 있는 특징을 모방해 만든 것이다.
(   )

1 다음 동물 중 이동하는 방법이 다른 하나는 어느 것입니까? (　　　)

① 소　　　　② 개　　　　③ 토끼
④ 거미　　　⑤ 지렁이

2 다음 동물에 해당하는 특징을 찾아 각각 기호를 쓰시오.

▲ 개미

▲ 나비

▲ 개구리

(1) 땅 위와 땅속을 오가며 산다.　　　　(　　　)
(2) 발가락 사이에 물갈퀴가 있다.　　　　(　　　)
(3) 긴 빨대 모양의 입으로 꿀을 빨아 먹는다.
　　　　　　　　　　　　　　　　　　(　　　)

3 오른쪽 금붕어에 대한 설명입니다. ㉠과 ㉡에 들어갈 알맞은 말을 각각 쓰시오.

▲ 금붕어

금붕어는 물속에 살며 (　㉠　)(으)로 숨을 쉬고, (　㉡　)을/를 이용해 물속에서 헤엄쳐 이동한다.

㉠ (　　　　　　　　　), ㉡ (　　　　　　　　　)

[4~5] 다음 동물을 보고, 물음에 답하시오.

(가)

▲ 고양이

(나)
▲ 공벌레

(다)

▲ 붕어

(라)

▲ 까치

4 위 (가), (나), (다), (라) 중 다음과 같은 특징을 가진 동물을 골라 각각 기호를 쓰시오.

(1) 몸이 깃털로 덮여 있다.　　　　　　(　　　)
(2) 몸이 털로 덮여 있고, 꼬리가 있다.　(　　　)

5 위 동물을 다음과 같이 분류한 기준으로 옳은 것을 두 가지 고르시오. (　　　　)

(가), (나), (라)	(다)

① 곤충인 것과 아닌 것
② 날개가 있는 것과 없는 것
③ 다리가 있는 것과 없는 것
④ 더듬이가 있는 것과 없는 것
⑤ 지느러미가 없는 것과 있는 것

6 땅에 사는 동물에 대한 설명으로 옳지 <u>않은</u> 것은 어느 것입니까? (　　　)

① 땅 위나 땅속에서 생활한다.
② 공기 중에서 숨을 쉴 수 있다.
③ 다리가 없는 동물은 기어서 이동한다.
④ 다리가 있는 동물은 걷거나 뛰어서 이동한다.
⑤ 몸이 딱딱한 껍데기로 덮여 있고, 아가미로 숨을 쉰다.

7 다음에서 설명하는 동물은 무엇인지 보기 에서 골라 이름을 쓰시오.

- 주로 땅속에서 생활한다.
- 몸이 길고 원통 모양이다.
- 다리가 없어 기어다닌다.

보기

| 소　　개미　　지렁이　　도롱뇽 |

(　　　　　　　　)

8 다음 동물들의 공통점으로 옳은 것에 ○표 하시오.

▲ 조개

▲ 게

▲ 갯지렁이

(1) 갯벌에 사는 동물이다.　　　　　　　(　　　)
(2) 세 쌍의 다리가 있어 걸어 다닌다.　(　　　)
(3) 지느러미가 있어 물속을 빠르게 헤엄칠 수 있다.
　　　　　　　　　　　　　　　　　　(　　　)

[9~10] 다음은 물에 사는 동물입니다. 물음에 답하시오.

(가) ▲ 수달
(나) ▲ 상어
(다) ▲ 다슬기
(라) ▲ 물방개

9 위 (가), (나), (다), (라) 중 강이나 호수의 물속에 사는 동물을 두 가지 찾아 기호를 쓰시오.

(　　　　　　　　)

10 위 (가), (나), (다), (라)에 대해 옳게 설명한 사람의 이름을 쓰시오.

- **기정**: (가)는 발가락에 물갈퀴가 있어서 헤엄칠 수 있어.
- **수인**: (나)는 (가)처럼 물과 땅을 오가며 사는 동물이야.
- **도윤**: (다)는 한 쌍의 다리로 걸어서 이동해.
- **원영**: (라)는 다리는 없지만 지느러미가 있어서 헤엄칠 수 있어.

(　　　　　　　　)

11 다음은 사막에 사는 동물의 특징을 설명한 것입니다. 빈칸에 들어갈 알맞은 말을 각각 쓰시오.

> • 낙타는 등에 지방을 저장한 (㉠)이/가 있어서 먹이가 없어도 사막에서 며칠 동안 살 수 있다.
> • 사막여우는 몸에 비해 큰 (㉡)(으)로 몸 속의 열을 밖으로 내보내 체온 조절을 한다.

㉠ (   ), ㉡ (   )

12 극지방의 환경에 대한 설명으로 옳은 것을 보기 에서 골라 기호를 쓰시오.

> 보기
> ㉠ 덥고 비가 거의 내리지 않는다.
> ㉡ 비가 많이 내려 식물이 잘 자란다.
> ㉢ 눈과 빙하로 덮여 있고 매우 춥다.

(   )

13 사막과 극지방에 사는 동물에 대한 설명으로 옳지 않은 것은 어느 것입니까? (   )

① 사막에 사는 동물은 건조한 환경에 잘 견딜 수 있다.
② 극지방에 사는 동물은 추운 환경에 잘 견딜 수 있다.
③ 극지방에 사는 북극곰이나 바다코끼리는 피부가 두껍다.
④ 극지방에 사는 북극여우는 사막여우의 생김새와 특징이 같다.
⑤ 사막에 사는 사막 도마뱀은 몸에 비늘이 있어 몸속 수분이 쉽게 빠져나가지 않는다.

14 다음 설명에 해당하는 동물을 두 가지 고르시오.

(   )

> • 부리가 있고, 몸이 깃털로 덮여 있다.
> • 다리가 두 개이며, 날개가 있어 날아다닌다.

① 
▲ 직박구리

② 
▲ 나비

③ 
▲ 잠자리

④ 
▲ 참새

15 다음은 사람이 물속에서 헤엄치는 것을 도와주는 물갈퀴의 모습입니다. 이것은 어떤 동물의 특징을 활용한 것인지 보기 에서 골라 기호를 쓰시오.

(   )

16 동물을 분류할 때 다음 분류 기준으로 분류하는 것이 적당한지, 적당하지 않은지를 그렇게 생각한 까닭과 함께 쓰시오.

> 분류 기준: 동물의 생김새가 귀여운가?

17 두더지는 땅속에 굴을 파서 이동합니다. 두더지가 땅을 잘 팔 수 있는 까닭은 무엇인지 쓰시오.

18 붕어와 같은 물고기가 물속에서 생활하기에 알맞은 점을 두 가지 쓰시오.

19 사막 환경의 특징을 두 가지 쓰시오.

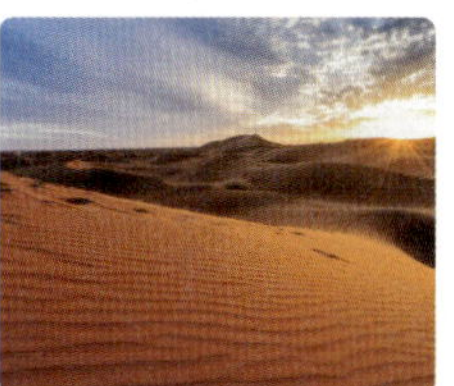

20 집게 차는 수리의 특징을 모방하여 만든 것입니다. 수리의 어떠한 특징을 모방한 것인지 쓰시오.

주변의 동물 분류하기

땅에 사는 동물

물고기의 구조

붕어와 같은 물고기는 물속에서 생활하기에 알맞은 구조로 되어 있다.

필수 개념 09	우리 주변에는 다양한 동물이 살고 있다.
까치	머리와 등, 꼬리는 검은색이고 배는 흰색이며, 깃털로 덮인 한 쌍의 날개로 날아다닌다.
나비	몸이 머리, 가슴, 배로 구분되고, 두 쌍의 날개로 날아다닌다.
붕어	연못의 물속에 살며, 지느러미를 이용해 헤엄친다.
개구리	발가락 사이에 ❶ [ ] 가 있어 헤엄을 친다.

필수 개념 10	동물의 특징에 따라 분류 기준을 정하여 분류할 수 있다.
분류 기준 정하기	• 동물의 공통점과 차이점을 찾아 분류 기준을 정한다. • 분류한 결과가 사람에 따라 달라질 수 있는 것은 분류 기준으로 알맞지 않다.
분류 기준 예	• 날개가 있는가? 날개가 없는가? • 다리가 있는가? 다리가 없는가? • 알을 낳는 동물인가? ❷ [ ] 를 낳는 동물인가?

필수 개념 11	땅에 사는 동물은 다리가 있으면 걷거나 뛰고, 다리가 없으면 기어다닌다.
땅 위에 사는 동물	고라니와 토끼는 두 쌍의 ❸ [ ] 로 걷거나 뛰어다닌다.
땅 위와 땅속을 오가며 사는 동물	뱀은 다리가 없어 기어서 이동하고, 개미는 세 쌍의 다리로 걸어 다닌다.
땅속에 사는 동물	두더지는 튼튼하고 삽처럼 생긴 앞발로 땅속에 굴을 파서 이동하고, 지렁이는 다리가 없어 기어서 이동한다.

필수 개념 12	물에 사는 동물은 헤엄치는 것도 있고, 걷거나 기어다니는 것도 있다.
물에 사는 동물	• 강가나 호숫가: 수달, 도롱뇽, 개구리 등 • 강이나 호수의 물속: 붕어, 물방개, 다슬기 등 • 바닷속: 고등어, 전복, 오징어, 상어 등 • 갯벌: 조개, 게, 짱뚱어, 갯지렁이 등
물고기가 물속에서 살기에 알맞은 점	• ❹ [ ] 가 있어서 물속에서 헤엄을 잘 칠 수 있다. • 아가미가 있어서 물속에서 숨을 쉴 수 있다. • 몸이 유선형이라서 물속에서 빨리 헤엄칠 수 있다.

필수 개념 13	사막에 사는 동물은 덥고 건조한 환경에 잘 견딜 수 있는 특징이 있다.
사막에 사는 동물	• 사막은 비가 내리지 않아 건조하고, 낮에는 햇볕이 뜨겁고 밤에는 매우 추우며 모래바람이 강하게 분다. • 사막에는 낙타, 미어캣, 사막여우, 사막 도마뱀, 전갈 등이 산다.
❺ [　] 의 특징	• 등에 지방을 저장한 혹이 있어 먹이가 없어도 버틸 수 있다. • 콧구멍을 여닫을 수 있어서 모래바람을 견딜 수 있다. • 발바닥이 넓어서 모래에 잘 빠지지 않는다.

사막에 사는 동물

▲ 낙타

▲ 미어캣

▲ 사막여우

▲ 사막 도마뱀

필수 개념 14	극지방에 사는 동물은 추위를 잘 견딜 수 있는 특징이 있다.
극지방에 사는 동물	• 극지방은 눈과 빙하로 덮여 있고 매우 춥다. • 극지방에는 북극여우, 북극곰, 바다코끼리, 황제펭귄 등이 산다.
북극여우의 특징	• ❻ [　] 가 작고, 털이 두껍고 촘촘하게 나 있어 몸의 열을 쉽게 빼앗기지 않는다. • 몸집이 커서 추위를 잘 견딜 수 있다.

북극여우

▲ 북극여우

필수 개념 15	날아다니는 동물은 날개가 있고, 몸의 크기에 비해 가볍다.
특징	• 날개가 있고, 대부분 몸의 크기에 비해 무게가 가볍다. • 새는 뼛속이 비어 있고, 몸이 깃털로 덮여 있어 날기에 좋다.
종류	• ❼ [　] : 나비, 매미, 잠자리, 벌 등 • 새: 까치, 참새, 직박구리, 딱따구리, 제비 등

날아다니는 동물

▲ 잠자리(곤충)

▲ 까치(새)

필수 개념 16	동물의 특징을 모방해 생활에서 활용할 수 있다.
상어	물이 흐를 때 소용돌이가 잘 생기지 않는 상어 비늘의 특징을 활용하여 전신 수영복을 만들었다.
문어	물체에 잘 붙는 문어 ❽ [　] 의 특징을 활용하여 흡착판을 만들었다.
산양	절벽에서 잘 미끄러지지 않는 산양 발바닥의 특징을 활용하여 등산화 밑창을 만들었다.
수리	움켜쥐는 힘이 강해 먹이를 놓치지 않는 수리 발의 특징을 활용하여 집게 차를 만들었다.

동물의 특징을 활용한 예

문어 빨판의 특징을 활용해 만든 흡착판

수리 발의 특징을 활용해 만든 집게 차

비주얼 사이언스
Visual Science

생물의 분류

생물을 분류하는 여러 단계를 생물 분류 체계라고 하며, 종 → 속 → 과 → 목 → 강 → 문 → 계의 단계가 있다. 종은 생물이 자연 상태에서 짝짓기하여 번식이 가능한 자손을 낳을 수 있는 생물 무리이다.

고양이의 분류 단계

진화의 증거

생물의 내부 구조를 비교하면 진화의 증거를 찾을 수 있다. 사람의 팔, 고양이의 앞다리,
고래의 가슴지느러미, 박쥐의 날개, 새의 날개를 비교하면 겉모양과 기능은 다르지만
기본 구조가 같은 기관인 것을 알 수 있다. 생물이 환경에 따라 같은 조상으로부터 다른
모습으로 진화했음을 보여준다.

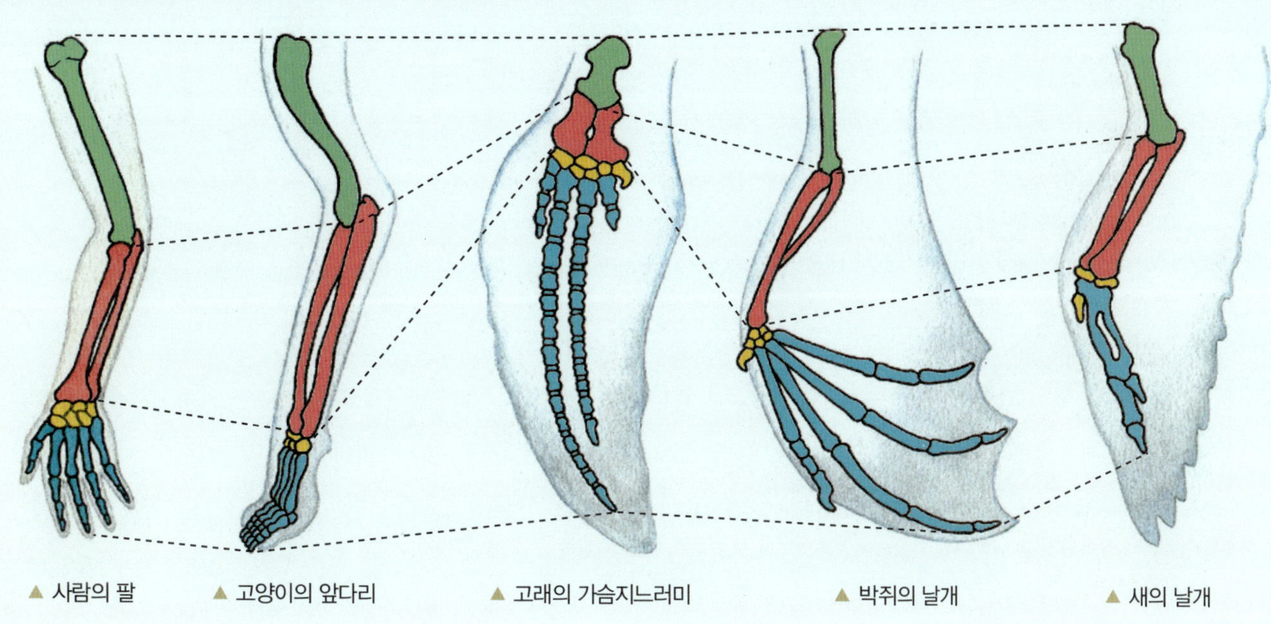

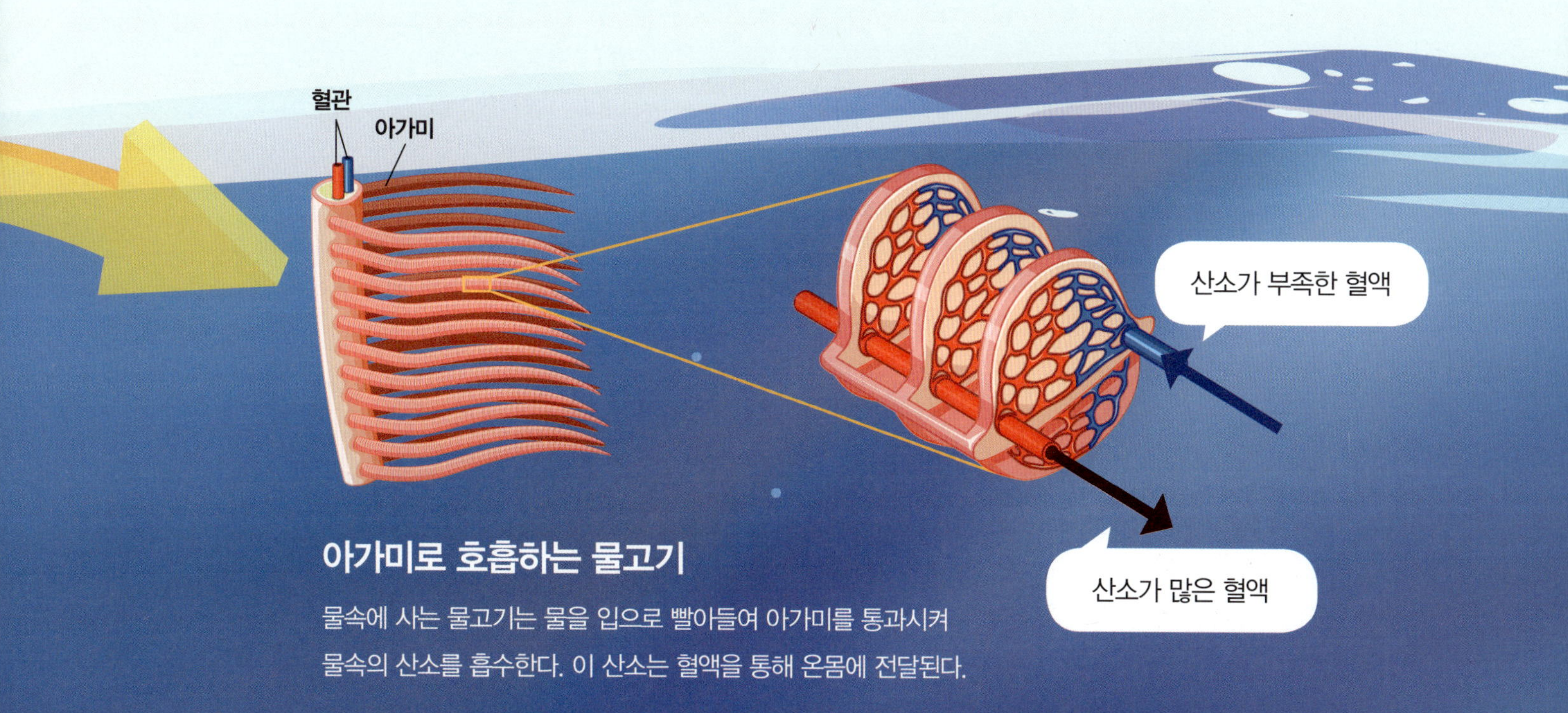

아가미로 호흡하는 물고기

물속에 사는 물고기는 물을 입으로 빨아들여 아가미를 통과시켜
물속의 산소를 흡수한다. 이 산소는 혈액을 통해 온몸에 전달된다.

3

식물의 생활

**① 식물의 분류,
들과 산에 사는 식물**

**② 강이나 호수,
사막에 사는 식물**

**③ 특수한 환경의 식물,
식물의 활용**

필수 개념 17	필수 개념 18	필수 개념 19	필수 개념 20	필수 개념 21	필수 개념 22
잎의 특징에 따른 분류	들과 산에 사는 식물	강이나 호수에 사는 식물	사막에 사는 식물	특수한 환경에 사는 식물	식물의 특징 활용

이 단원의
학습
초등학교 3학년

식물의 생활
잎의 특징에 따라 분류하고,
다양한 환경에 사는 식물의
특징을 안다.

후속 학습
중학교 2학년

식물과 에너지
식물의 호흡과 광합성 과정을
이해하고, 그 과정에서 물질의
변화를 안다.
2권 중학교 개념특강 13쪽

① 식물의 분류, 들과 산에 사는 식물

식물의 생활
- 식물의 분류, 들과 산에 사는 식물
- 강이나 호수, 사막에 사는 식물
- 특수한 환경의 식물, 식물의 활용

- 잎의 특징에 따른 분류
- 들과 산에 사는 식물

보충 잎의 생김새

- 잎몸: 잎을 이루는 넓은 부분
- 잎자루: 잎몸과 줄기 사이에 있는 부분
- 잎맥: 잎몸에서 선처럼 보이는 부분

심화 잎맥의 모양

잎맥은 잎에서 물과 양분이 이동하는 통로로, 잎의 형태를 유지해 준다. 잎맥은 퍼진 모양에 따라 그물맥과 나란히맥으로 나눌 수 있다.

용어

- **톱니** 톱 따위의 가장자리에 있는 뾰족뾰족한 이.

필수 개념 17 잎의 특징에 따라 분류 기준을 정하여 분류할 수 있다.

(1) 여러 가지 식물의 잎 관찰하기 잎의 전체적인 모양, 가장자리 모양, 잎자루에 달린 잎의 개수, 잎맥의 모양, 만졌을 때의 느낌 등을 관찰할 수 있다.

식물	잎의 특징	식물	잎의 특징
잣나무	• 길쭉한 바늘 모양이고, 한곳에 다섯 개가 뭉쳐 난다. • 만졌을 때 느낌은 매끈매끈하다.	강아지풀	• 길쭉한 모양이며 끝부분은 뾰족하고, 잎맥이 나란하다. • 가장자리 모양이 매끄럽고, 만졌을 때 느낌은 꺼끌꺼끌하다.
단풍나무	• 손바닥 모양이고 가장자리가 여러 갈래로 갈라져 있으며, 톱니 모양이다. • 만져 보면 얇고 부드럽다.	해바라기	• 넓적하며 가장자리가 톱니 모양이고, 끝부분은 뾰족하다. • 잔털이 나 있으며, 만졌을 때 느낌은 꺼끌꺼끌하다.
소나무	• 길쭉한 바늘 모양이고, 한곳에 두 개가 뭉쳐 난다. • 만졌을 때 느낌은 매끈매끈하다.	감나무	• 넓적하며 가장자리 모양이 매끄럽고 끝부분은 뾰족하다. • 만져 보면 두껍고 빳빳하며 매끈매끈하다.
토끼풀	• 동그란 모양의 잎 세 개가 한곳에 함께 나 있고, 가장자리는 톱니 모양이다. • 만져 보면 얇고 부드럽다.	떡갈나무	• 넓적하며 가장자리가 물결 모양이고, 끝부분이 둥글다. • 만졌을 때 느낌은 꺼끌꺼끌하다.

(2) 분류 기준을 정해 식물 분류하기 예 여러 가지 식물을 관찰하여 특징에 따라 분류하면 식물을 이해하는 데 도움이 된다. 식물을 잎의 생김새에 따라 분류할 때에는 잎의 전체적인 모양, 끝 모양, 가장자리 모양, 잎맥의 모양 등을 기준으로 분류할 수 있다. **필수탐구 72쪽** — '잎의 크기가 큰가?', '잎의 모양이 예쁜가?'는 사람에 따라 분류 결과가 달라지므로 알맞지 않은 분류 기준이다.

분류 기준: 전체적인 모양이 넓적한가?

그렇다. / 그렇지 않다.

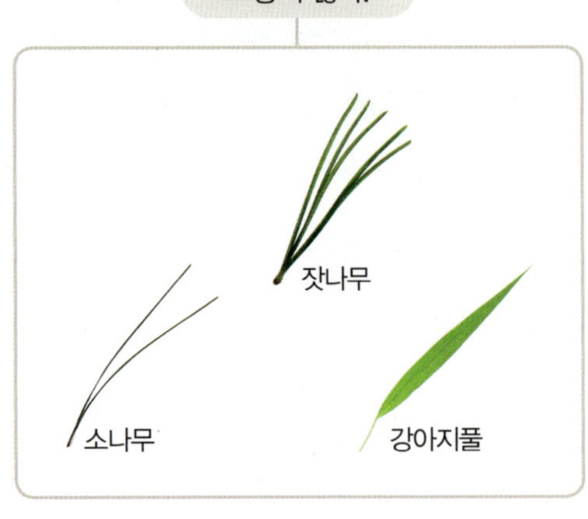

(1) 들과 산에 사는 식물   들과 산에는 민들레, 강아지풀, 토끼풀, 명아주 등과 같은 풀과 소나무, 은행나무, 떡갈나무, 단풍나무 등과 같은 나무가 살고 있다. 대부분 잎과 줄기가 뚜렷하고 땅에 뿌리를 내리고 산다.

① 풀과 나무는 뿌리, 줄기, 잎이 있고, 잎의 색깔이 대부분 초록색이며, 필요한 양분을 스스로 만든다. ― 풀과 나무의 공통점

② 풀은 대부분 °한해살이식물이지만 나무는 모두 °여러해살이식물이다. 나무는 풀에 비해 줄기가 굵고 키가 크다. 풀은 대부분 겨울철에는 잎과 줄기를 볼 수 없지만, 나무는 겨울철에도 줄기를 볼 수 있다. ― 풀과 나무의 차이점

비교 **플러스+**   **풀과 나무**

(2) 들과 산에 사는 풀

① 강아지풀은 키가 20 cm~100 cm 정도이며, 강아지 꼬리처럼 생겼다.

② 토끼풀은 줄기가 땅을 기듯이 자라며 줄기 마디에서 가느다란 뿌리가 내린다.

③ 민들레는 잎이 한곳에서 뭉쳐 나고, 하나의 잎은 톱니 모양으로 갈라져 있다.

  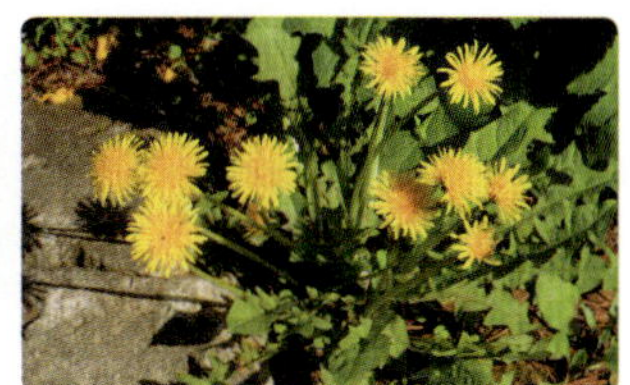

▲ 강아지풀 ― 여러 개의 꽃이 모여 강아지 꼬리처럼 보인다.　▲ 토끼풀 ― 흰색 꽃이 둥근 모양으로 핀다.　▲ 민들레 ― 꽃은 주로 노란색이고, 열매는 바람이 불면 쉽게 날아간다.

(3) 들과 산에 사는 나무

① 소나무는 키가 20 m~35 m 정도로 자라며, 줄기는 굵고 거칠다.

② 회양목은 7 m 정도로 자라며 줄기는 회색이고 마주난 잎은 앞면에 광택이 있다.

③ 단풍나무는 10 m 정도로 자라며, 가을이 되면 잎이 붉게 물든다.

▲ 소나무　▲ 회양목　▲ 단풍나무

심화   **식물의 광합성**

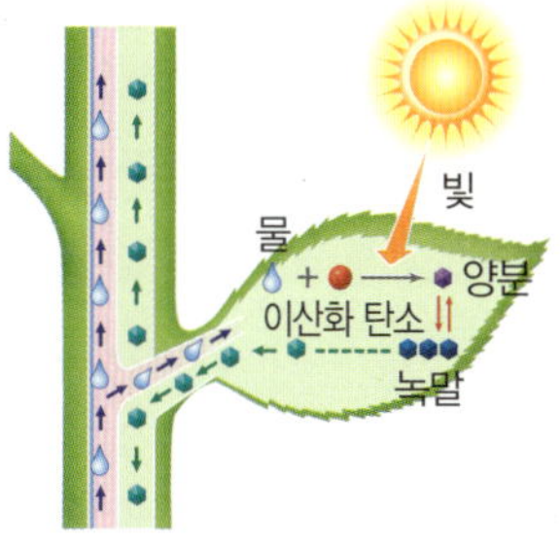

식물은 빛과 이산화 탄소, 뿌리에서 흡수한 물을 이용하여 살아가는 데 필요한 양분을 스스로 만든다. 이것을 광합성이라고 한다.

보충   **여러해살이풀**

풀은 대부분 한해살이식물이지만, 토끼풀, 민들레와 같이 여러 해를 사는 여러해살이풀도 있다.

용어

● **한해살이식물** 식물의 씨가 싹 터서 자라고 꽃과 열매를 맺어 다시 씨가 만들어지는 한살이 과정이 한 해 안에 끝나는 식물.

● **여러해살이식물** 한살이 과정을 여러 해 동안 반복하는 식물.

기준을 정해 식물 분류하기

식물 잎의 특징을 바탕으로 분류 기준을 정하고, 기준에 따라 잎을 분류할 수 있다.

● 과정 및 결과

1. 잎의 특징을 바탕으로 분류 기준을 정한다.
2. 분류 기준에 따라 잎을 분류한다.

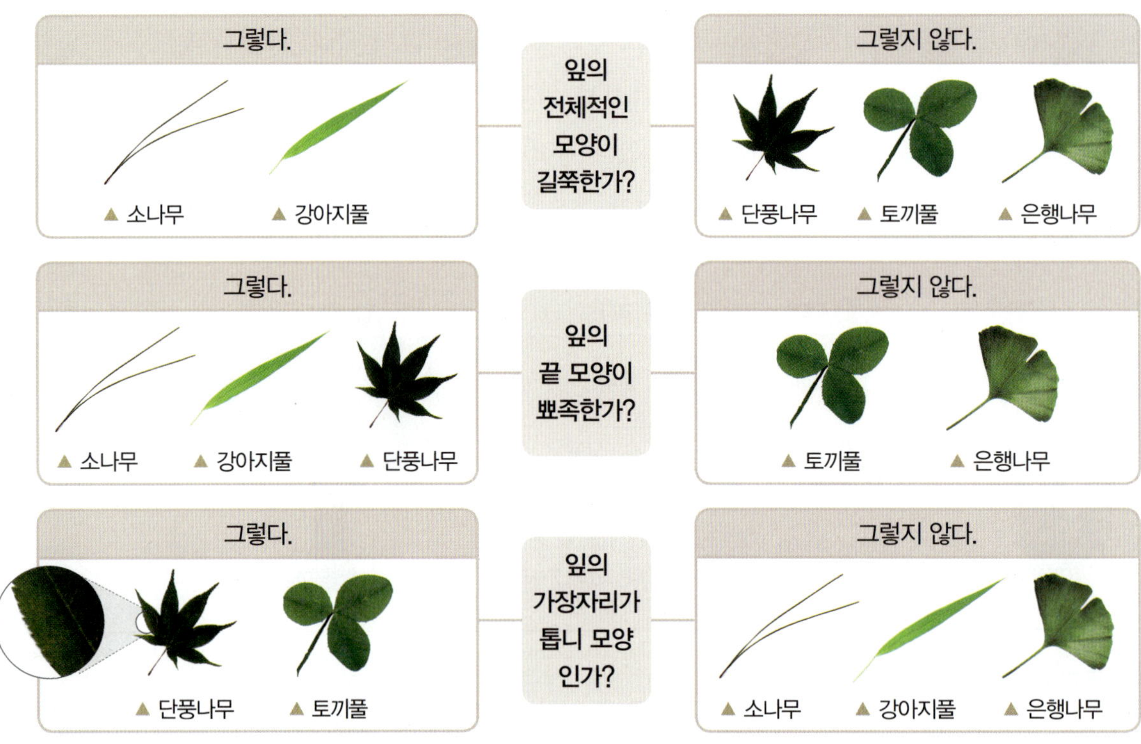

● 정리

▶ 식물 종류에 따라 잎의 특징이 다르기 때문에 잎의 전체적인 모양, 잎의 끝 모양, 잎의 가장자리 모양 등을 기준으로 분류해 보면 식물에 관해 더 깊이 이해할 수 있다.

↪정답과 해설 23쪽

1 여러 가지 식물의 잎을 다음과 같이 분류하였을 때, 분류한 기준으로 알맞은 것을 〔보기〕에서 골라 기호를 쓰시오.

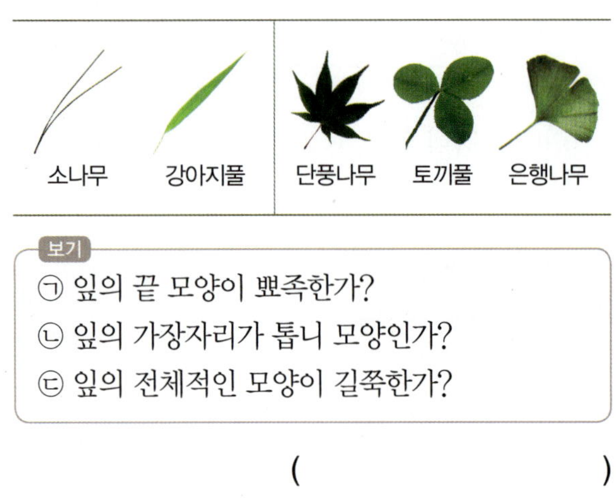

〔보기〕
㉠ 잎의 끝 모양이 뾰족한가?
㉡ 잎의 가장자리가 톱니 모양인가?
㉢ 잎의 전체적인 모양이 길쭉한가?

(   )

2 다음 식물의 잎을 잎의 끝 모양에 따라 분류할 때, 잎의 끝 모양이 둥근 것으로 분류되는 잎을 모두 찾아 기호를 쓰시오.

(   )

<table>
<tr><td rowspan="2"></td><td colspan="3" align="center">중학교</td><td>고등학교</td></tr>
<tr><td>1학년</td><td>2학년</td><td>3학년</td><td>통합과학</td></tr>
<tr>
<td></td>
<td>• 힘의 평형
• 질량과 무게
• 중력, 탄성력, 마찰력, 부력</td>
<td></td>
<td>• 등속 운동
• 자유낙하운동
• 중력 가속도
• 위치 에너지, 운동 에너지
• 역학적 에너지 보존</td>
<td>• 중력장 내의 운동
• 운동량, 충격량
• 에너지 전환과 효율</td>
</tr>
<tr>
<td></td>
<td></td>
<td>• 마찰 전기, 정전기 유도
• 전압, 전류, 저항
• 저항의 직렬, 병렬연결
• 자기력, 자기장</td>
<td></td>
<td>• 발전</td>
</tr>
<tr>
<td></td>
<td>• 열평형
• 전도, 대류, 복사
• 비열, 열팽창</td>
<td></td>
<td></td>
<td></td>
</tr>
<tr>
<td></td>
<td></td>
<td>• 빛의 반사와 굴절
• 거울과 렌즈의 상
• 빛의 합성과 색
• 파동의 발생과 전달
• 파동의 요소와 소리의 특성</td>
<td></td>
<td></td>
</tr>
<tr>
<td></td>
<td>• 물질의 특성
• 밀도, 용해도, 녹는점, 끓는점
• 순물질과 혼합물

• 확산과 증발
• 상태 변화와 열에너지

• 기체의 압력과 부피의 관계
• 기체의 온도와 부피의 관계</td>
<td></td>
<td></td>
<td>• 물질의 전기적 성질
• 원소의 주기성
• 이온 결합, 공유 결합</td>
</tr>
<tr>
<td></td>
<td></td>
<td>• 원소, 원자, 분자, 이온
• 화합물, 화학식
• 주기율표</td>
<td>• 화학 변화, 화학 반응식
• 질량 보존 법칙
• 일정 성분비 법칙
• 기체 반응 법칙</td>
<td>• 산화와 환원
• 산성과 염기성
• 중화 반응
• 물질 변화에서의 에너지 출입</td>
</tr>
<tr>
<td></td>
<td>• 세포의 구조와 기능
• 동물과 식물의 차이
• 생물의 다양성과 변이의 관계
• 종의 개념과 분류 체계</td>
<td>• 소화계, 순환계, 호흡계, 배설계의 구조와 기능
• 소화, 순환, 호흡, 배설의 관계

• 광합성 과정
• 광합성에 영향을 미치는 요인
• 식물의 호흡과 광합성의 관계</td>
<td>• 감각기관의 구조와 기능
• 뉴런과 신경계의 구조와 기능
• 자극에서 반응하기까지의 경로</td>
<td>• 생명 시스템의 기본 단위
• 물질대사
• 유전자와 단백질</td>
</tr>
<tr>
<td></td>
<td></td>
<td></td>
<td>• 세포분열
• 동물의 발생 과정
• 유전 형질과 유전 원리</td>
<td>• 세포 내 유전 정보의 흐름
• 자연선택
• 생물의 다양성</td>
</tr>
<tr>
<td></td>
<td>• 생물다양성 보전의 필요성과 방안</td>
<td></td>
<td></td>
<td>• 생태계 구성 요소
• 생태계 평형</td>
</tr>
<tr>
<td></td>
<td></td>
<td>• 지구계의 요소와 지권의 층상 구조
• 광물의 특성
• 암석의 순환 과정과 풍화 작용
• 대륙이동설</td>
<td></td>
<td>• 지구시스템의 구성과 상호작용
• 판구조론과 지각 변동
• 지질시대의 생물과 화석
• 지질시대 환경 변화와 대멸종</td>
</tr>
<tr>
<td></td>
<td></td>
<td></td>
<td>• 기권의 층상구조
• 온실 효과와 지구 온난화
• 대기 대순환과 강수 과정
• 기압, 기단, 전선에 따른 날씨

• 수권과 수자원
• 염분과 해류</td>
<td>• 대기와 해양의 상호작용
• 온실 기체와 지구 온난화</td>
</tr>
<tr>
<td></td>
<td>• 태양계 구성 천체
• 태양의 표면과 활동
• 달의 위상 변화
• 일식과 월식</td>
<td>• 연주 시차
• 별의 특성
• 우리 은하의 구조와 크기
• 우주 팽창</td>
<td></td>
<td></td>
</tr>
</table>

30 DAYS 필수 개념 챌린지

DAY 1 

물체를 움직이게 하거나
멈추게 하려면 힘이
필요하다.

DAY 2 

무게는 지구가 물체를
끌어당기는 힘의 크기이다.

DAY 3

두 물체를 받침점에서
같은 거리에 올려
기울어진 쪽이 더 무겁다.

DAY 7 

지레를 사용하면
물체를 들어 올릴 때
힘이 적게 든다.

DAY 8 

빗면을 사용하면
물체를 들어 올릴 때
힘이 적게 든다.

DAY 9 

우리 주변에는 다양한
동물이 살고 있다.

DAY 13 

사막에 사는 동물은 덥고
건조한 환경에 잘 견딜 수
있는 특징이 있다.

DAY 14 

극지방에 사는 동물은
추위를 잘 견딜 수 있는
특징이 있다.

DAY 15 

날아다니는 동물은
날개가 있고, 몸의 크기에
비해 가볍다.

DAY 19 

강이나 호수에 사는 식물은
물에 살기에 알맞은
특징을 가지고 있다.

DAY 20 

사막에 사는 식물은
물이 적어도 살 수 있는
특징을 가지고 있다.

DAY 21 

특수한 환경에 사는 식물은
그 환경에서 살기에 알맞은
특징이 있다.

DAY 25 

알을 낳는 동물은
알에서 새끼가 나와
먹이를 먹고 자란다.

DAY 26 

새끼를 낳는 동물은
어미와 비슷하게 생긴
새끼를 낳아 젖을 먹인다.

DAY 27 

씨가 싹 트려면
충분한 양의 물과
적당한 온도가 필요하다.

1일 1필수 개념을 외워보세요.
한 학기 전체 내용을 알 수 있습니다.

이름 ____________
시작한 날 ____________
끝낸 날 ____________

DAY 4 

양팔저울은 수평 잡기의
원리를 이용한 저울이다.

DAY 5 

용수철에 매단 물체의
무게가 무거울수록 용수철은
많이 늘어난다.

DAY 6

용수철의 성질을 이용한
용수철저울로 물체의 무게를
측정한다.

DAY 10 

동물의 특징에 따라
분류 기준을 정하여
분류할 수 있다.

DAY 11 

땅에 사는 동물은
다리가 있으면 걷거나 뛰고,
없으면 기어다닌다.

DAY 12 

물에 사는 동물은
헤엄치는 것도 있고,
걷거나 기어다니는 것도
있다.

DAY 16 

동물의 특징을 모방해
생활에서 활용할 수 있다.

DAY 17 

잎의 특징에 따라
분류 기준을 정하여
분류할 수 있다.

DAY 18 

들과 산에 사는 식물은
땅에 뿌리를 내리고
줄기와 잎이 구분된다.

DAY 22 

식물의 특징을 모방해
생활에 활용할 수 있다.

DAY 23 

배추흰나비는
알, 애벌레, 번데기, 어른벌레의
한살이 과정을 거친다.

DAY 24 

곤충의 한살이는
완전 탈바꿈과
불완전 탈바꿈이 있다.

DAY 28 

식물이 잘 자라려면
충분한 양의 물과 햇빛이
필요하다.

DAY 29 

한해살이식물은 한 해 안에
한살이 과정을 마치고 죽는
식물이다.

DAY 30 

여러해살이식물은 여러 해를
살면서 한살이 과정을
반복하는 식물이다.

초등부터 고등까지 영역별로 보는 과학 개념도

영역		초등학교			
		3학년	4학년	5학년	6학년
운동과 에너지	힘과 에너지	• 밀기와 당기기 • 무게 • 수평 잡기 • 도구의 이용			• 위치의 변화 • 속력 • 속력과 안전
	전기와 자기		• 자석과 물체 사이의 힘 • 자석과 자석 사이의 힘 • 자석의 극 • 자석의 이용		• 전기 회로 • 전지의 직렬연결 • 전자석 • 전기 안전
	열			• 온도 • 열의 이동 • 단열	
	빛과 파동	• 소리의 발생 • 소리의 세기 • 소리의 높낮이 • 소리의 전달		• 빛의 직진 • 평면거울에서 빛의 반사 • 빛의 굴절 • 렌즈의 이용	
물질	물질의 성질	• 물체와 물질 • 물질의 세 가지 상태	• 물의 상태 변화 • 기체의 무게 • 온도와 압력에 따른 기체의 부피 변화	• 용액, 용매, 용질 • 용해 • 용액의 진하기 • 혼합물의 분리	
	물질의 변화				• 지시약 • 산성 용액, 염기성 용액 • 연소 조건 • 연소 생성물
생명	생물의 구조와 에너지	• 특징에 따른 동물 분류 • 다양한 환경에 사는 동물 • 특징에 따른 식물 분류 • 다양한 환경에 사는 식물	• 균류, 원생생물, 세균	• 세포의 구조 • 뼈와 근육 • 소화, 순환, 호흡, 배설 기관	• 뿌리, 줄기, 잎, 꽃의 구조 • 증산 작용 • 광합성 산물
	생명의 연속성	• 동물의 한살이 • 식물의 한살이 • 식물이 잘 자라는 조건			
	환경과 생태계		• 생물 요소와 비생물 요소 • 환경오염이 생물에 미치는 영향 • 먹이사슬과 먹이그물		
지구와 우주	고체 지구		• 강 주변 지형 • 화산 활동 • 화성암 • 지진 대처 방법	• 지층 • 퇴적암 • 화석의 생성 • 과거 생물과 환경	
	유체 지구	• 지구의 대기 • 바다의 특징 • 밀물과 썰물 • 갯벌 보전		• 날씨와 기상 요소 • 이슬, 안개, 구름 • 고기압과 저기압	
	천체		• 달의 모양과 표면 • 달의 위상 변화 • 태양계 행성 • 별과 별자리		• 태양과 별의 위치 변화 • 지구의 자전과 공전 • 계절별 별자리 변화 • 태양 고도의 일변화 • 계절별 낮의 길이

1 각 식물의 잎을 관찰한 내용으로 옳은 것을 모두 찾아 선으로 이으시오.

(1) 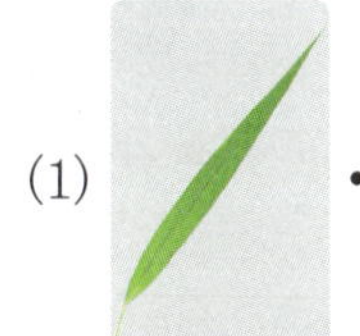
▲ 강아지풀

(2)
▲ 떡갈나무

- ㉠ 끝부분이 둥글다.
- ㉡ 끝부분이 뾰족하다.
- ㉢ 잎의 전체적인 모양이 좁다.
- ㉣ 잎의 전체적인 모양이 넓적하다.

2 잎의 특징에 따라 식물을 분류할 때 분류 기준으로 알맞지 <u>않은</u> 것은 어느 것입니까? (　　　)

① 잎의 색깔이 예쁜가?
② 잎의 끝부분이 뾰족한가?
③ 잎의 가장자리가 갈라졌는가?
④ 잎맥의 모양이 그물 모양인가?
⑤ 잎을 만졌을 때 촉감이 매끈매끈한가?

3 잎을 다음과 같이 분류한 기준으로 옳은 것을 보기에서 골라 기호를 쓰시오.

▲ 국화　▲ 단풍나무

▲ 토끼풀　▲ 감나무

보기
㉠ 잎의 가장자리가 갈라졌는가?
㉡ 잎의 전체적인 모양이 길쭉한가?
㉢ 잎자루에 달린 잎의 개수가 한 개인가?

(　　　　　　　　)

[4~5] 다음 들과 산에 사는 식물의 모습을 보고, 물음에 답하시오.

(개) 
▲ 민들레

(내) 
▲ 떡갈나무

4 다음은 위 (개)와 (내) 식물의 공통점을 설명한 것입니다. (　　) 안에 들어갈 알맞은 말을 쓰시오.

(개)와 (내) 식물은 모두 땅에 (　　　　)을/를 내리며, 잎과 줄기의 구분이 뚜렷하다.

(　　　　　　　　)

5 위 (내) 식물에 대해 옳게 말한 사람의 이름을 쓰시오.

• 채성: 한해살이식물이야.
• 연지: (개) 식물보다 키가 작아.
• 서빈: (개) 식물보다 줄기가 굵어.

(　　　　　　　　)

6 풀과 나무로 분류할 때 나머지와 다르게 분류되는 하나는 어느 것입니까? (　　　)

① 
▲ 강아지풀

② 
▲ 토끼풀

③ 
▲ 명아주

④ 
▲ 단풍나무

[1~5] 잎의 특징에 따른 분류 필수 개념 17

1 잎의 가장자리가 톱니 모양인 것을 두 가지 고르시오. (   )

① ▲ 은행나무

② ▲ 잣나무

③ ▲ 단풍나무

④ ▲ 토끼풀

도전! 하이탑

2 보기 의 식물들을 다음 분류 기준에 따라 분류하여 각각 기호를 쓰시오.

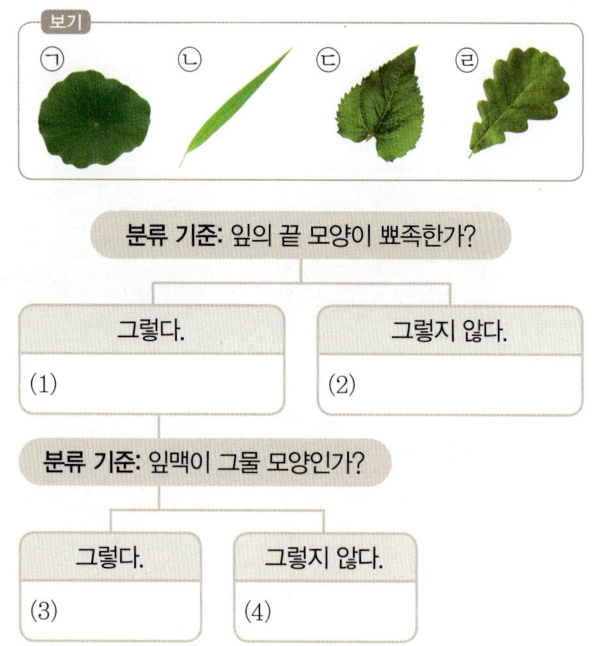

3 오른쪽 식물의 잎을 관찰한 내용으로 옳지 <u>않은</u> 것은 어느 것입니까? (   )

▲ 감나무

① 잎맥이 그물 모양이다.
② 잎의 끝 모양이 뾰족하다.
③ 만져 보면 두껍고 빳빳하다.
④ 잎의 가장자리 모양이 매끈하다.
⑤ 잎자루에 달린 잎의 개수가 여러 개이다.

서술형

4 다음 분류 기준이 잎의 특징에 따라 식물을 분류하는 기준으로 알맞지 <u>않은</u> 까닭은 무엇인지 쓰시오.

> 잎의 크기가 큰가?

____

____

5 다음 ㉠과 ㉡으로 잎을 분류한 기준으로 옳은 것은 어느 것입니까? (   )

① 잎의 무게
② 잎맥의 모양
③ 잎의 끝 모양
④ 잎에서 나는 향기
⑤ 한곳에 나는 잎의 개수

[6~10] 들과 산에 사는 식물 필수 개념 **18**

6 들과 산에 사는 식물에 대한 설명으로 옳은 것을 보기 에서 골라 기호를 쓰시오.

> 보기
> ㉠ 줄기와 잎이 잘 구분된다.
> ㉡ 햇빛이 잘 들지 않는 곳에서 살 수 있다.
> ㉢ 사람이 양분을 공급하지 않으면 살 수 없다.
> ㉣ 대부분의 식물이 뿌리가 발달되어 있지 않다.

( )

도전! 하이탑

7 다음과 같은 특징을 가진 식물을 모두 고르시오.

( )

> 여러해살이식물이며, 줄기가 굵고 해마다 조금씩 자란다.

① 
▲ 은행나무

② 
▲ 토끼풀

③ 
▲ 명아주

④ 
▲ 소나무

⑤ 
▲ 민들레

⑥ 
▲ 밤나무

8 풀과 나무에 대한 설명으로 옳은 것은 어느 것입니까? ( )

① 풀은 겨울철에 잎이 살아 있다.
② 모든 풀은 일 년만 살고 죽는다.
③ 나무는 모두 여러해살이식물이다.
④ 풀은 겨울에도 줄기가 죽지 않는다.
⑤ 나무는 겨울철에 줄기를 볼 수 없다.

9 다음에서 설명하는 식물의 이름은 무엇인지 쓰시오.

> • 주로 들과 산에 살며, 잎은 길고 가느다란 모양으로 끝이 뾰족하다. 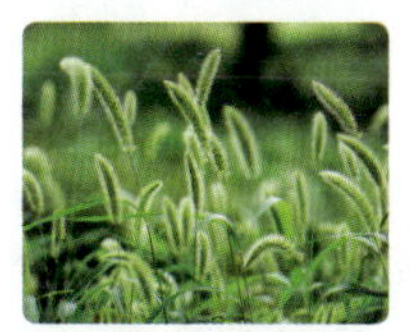
> • 꽃은 초록색이고, 여러 개의 꽃이 모여 강아지 꼬리 모양을 이룬다.

( )

10 풀과 나무의 공통점을 옳게 말한 사람의 이름을 쓰시오.

> • 우민: 꽃이 피지 않아.
> • 지아: 햇빛을 이용해 스스로 양분을 만들어.
> • 채빈: 높은 산 위에서만 살 수 있기 때문에 사람들이 쉽게 볼 수 없어.

( )

2 강이나 호수, 사막에 사는 식물

식물의 생활

식물의 분류, 들과 산에 사는 식물	강이나 호수, 사막에 사는 식물	특수한 환경의 식물, 식물의 활용

강이나 호수에 사는 식물	사막에 사는 식물

필수 개념 19 강이나 호수에 사는 식물은 물에 살기에 알맞은 특징을 가지고 있다.

(1) 강이나 호수에 사는 식물 식물의 생김새와 생활 방식은 사는 곳의 환경에 따라 다르다. 강이나 호수에 사는 식물은 물에서 살 수 있는 특징을 가지고 있다.

① 물속에 잠겨서 사는 식물은 줄기와 잎이 좁고 긴 모양이며, 줄기가 물의 흐름에 따라 잘 휜다. └ 침수식물

② 물에 떠서 사는 식물은 수염처럼 생긴 뿌리가 물속으로 뻗어 있고, 공기주머니가 있거나 스펀지와 비슷한 구조로 되어 있어 쉽게 물에 뜬다. └ 부유식물

③ 잎이 물에 떠 있는 식물은 잎과 꽃이 물 위에 떠 있고, 뿌리는 물속의 땅에 있다. └ 부엽식물

④ 잎이 물 위로 높이 자라는 식물은 뿌리는 물속이나 물가의 땅에 있으며, 대부분 키가 크고 줄기가 단단하다. └ 정수식물

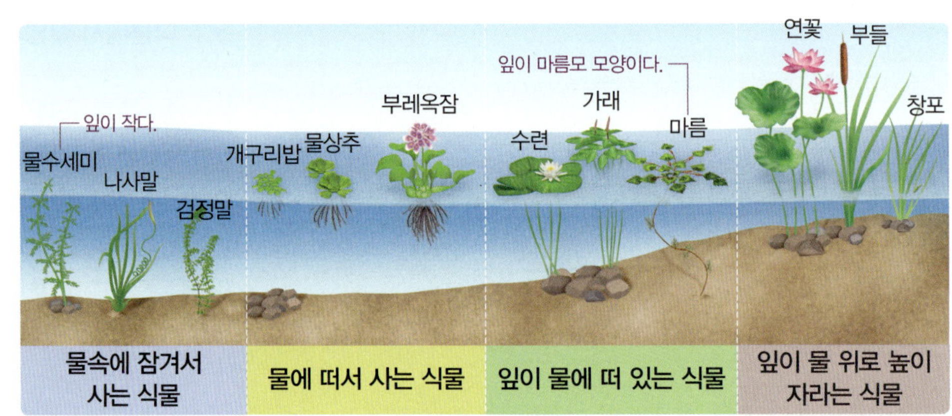

(2) 부레옥잠의 특징 전체적으로 초록색이고, 잎이 매끈하며 광택이 난다. 잎이 둥글고 잎자루가 볼록하게 부풀어 있는 모양이며, 뿌리는 수염처럼 생겼다. 잎자루에 있는 공기주머니의 공기 때문에 물에 떠서 살 수 있다.

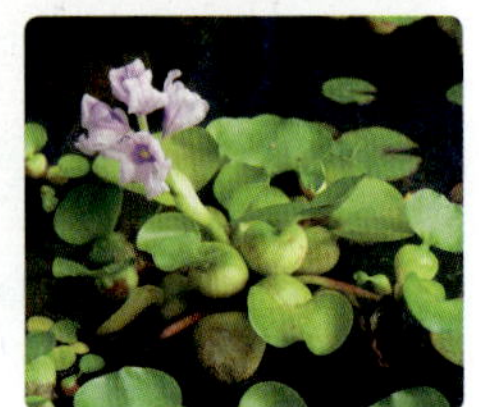

보충 강이나 호수에 사는 식물

▲ 물수세미

▲ 검정말

▲ 개구리밥

▲ 물상추

▲ 가래

▲ 마름

▲ 연꽃

▲ 부들

보충 부레옥잠의 잎자루 단면

▲ 가로 단면

▲ 세로 단면

- 잎자루의 속이 꽉 차 있지 않고, 구멍이 많이 있다.
- 스펀지처럼 생겼다.
- 세로로 자른 면을 관찰해 보면 공기주머니가 연결되어 있다.

 **용어**

- **광택** 빛이 반사되어 매끄러운 물체의 표면이 반짝이는 현상.

실험 플러스⁺ 부레옥잠의 특징 알아보기

과정 부레옥잠의 자른 잎자루를 수조의 물속에 넣고 손가락으로 지그시 눌러 본다.

결과 자른 잎자루를 수조의 물속에 넣고 손가락으로 누를 때 나타나는 현상

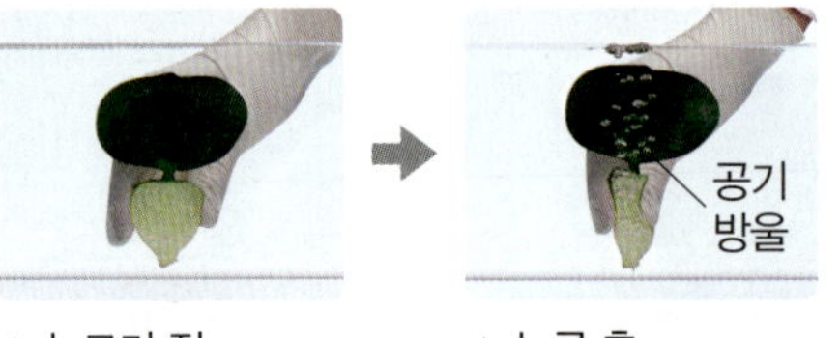

- 잎자루를 손가락으로 누르면 공기 방울이 나와 위로 올라간다.
- 잎자루를 누른 손을 떼면 잎자루가 다시 부풀어 오른다.

정리 부레옥잠은 잎자루에 있는 공기주머니의 공기 때문에 물에 떠서 살 수 있다.

(1) **사막의 환경**　사막은 낮에는 햇빛이 강해서 뜨겁고, 낮과 밤의 온도 차가 크다. 비가 적게 오고 건조하여 물이 적은 환경이다. 모래로 이루어져 있고, 모래 폭풍이 많이 분다. 하지만 이런 환경에서도 살아가는 식물이 있다.

사막

(2) **사막에 사는 식물**　사막에는 선인장, 아데니움, 바오바브나무, 용설란, 메스키트나무, 회전초와 같이 여러 가지 식물이 산다. 이러한 식물의 생김새와 생활 방식은 사막의 환경에서 살기에 알맞은 특징을 가지고 있다.

① 선인장은 줄기가 굵어 물을 저장하여 건조한 날씨에도 잘 견딜 수 있다. 또한 잎이 가시 모양이라 동물이 함부로 먹지 못하고, 물의 증발을 막을 수 있다. 필수탐구 78쪽

② 아데니움은 키가 크고 줄기가 굵어서 물을 많이 저장할 수 있다. 크기에 비해 잎의 수가 적어 물을 잘 빼앗기지 않는다.

③ 바오바브나무는 키가 크고 줄기가 굵어서 물을 많이 저장할 수 있다.

④ 용설란은 잎이 용의 혀 모양을 닮아서 붙여진 이름으로, 잎이 크고 두꺼워서 물을 저장하기에 좋다.

⑤ 메스키트나무는 뿌리를 땅속 매우 깊이 뻗어 내려 지하수를 빨아들여 저장하고, 저장해 놓은 물로 가뭄에도 버틸 수 있다.

⑥ 회전초는 식물의 땅 위 부분 일부가 말라서 뿌리와 분리되거나 뿌리까지 뽑힌 뒤 바람에 날려 굴러다니는 덩어리로, 다양한 종류의 식물에서 만들어진다. 굴러다니면서 씨를 뿌리고 비가 내리면 많이 퍼져서 살아간다.

▲ 기둥선인장

▲ 아데니움

▲ 바오바브나무

▲ 용설란

▲ 메스키트나무

▲ 회전초

보충 다양한 선인장

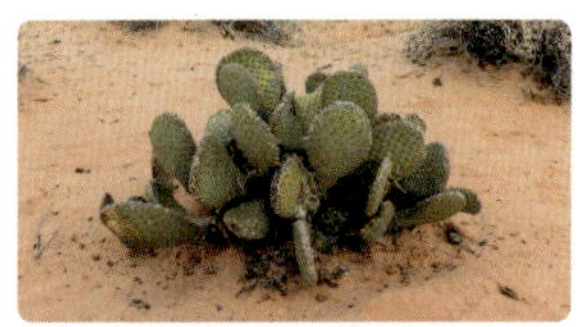
▲ 부채선인장

부채선인장은 줄기가 납작한 부채를 여러 개 이어 붙인 것처럼 생겼으며, 백년초라고도 부른다.

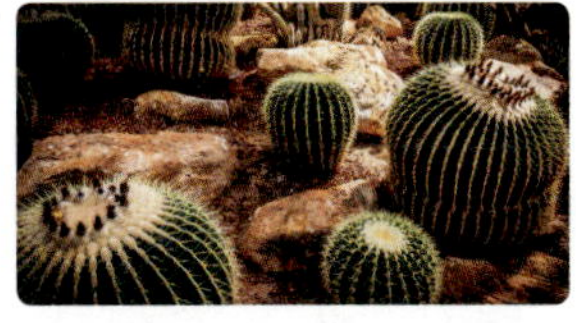
▲ 금호선인장

금호선인장은 공 모양으로 생겼으며, 가시가 크고 억세다.

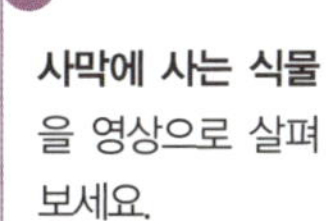
|도움영상|
사막에 사는 식물을 영상으로 살펴보세요.

용어
- **건조** 말라서 습기가 없음.
- **증발** 어떤 물질이 액체 상태에서 기체 상태로 변함.
- **가뭄** 오랫동안 계속하여 비가 내리지 않아 메마른 날씨.

선인장의 특징 알아보기

선인장의 특징을 알아보고, 선인장이 사는 환경과 관련지어 설명할 수 있다.

● 과정 및 결과

1. 선인장의 겉모양을 관찰한다.

- 줄기가 굵고 통통한 기둥 모양이며, 색깔이 초록색이다.
- 다른 식물에서 볼 수 있는 모양의 잎이 없고, 바늘과 같이 뾰족한 가시 모양의 잎이 있다.

2. 선인장의 줄기를 가로로 잘라 속을 관찰하고, 줄기를 자른 면에 휴지를 대어 본다.

선인장의 줄기를 가로로 자른 모습	줄기를 자른 면에 휴지를 대어 본 모습
▲ 줄기를 자른 면	젖은 휴지
• 일반 식물에 비해 줄기를 자른 면이 넓다. • 줄기를 자른 면이 미끈미끈하고, 물기가 많아 촉촉하다.	• 줄기를 자른 면에 휴지를 대어 보면 휴지가 젖는다. • 물기가 묻어 나오는 것을 확인할 수 있다.

● 정리

▶ 선인장의 가시 모양의 잎은 물이 잘 빠져나가지 않기 때문에 물이 부족한 사막에서도 잘 살 수 있다.

▶ 선인장은 굵은 줄기에 물을 저장할 수 있어서 오랫동안 비가 오지 않아도 살 수 있다.

↪정답과 해설 26쪽

1 다음 선인장의 생김새를 관찰한 결과로 옳지 <u>않은</u> 것을 보기 에서 골라 기호를 쓰시오.

> **보기**
> ㉠ 줄기가 굵고 통통하다.
> ㉡ 잎이 넓어서 햇빛을 잘 받는다.
> ㉢ 줄기에 바늘처럼 뾰족한 가시가 나 있다.

(   )

2 다음과 같이 선인장 줄기를 잘라 자른 면에 휴지를 대어 보았더니 휴지가 젖었습니다. 이것을 통해 알 수 있는 사실에 ○표 하시오.

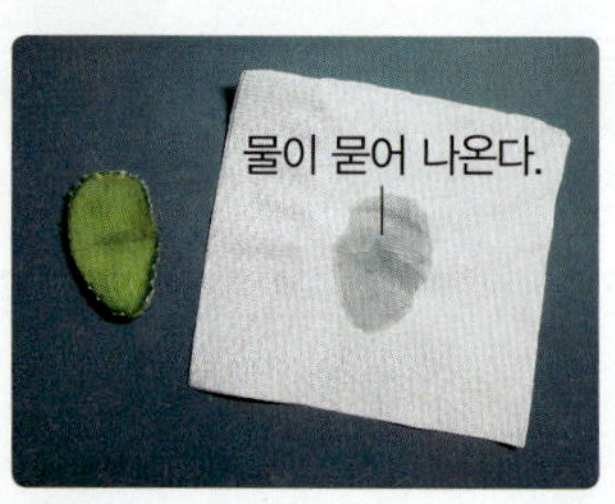

(1) 줄기에 물이 있다.   (   )

(2) 줄기가 가늘고 얇다.   (   )

(3) 줄기에서 물이 빠르게 증발된다.   (   )

(4) 선인장은 물속에서 살기에 알맞다.   (   )

1 뿌리는 물속의 땅에 있고, 잎과 꽃은 물 위에 떠 있는 식물을 두 가지 고르시오. (   )

① 
▲ 수련

② 
▲ 물상추

③ 
▲ 부들

④ 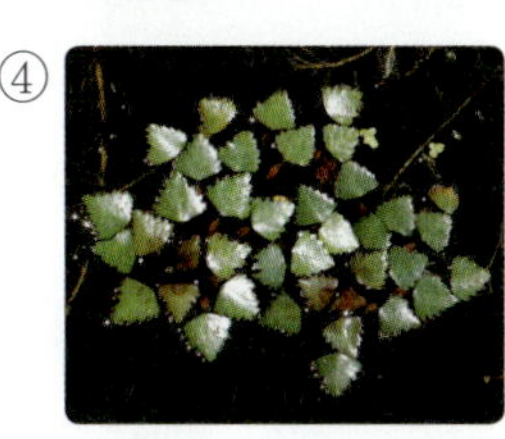
▲ 마름

2 다음 식물에 해당하는 특징을 각각 찾아 선으로 이으시오.

(1) 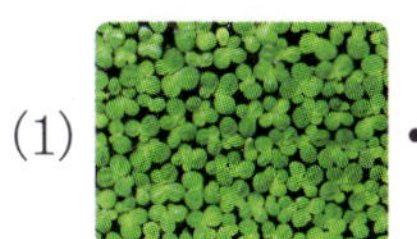
▲ 개구리밥

ㆍ ㄱ 수염처럼 생긴 뿌리가 있고, 물에 떠서 산다.

(2) 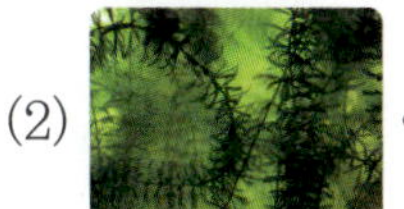
▲ 검정말

ㆍ ㄴ 뿌리, 줄기, 잎이 모두 물속에 잠겨서 산다.

3 부레옥잠이 물에 떠서 살 수 있는 까닭으로 옳은 것을 보기 에서 골라 기호를 쓰시오.

보기
ㄱ 뿌리가 길고 굵기 때문이다.
ㄴ 공기주머니가 있기 때문이다.
ㄷ 잎자루 속에 물을 저장하고 있기 때문이다.

(   )

4 다음은 기둥선인장과 낙타의 공통점을 사는 곳과 관련지어 설명한 것입니다. (   ) 안에 공통으로 들어갈 알맞은 말을 쓰시오.

▲ 기둥선인장

▲ 낙타

기둥선인장과 낙타는 (   )에서 사는 생물이다. (   )은/는 비가 적게 와서 건조하고, 대부분 모래로 이루어져 있다.

(   )

5 두 식물의 공통점으로 옳은 것에 ○표, 옳지 않은 것에 ×표 하시오.

▲ 용설란

▲ 바오바브나무

(1) 줄기에 물을 저장한다. (   )
(2) 추운 곳에 사는 식물이다. (   )
(3) 물이 많은 환경에서 살기에 알맞다. (   )

6 선인장의 잎이 가시 모양이기 때문에 좋은 점을 **잘못** 설명한 사람의 이름을 쓰시오.

• 수희: 동물의 공격을 막을 수 있어.
• 재민: 물이 빠져나가는 것을 줄일 수 있어.
• 은채: 바람에 잘 날려 씨를 퍼뜨릴 수 있어.

(   )

3

특수한 환경의 식물, 식물의 활용

식물의 생활

- 식물의 분류, 들과 산에 사는 식물
- 강이나 호수, 사막에 사는 식물
- 특수한 환경의 식물, 식물의 활용
  - 특수한 환경에 사는 식물
  - 식물의 특징 활용

필수 개념 21 특수한 환경에 사는 식물은 그 환경에서 살기에 알맞은 특징이 있다.

(1) 극지방에 사는 식물

① 극지방의 환경: 극지방은 남극과 북극 지역을 말하고, 온도가 매우 낮고 바람이 많이 부는 환경이다.

② 극지방에 사는 식물은 대부분 키가 작아서 낮은 기온과 차고 강한 바람을 견딜 수 있다. 또한 깊은 땅속은 일 년 내내 얼어 있기 때문에 땅속 깊이 뿌리를 내리지 않는다.

   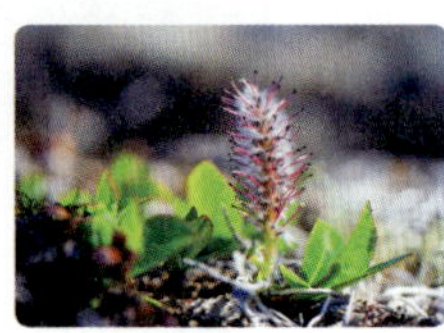

▲ 남극구슬이끼　　▲ 남극좀새풀　　▲ 북극이끼장구채　　▲ 북극버들

보충 극지방에 사는 식물

- 남극 지방에 사는 식물: 남극구슬이끼, 남극좀새풀, 남극개미자리 등
- 북극 지방에 사는 식물: 북극이끼장구채, 북극버들, 북극다람쥐꼬리 등

(2) 바닷가에 사는 식물

① 바닷가의 환경: 햇빛이 강하고 바람이 많이 불며, 물에 소금 성분이 많이 들어 있다.

② 바닷가에 사는 식물은 대부분 키가 작고, 줄기가 기어가듯이 자라서 강한 바람을 견딜 수 있다. 잎에 윤기가 있어 강한 햇빛을 반사시킬 수 있고, 바닷물이 들어오는 곳의 식물은 잎이 두꺼워서 물을 저장할 수 있어 소금 성분이 있거나 건조한 환경에서도 견딜 수 있다. ─ 퉁퉁마디, 순비기나무, 해홍나물, 갯방풍, 칠면초, 갯메꽃 등이 산다.

▲ 퉁퉁마디　　▲ 순비기나무　　▲ 해홍나물　　▲ 갯방풍

보충 높은 산 위에 사는 눈잣나무

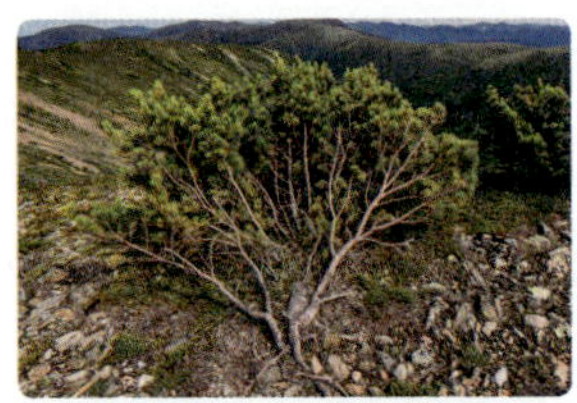

▲ 눈잣나무

높은 산 위는 바닷가와 마찬가지로 바람이 강하게 불기 때문에 키가 작은 식물이 바람을 견디는 데 유리하다. 설악산 꼭대기에 사는 눈잣나무는 산아래 사는 잣나무만큼 크게 자라지 않는다.

(3) 덥고 비가 많이 오는 곳에 사는 식물

① 일 년 내내 기온이 높고 비가 많이 오는 열대 지방에 사는 식물은 일 년 내내 잎이 푸르고, 잎이 길고 끝이 뾰족한 모양이 많다. 잘 휘어져서 빗방울을 쉽게 흘려보내며, 햇빛이 강하고 비가 많이 와서 매우 크게 자라는 나무가 많다.

② 큰 나무 아래에 햇빛을 받을 수 있는 위치에 따라 여러 식물이 층을 이루며 산다.

   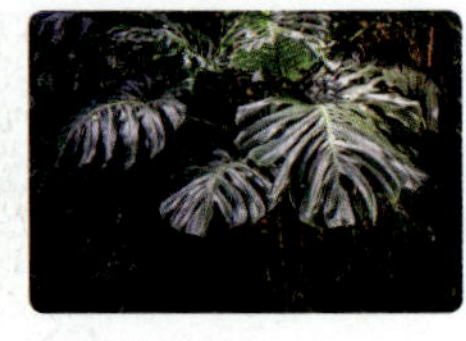

▲ 야자나무　　▲ 바나나　　▲ 고사리　　▲ 몬스테라

 **용어**

- **윤기** 반질반질하고 매끄러운 기운.

(1) **도꼬마리 열매와 찍찍이 테이프의 특징** 도꼬마리 열매의 가시 끝부분이 갈고리처럼 휘어 있어서 동물의 털이나 옷에 잘 달라붙는 특징을 활용한 찍찍이 테이프는 끈을 대신해 신발이 벗겨지지 않게 하는 데 사용된다. ─우엉 열매도 도꼬마리 열매와 비슷한 특징이 있다.

비교 플러스 **도꼬마리 열매와 찍찍이 테이프**

▲ 도꼬마리 열매   ▲ 찍찍이 테이프

공통점
- 끝부분이 갈고리처럼 휘어져 있다.
- 옷이나 털에 달라붙어 잘 떨어지지 않는다.

(2) **생활 속에서 식물의 특징을 활용한 예**

① 가시가 있는 둥근 모양의 덩굴을 만들며 자라서 사람이나 동물이 접근하기 어려운 덩굴장미의 생김새를 활용하여 가시철조망을 만들었다.

② 민들레 열매가 바람에 날려 퍼지는 모습을 보고 열매의 생김새를 활용하여 낙하산을 만들었다.

③ 연잎을 확대해서 보면 표면에 수많은 작은 돌기가 있는데 이것이 물을 흡수하지 않고 흘러내리게 한다. 이러한 특징을 활용하여 물이 스며들지 않는 방수천, 자동차나 유리 코팅제 등을 만들었다. **필수탐구 82쪽**

④ 단풍나무 열매가 빙글빙글 돌아가며 멀리 날아가는 특징을 활용하여 헬리콥터의 프로펠러를 만들었다.

덩굴장미 가시의 특징을 활용한 가시철조망

민들레 열매의 특징을 활용한 낙하산

연잎의 특징을 활용한 방수 천

단풍나무 열매의 특징을 활용한 헬리콥터 프로펠러

보충 **찍찍이 테이프가 사용된 제품**

▲ 장난감(캐치볼)

▲ 운동화

찍찍이 테이프는 옷이나 가방 등의 잠그는 부분에 지퍼나 단추 대신 사용하게 되었고, 장난감, 운동화, 모자, 기저귀, 옷 등의 다양한 생활용품에 사용되고 있다.

|도움영상|
식물의 특징을 활용한 예를 영상으로 살펴보세요.

용어
- **갈고리** 끝이 뾰족하고 꼬부라진 물건.

탐구 　연잎의 특징을 활용한 방수 천

방수 천이 연잎의 특징을 활용한 것임을 알 수 있다.

● 과정 및 결과

1. 연잎과 방수 천에 각각 스포이트로 물을 한 방울 떨어뜨리면 어떻게 되는지 살펴본다.

- 물방울이 퍼지지 않고 공처럼 둥글게 뭉쳐진다.
- 연잎과 방수 천 위의 물방울은 흡수되지 않고 미끄러지듯이 흘러내린다.

2. 연잎의 특징을 생활 속에서 어떻게 이용했는지 알아본다.

- 물에 젖지 않는 연잎의 특징을 활용하여 물이 스며들지 않는 방수 천, 자동차나 유리 코팅제 등을 만든다.
- 방수 천은 천막, 비옷, 우산 등을 만드는 데 사용된다.

● 정리

▶ 물을 흡수하지 않고 미끄러지게 하는 연잎의 특징을 활용하여 방수 천을 만들었다.

↪정답과 해설 **27**쪽

1 오른쪽과 같이 연잎에 스포이트로 물을 한 방울 떨어뜨렸을 때의 결과로 옳은 것을 보기 에서 찾아 기호를 쓰시오.

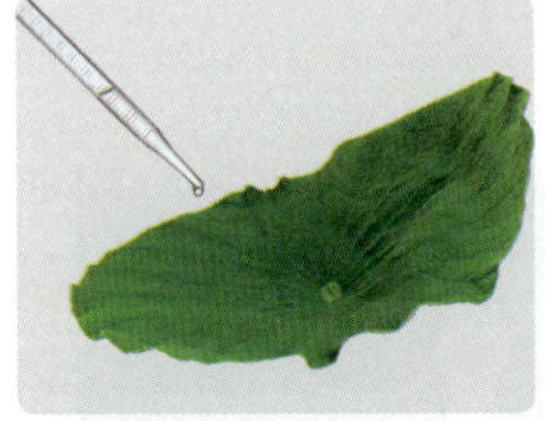

보기
ㄱ 물이 연잎에 모두 흡수된다.
ㄴ 물방울이 퍼지지 않고, 공처럼 둥글게 뭉쳐진다.
ㄷ 물방울이 연잎을 통과하여 아래쪽으로 떨어진다.

(　　　　　　　)

2 연잎의 표면을 현미경으로 확대하면 작고 둥근 돌기가 많이 나 있습니다. 이러한 연잎의 특징을 활용한 생활용품을 보기 에서 찾아 기호를 쓰시오.

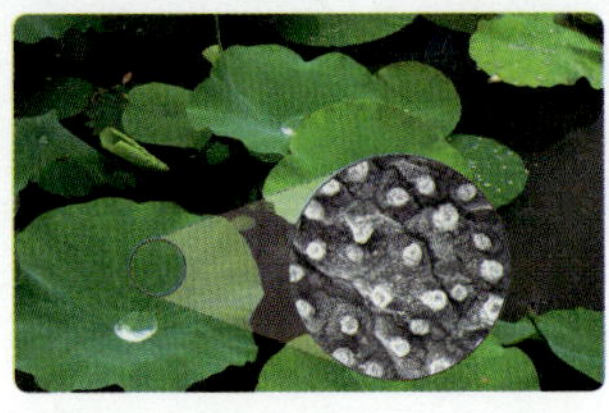

보기
ㄱ 미끄러지지 않는 운동화
ㄴ 잘 떨어지지 않는 테이프
ㄷ 빗방울이 미끄러지게 하는 유리 코팅제

(　　　　　　　)

1 다음 식물이 살아가는 환경에 대한 설명으로 옳은 것을 보기 에서 골라 기호를 쓰시오.

▲ 남극구슬이끼

▲ 북극버들

보기
㉠ 기온이 높고, 건조하다.
㉡ 기온이 낮고, 바람이 강하다.
㉢ 소금 성분이 많은 물이 있고, 비가 많이 온다.

(   )

2 바닷가에 사는 식물이 <u>아닌</u> 것은 어느 것입니까?

(   )

① 
▲ 퉁퉁마디

②
▲ 아데니움

③ 
▲ 순비기나무

④
▲ 해홍나물

3 오른쪽과 같이 덥고 비가 많이 오는 곳에서 사는 식물의 특징을 옳게 말한 사람의 이름을 쓰시오.

▲ 야자나무

• 희수: 잎이 잘 휘어지는 특징이 있어.
• 유리: 대부분 키가 작게 자라는 나무가 많아.
• 재영: 일 년 중에 한 달 정도만 푸른 잎을 볼 수 있어.

(   )

4 오른쪽 찍찍이 테이프를 만들 때 활용한 식물에 대한 설명입니다. 빈칸에 들어갈 식물로 옳은 것은 어느 것입니까?

(   )

찍찍이 테이프는 (   ) 열매의 끝부분이 갈고리처럼 휘어져 옷이나 털에 잘 달라붙는 특징을 활용하여 만들었다.

① 장미   ② 연꽃
③ 민들레   ④ 도꼬마리
⑤ 개구리밥

5 단풍나무 열매의 특징을 활용한 생활용품을 골라 ○표 하시오.

(1) 
▲ 헬리콥터 프로펠러

(2) 
▲ 유리 코팅제

(   )   (   )

6 각 식물과 그 특징을 활용한 생활용품을 찾아 바르게 선으로 이으시오.

(1) 
▲ 민들레 열매

㉠ 
▲ 낙하산

(2) 
▲ 덩굴장미

㉡ 
▲ 가시철조망

[1~2] 강이나 호수에 사는 식물 필수 개념 19

1 다음 두 식물의 공통적인 특징으로 옳은 것은 어느 것입니까? (   )

▲ 검정말

▲ 물수세미

① 물속에 잠겨서 산다.
② 줄기가 단단하고 튼튼하다.
③ 건조한 환경에서 살기 유리하다.
④ 줄기가 땅 위를 기어가듯이 자란다.
⑤ 물에 떠서 살고 수염과 같은 뿌리가 있다.

2 다음과 같이 부레옥잠의 잎자루를 칼로 잘라 물속에 넣고 손가락으로 눌렀을 때의 결과를 옳게 말한 사람의 이름을 쓰시오.

— 부레옥잠의 잎자루

> • 나연: 잎자루에서 공기 방울이 나와.
> • 지성: 물속에서는 잎자루가 손가락으로 눌리지 않아.
> • 태희: 잎자루에서 양분이 빠져나와 물의 색깔이 변해.

(   )

[3~5] 사막에 사는 식물 필수 개념 20

3 다음 식물 중 주로 사는 환경이 나머지와 다른 하나는 어느 것인지 골라 기호를 쓰시오.

㉠ 
▲ 용설란

㉡ 
▲ 바오바브나무

㉢ 
▲ 떡갈나무

㉣ 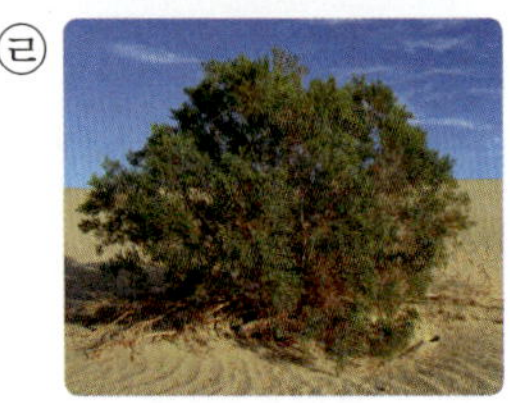
▲ 메스키트나무

(   )

도전! 하이탑

4 다음과 같이 선인장의 줄기를 가로로 잘라 관찰했을 때 결과로 옳은 것에 ○표 하시오.

(1) 다른 식물에 비해 줄기가 가늘다. (   )
(2) 줄기를 자른 면이 거칠고 말라 있다. (   )
(3) 줄기를 자른 면에 휴지를 대어 보면 휴지가 젖는다. (   )

서술형

5 위 **4**번 답과 관련하여 선인장이 사막에 살기에 유리한 점은 무엇인지 쓰시오.

____

____

[6~8] 특수한 환경에 사는 식물 필수 개념 **21**

6 오른쪽 식물에 대한 설명으로 ㉠과 ㉡에 들어갈 알맞은 말을 각각 골라 쓰시오.

▲ 북극이끼장구채

북극이끼장구채는 기온이 ㉠ (높고, 낮고) 바람이 강한 환경에 살기 때문에 키가 ㉡ (크다, 작다).

㉠ (   ), ㉡ (   )

7 다음과 같은 특징을 가진 식물이 사는 곳으로 알맞은 곳은 어디입니까? (   )

▲ 갯방풍: 키가 작고 줄기가 기듯이 자란다.

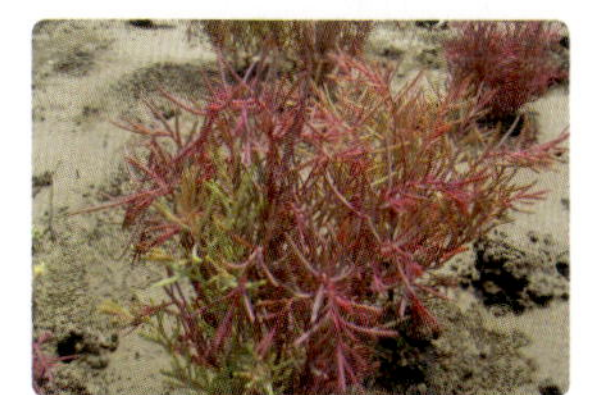
▲ 칠면초: 소금 성분이 있는 물에서도 살 수 있다.

① 강 　　　　② 호수 　　　　③ 사막
④ 바닷가 　　⑤ 열대 지방

8 식물이 사는 환경이 나머지와 다른 하나는 어느 것입니까? (   )

① 
▲ 고사리

② 
▲ 바나나

③ 
▲ 순비기나무

④ 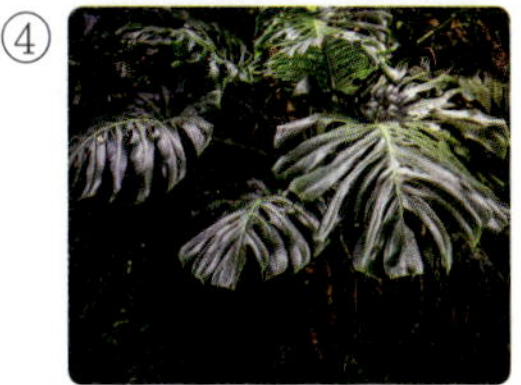
▲ 몬스테라

[9~10] 식물의 특징 활용 필수 개념 **22**

9 다음과 같이 모자와 운동화에 있는 찍찍이 테이프는 어떤 식물의 특징을 활용해 만든 것인지 보기 에서 골라 기호를 쓰시오.

▲ 모자의 찍찍이 테이프

▲ 운동화의 찍찍이 테이프

보기
㉠ 물에 잘 뜨는 개구리밥의 특징
㉡ 사막을 굴러다니는 회전초의 특징
㉢ 도꼬마리 열매 끝의 갈고리 모양이 털이나 옷에 잘 붙는 특징

(   )

도전! 하이탑

10 식물의 특징을 우리 생활에서 활용한 예에 대한 설명으로 옳지 **않은** 것을 보기 에서 골라 기호를 쓰시오.

보기
㉠ 덩굴장미 가시의 생김새를 활용해 가시철조망을 만들었다.
㉡ 민들레 열매가 바람에 날려 퍼지는 모습을 보고 낙하산을 만들었다.
㉢ 단풍나무 열매가 돌면서 날아가는 모습을 보고 헬리콥터 프로펠러를 만들었다.
㉣ 연잎이 표면에 작고 둥근 돌기가 많아 물을 잘 흡수하는 특징을 활용해 스펀지를 만들었다.

(   )

1 다음 잎의 모습을 보고, 선처럼 보이는 ㉠의 이름은 무엇인지 쓰시오.

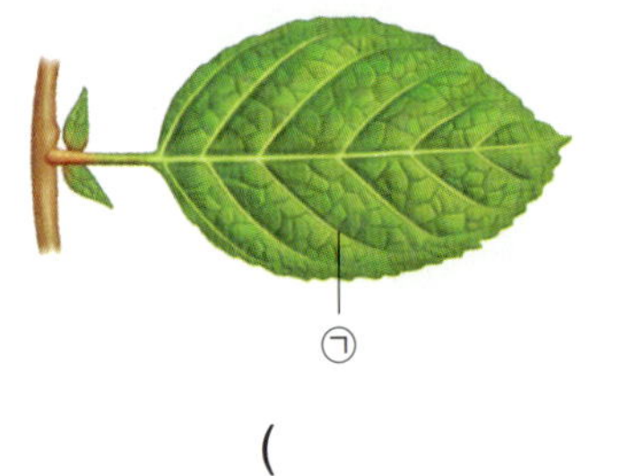

(　　　　　　　　　　　　)

[2~3] 여러 가지 식물의 잎을 보고, 물음에 답하시오.

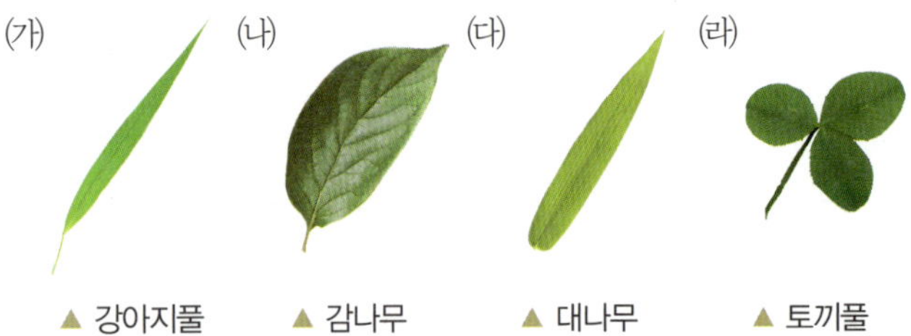

(가) ▲ 강아지풀　(나) ▲ 감나무　(다) ▲ 대나무　(라) ▲ 토끼풀

2 위 (가), (나), (다), (라)의 생김새에 대한 설명으로 옳은 것을 두 가지 골라 ○표 하시오.

(1) (가)는 전체적인 모양이 둥글다. 　　　(　　　)

(2) (나)는 전체적인 모양이 좁고 길쭉하다. (　　　)

(3) (다)는 잎의 끝 모양이 뾰족하다. 　　　(　　　)

(4) (라)는 한곳에 나는 잎의 개수가 여러 개이다.

(　　　)

3 위 (가), (나), (다), (라)를 한곳에 나는 잎의 개수가 한 개인 것과 여러 개인 것으로 분류할 때, 오른쪽 잎과 같은 무리로 분류할 수 있는 잎의 기호를 쓰시오.

▲ 잣나무

(　　　　　　　　　　　　)

[4~5] 다음은 들과 산에 사는 식물입니다. 물음에 답하시오.

(가) ▲ 강아지풀　(나) ▲ 밤나무

(다) ▲ 소나무　(라) ▲ 토끼풀

4 다음은 위 식물들에 대한 설명입니다. ㉠과 ㉡에 들어갈 알맞은 말을 각각 쓰시오.

> 들과 산에 사는 식물은 크게 풀과 나무로 구분한다. (　㉠　)은/는 (　㉡　)보다 키가 작고, 줄기가 가늘다. (　㉠　)은/는 대부분 한해살이식물이지만, (　㉡　)은/는 모두 여러해살이식물이다.

㉠ (　　　　　　　　　), ㉡ (　　　　　　　　　)

5 위 (가)와 (다) 식물의 공통점을 옳게 말한 사람의 이름을 쓰시오.

> • 다희: 필요한 양분을 스스로 만들어.
> • 영재: 잎과 줄기만 있고, 뿌리는 없어.
> • 시언: 겨울철에도 줄기가 죽지 않고 살아 있어.

(　　　　　　　　　　　　)

6 다음은 선재가 연못에 사는 식물을 관찰하고 쓴 관찰 일기입니다. 어느 식물을 관찰하고 쓴 것인지 보기 에서 찾아 기호를 쓰시오.

> 학교 연못에서 식물을 보았다. 그 식물은 물에 둥둥 떠 있었고, 수염처럼 생긴 뿌리가 물속으로 뻗어 있었다. 어떻게 물에 떠 있을 수 있는지 궁금했다.

보기

ㄱ ▲ 나사말 ㄴ ▲ 창포
ㄷ ▲ 마름 ㄹ ▲ 물상추

(   )

7 다음과 같은 특징을 가진 식물이 아닌 것에 ×표 하시오.

> • 잎이 물 위로 높이 자란다.
> • 뿌리는 물속이나 물가의 땅에 있다.

① 연꽃 ② 부들 ③ 개구리밥

(   ) (   ) (   )

8 강이나 호수에 사는 식물이 아닌 것은 어느 것입니까? (   )

① 갈대 ② 수련
③ 명아주 ④ 부레옥잠
⑤ 물수세미

9 오른쪽 식물과 비슷한 환경에서 사는 식물을 보기 에서 두 가지 골라 기호를 쓰시오.

▲ 회전초

보기

ㄱ 민들레 ㄴ 부채선인장
ㄷ 단풍나무 ㄹ 바오바브나무

(   )

10 다음에서 설명하는 식물의 이름을 쓰시오.

> • 사막에 사는 식물이다.
> • 잎이 용의 혀 모양을 닮아서 붙여진 이름이다.
> • 잎이 크고 두꺼워서 물을 저장하기에 좋다.

(   )

11 사막에 사는 식물에 대한 설명으로 옳지 <u>않은</u> 것은 어느 것입니까? (   )

① 두꺼운 잎에 물을 저장하는 식물도 있다.

② 굵은 줄기에 물을 저장하는 식물도 있다.

③ 습한 환경에서 잘 견딜 수 있는 특징이 있다.

④ 메스키트나무는 사막에 사는 식물 중 하나이다.

⑤ 굴러다니면서 씨를 뿌리고 비가 내리면 번식하는 식물도 있다.

12 다음과 같은 극지방에 사는 식물들의 특징으로 옳은 것을 보기 에서 두 가지 골라 기호를 쓰시오.

▲ 남극구슬이끼

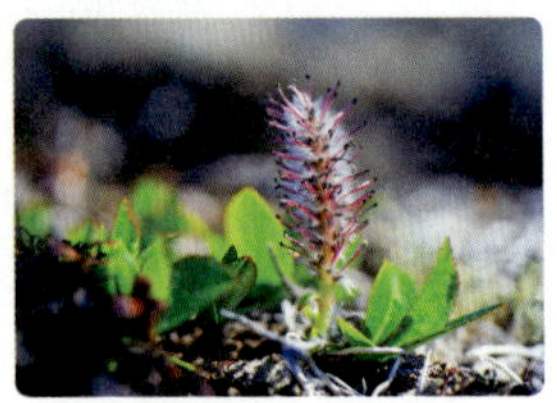

▲ 북극버들

보기

㉠ 대부분 키가 작다.

㉡ 대부분 키가 크다.

㉢ 땅속 깊은 곳까지 뿌리를 내린다.

㉣ 땅속 깊이 뿌리를 내리지 않는다.

(   )

13 다음 식물이 사는 환경에 대한 설명으로 옳은 것을 모두 골라 ○표 하시오.

통통마디, 해홍나물, 갯방풍, 칠면초

(1) 바람이 강하게 분다. (   )

(2) 햇빛이 거의 들지 않는다. (   )

(3) 비가 거의 오지 않고 건조하다. (   )

(4) 물에 소금 성분이 많이 들어 있다. (   )

14 덥고 비가 많이 오는 곳에 사는 다양한 식물이 여러 층을 이루며 사는 까닭을 옳게 말한 사람의 이름을 쓰시오.

- 민재: 동물의 공격을 막으려고 층을 이루며 사는 거야.
- 태성: 다른 식물은 번식하지 못하게 하려고 층을 이루며 자라.
- 유하: 식물마다 햇빛을 최대한 많이 받기 위해 층을 이루며 살고 있어.

(   )

15 각 식물과 그 특징을 활용한 예를 찾아 바르게 선으로 이으시오.

(1)   ▲ 연잎

㉠   ▲ 헬리콥터 프로펠러

(2)   ▲ 단풍나무 열매

㉡   ▲ 방수 천

16 다음 여러 가지 식물의 잎을 알맞은 분류 기준을 정하여 분류하시오.

▲ 단풍나무   ▲ 소나무   ▲ 강아지풀   ▲ 토끼풀

분류 기준: (1)

그렇다.	그렇지 않다.
(2)	(3)

18 오른쪽 부레옥잠이 물에 떠서 살기에 유리한 특징은 무엇인지 쓰시오.

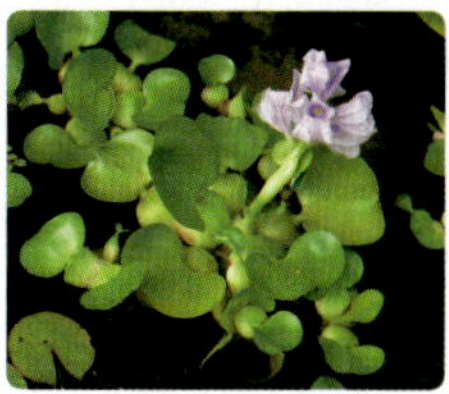

19 다음과 같이 선인장에 가시 모양의 잎이 있어 사막에서 살기에 유리한 점을 두 가지 쓰시오.

▲ 기둥선인장   ▲ 금호선인장

17 다음 해바라기 잎의 생김새를 보고 특징을 세 가지 쓰시오.

▲ 해바라기

20 다음은 도꼬마리 열매와 찍찍이 테이프의 모습입니다. 찍찍이 테이프는 도꼬마리 열매의 어떤 특징을 활용해 만든 것인지 쓰시오.

▲ 도꼬마리 열매   ▲ 찍찍이 테이프

잎의 특징에 따라 분류하기

분류 기준: 전체적인 모양이 넓적한가?

그렇다. / 그렇지 않다.

필수 개념 17	잎의 특징에 따라 분류 기준을 정하여 분류할 수 있다.
잎의 생김새	• 잎몸: 잎을 이루는 넓은 부분 • 잎자루: 잎몸과 줄기 사이에 있는 부분 • ❶ ⬚⬚ : 잎몸에서 선처럼 보이는 부분
분류 기준 예	• 전체적인 모양이 넓적한가? 전체적인 모양이 길쭉한가? • 잎의 끝 모양이 뾰족한가? 잎의 끝 모양이 둥근가? • 잎의 가장자리가 톱니 모양인가? 잎의 가장자리가 매끈한가?

들과 산에 사는 식물

▲ 민들레

▲ 강아지풀

▲ 소나무

▲ 떡갈나무

들과 산에는 민들레, 강아지풀과 같은 풀과 소나무, 떡갈나무 등과 같은 나무가 살고 있다.

필수 개념 18	들과 산에 사는 식물은 땅에 뿌리를 내리고 줄기와 잎이 구분된다.	
구분	풀	❷ ⬚⬚
공통점	• 뿌리, 줄기, 잎이 있다. • 잎의 색깔이 대부분 초록색이다. • 필요한 양분을 스스로 만든다.	
차이점	• 나무보다 키가 작다. • 나무보다 줄기가 가늘다. • 대부분 한해살이 식물이다.	• 풀보다 키가 크다. • 풀보다 줄기가 굵다. • 모두 여러해살이 식물이다.
종류	예 민들레, 강아지풀, 토끼풀 등	예 소나무, 은행나무, 떡갈나무 등

강이나 호수에 사는 식물

▲ 물수세미

▲ 개구리밥

▲ 마름

▲ 부들

강이나 호수에는 물수세미, 개구리밥, 마름, 부들 등의 식물이 살고 있다.

필수 개념 19	강이나 호수에 사는 식물은 물에 살기에 알맞은 특징을 가지고 있다.
물속에 잠겨서 사는 식물	줄기와 잎이 좁고 긴 모양이며, ❸ ⬚⬚ 가 물의 흐름에 따라 잘 휜다. 예 물수세미, 나사말, 검정말 등
물에 떠서 사는 식물	수염처럼 생긴 뿌리가 물속으로 뻗어 있고, 물에 뜰 수 있는 구조로 되어 있다. 예 개구리밥, 물상추, 부레옥잠 등
잎이 물에 떠 있는 식물	잎과 꽃이 물 위에 떠 있고, 뿌리는 물속의 땅에 있다. 예 수련, 가래, 마름 등
잎이 물 위로 높이 자라는 식물	뿌리는 물속이나 물가의 땅에 있으며, 대부분 키가 크고 줄기가 단단하다. 예 연꽃, 부들, 창포 등

필수 개념 20	사막에 사는 식물은 물이 적어도 살 수 있는 특징을 가지고 있다.
사막에 사는 식물	• 사막은 비가 적게 오고 건조하여 물이 적은 환경이다. • 선인장, 아데니움, 바오바브나무, 용설란, 메스키트나무, 회전초 등이 산다.
선인장의 특징	• 줄기가 굵어 물을 저장하여 건조한 날씨에도 견딜 수 있다. • **❹** ☐ 이 가시 모양이라 동물이 함부로 먹지 못하고, 물의 증발을 막을 수 있다.

선인장의 특징

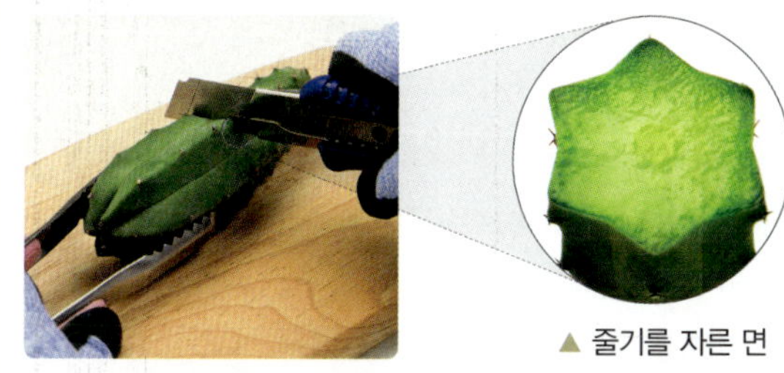

▲ 줄기를 자른 면

선인장의 줄기를 자른 면에 휴지를 대어 보면 물기가 묻어 나오는 것을 통해 선인장은 굵은 줄기에 물을 저장한다는 것을 알 수 있다.

필수 개념 21	특수한 환경에 사는 식물은 그 환경에서 살기에 알맞은 특징이 있다.
극지방에 사는 식물	대부분 키가 작아서 낮은 기온과 차고 강한 바람을 견딜 수 있으며, 땅속 깊이 뿌리를 내리지 않는다. 예 남극구슬이끼, 남극좀새풀, 북극이끼장구채, 북극버들 등
바닷가에 사는 식물	대부분 키가 작고, 줄기가 기어가듯이 자라서 강한 바람을 견딜 수 있으며, **❺** ☐☐ 성분이 많은 물에서도 살 수 있다. 예 퉁퉁마디, 순비기나무, 해홍나물, 갯방풍 등
덥고 비가 많이 오는 곳에 사는 식물	일 년 내내 잎이 푸르고, 잘 휘어져서 빗방울을 쉽게 흘려보내며, 매우 크게 자라는 나무가 많다. 예 야자나무, 바나나, 고사리, 몬스테라 등

특수한 환경에 사는 식물

▲ 남극구슬이끼　　　　▲ 북극버들

▲ 퉁퉁마디　　　　▲ 순비기나무

▲ 야자나무　　　　▲ 몬스테라

필수 개념 22	식물의 특징을 모방해 생활에 활용할 수 있다.
도꼬마리 열매	도꼬마리 열매의 가시 끝부분이 갈고리처럼 휘어서 털이나 옷에 잘 달라붙는 특징을 활용하여 찍찍이 테이프를 만들었다.
덩굴장미	가시가 있는 덩굴이 있어 동물이 접근하기 어려운 덩굴장미의 특징을 활용하여 가시철조망을 만들었다.
민들레 열매	민들레 열매가 바람에 날려 퍼지는 모습을 보고 열매의 생김새를 활용하여 **❻** ☐☐☐ 을 만들었다.
연잎	물을 흡수하지 않고 흘러내리게 하는 연잎의 특징을 활용하여 방수 천을 만들었다.
단풍나무 열매	단풍나무 열매가 빙글빙글 돌아가며 멀리 날아가는 특징을 활용하여 헬리콥터 프로펠러를 만들었다.

식물의 특징을 활용한 예

▲ 도꼬마리 열매를 활용한 찍찍이 테이프

▲ 연잎을 활용한 방수 천

비주얼 사이언스
Visual Science

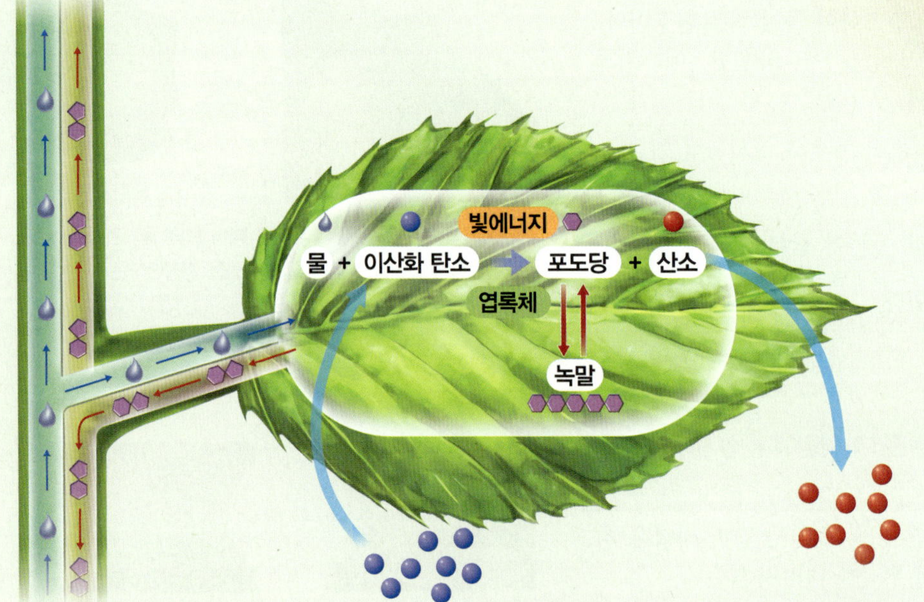

▲ 뿌리에서 흡수한 물이 줄기를 통해 잎까지 이동한다.

▲ 공기 중의 이산화 탄소가 잎의 기공을 통해 들어간다.

▲ 광합성으로 만들어진 산소는 식물의 호흡에 쓰이거나 기공을 통해 밖으로 배출된다.

광합성 과정

식물의 잎에서는 태양의 빛에너지를 이용하여 잎의 기공으로 들어온 이산화 탄소와 뿌리에서 흡수한 물을 이용해 포도당과 산소를 만든다. 광합성으로 만들어진 포도당은 녹말로 변해 저장된다.

▲ 현미경으로 식물의 잎을 자세히 관찰하면 초록색의 작은 알갱이를 볼 수 있는데, 이것을 엽록체라고 한다.

식물의 광합성이 일어나는 장소

광합성은 주로 잎을 구성하는 세포에 들어 있는 엽록체에서 일어난다. 엽록체가 많이 들어 있는 세포일수록 광합성이 활발하다. 식물이 초록색으로 보이는 까닭은 엽록체에 초록색 색소인 엽록소가 들어 있기 때문이다.

외떡잎식물과 쌍떡잎식물

강아지풀과 같이 떡잎의 수가 하나인 식물을 외떡잎식물이라 하고,
민들레와 같이 떡잎의 수가 두 개인 식물을 쌍떡잎식물이라고 한다.

4

생물의 한살이

후속 학습
중학교 3학년

생식과 유전
세포분열이 필요한 이유와
수정란으로부터 개체가
발생하는 과정을 안다.
2권 중학교 개념특강 19쪽

이 단원의
학습
초등학교 3학년

생물의 한살이
동물의 한살이와 식물의 한살이
유형을 구분하고, 공통점과
차이점을 안다.

1 동물의 한살이 (1)

생물의 한살이

동물의 한살이 / 식물의 한살이

배추흰나비의 한살이 / 곤충의 한살이 / 알을 낳는 동물 / 새끼를 낳는 동물

필수 개념 23 배추흰나비는 알, 애벌레, 번데기, 어른벌레의 한살이 과정을 거친다.

(1) **동물의 한살이** 동물의 알이나 새끼가 태어나고 자라서 다시 알이나 새끼를 낳기까지의 과정이다. 동물에 따라 한살이 과정이 다르며, 알을 낳는 동물도 있고, 새끼를 낳는 동물도 있다.

(2) **배추흰나비의 한살이** 배추흰나비는 '알 → 애벌레 → 번데기 → 어른벌레'의 한살이 과정을 거친다. (필수탐구 98쪽)
└ 동물의 알에서 애벌레나 새끼가 알껍데기를 뚫고 밖으로 나오는 것을 '부화'라고 한다.

① 배추흰나비 알과 애벌레: 노란색의 배추흰나비 알에서 애벌레가 나온다. 갓 나온 애벌레는 알껍데기를 먹고, 이후 잎을 먹으면서 자란다. 애벌레의 몸은 여러 마디로 나뉘어 있으며, 털로 덮여 있다. 애벌레는 •허물을 네 번 벗으면서 몸이 커진다.

② 배추흰나비 번데기와 어른벌레: 번데기는 움직임이 없고, 먹이도 먹지 않는다. 처음에는 초록색이었다가 점점 주변의 색깔과 비슷해진다. 시간이 지나면 번데기의 껍질이 벌어지고 어른벌레가 나온다. 어른벌레는 몸이 머리, 가슴, 배로 구분되고, 세 쌍의 다리와 두 쌍의 날개가 있다. 다 자란 배추흰나비는 암컷이 알을 낳을 수 있다.
└ 번데기에서 날개가 있는 어른벌레가 나오는 과정을 '날개돋이'라고 한다.

심화 배추흰나비 애벌레가 알껍데기를 먹는 까닭

- 단백질이 많은 알껍데기를 먹어서 몸에 부족한 영양분을 얻기 위해서이다.
- 자신의 흔적을 빨리 제거하여 적에게 노출되는 것을 막고 자신을 보호하기 위해서이다.

용어 

- •허물 애벌레가 벗은 껍데기.

과정 플러스⁺ 배추흰나비의 한살이

(1) **곤충** 몸이 머리, 가슴, 배로 구분되고 다리가 세 쌍인 동물을 곤충이라고 한다. 곤충에는 배추흰나비, 개미, 벌, 무당벌레, 잠자리, 메뚜기, 매미 등이 있다.

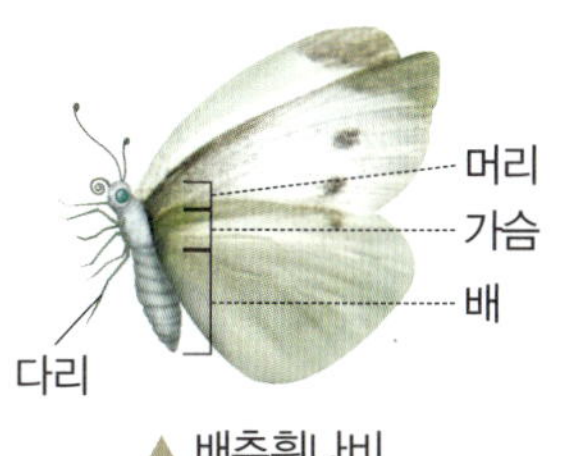

▲ 배추흰나비

▲ 개미

▲ 잠자리

(2) **곤충의 한살이의 특징** 알에서 애벌레가 나오고, 애벌레는 허물을 벗으면서 몸의 크기가 커진다. 번데기 시기를 거치는 곤충은 애벌레와 어른벌레의 생김새가 완전히 다르지만, 번데기 시기를 거치지 않는 곤충은 애벌레와 어른벌레의 생김새가 비슷하다.

(3) **완전 탈바꿈과 불완전 탈바꿈**

① **완전 탈바꿈**: '알 → 애벌레 → 번데기 → 어른벌레'의 한살이 과정을 거치는 곤충의 생김새 변화이다. 완전 탈바꿈을 하는 곤충에는 배추흰나비, 개미, 벌, 모기, 사슴벌레, 장수풍뎅이, 무당벌레, 파리 등이 있다.

② **불완전 탈바꿈**: '알 → 애벌레 → 어른벌레'의 한살이 과정을 거치는 곤충의 생김새 변화로, 번데기 단계가 없다. 불완전 탈바꿈을 하는 곤충에는 잠자리, 매미, 메뚜기, 사마귀, 방아깨비, 노린재, 땅강아지 등이 있다.

메뚜기는 알, 애벌레를 거쳐 어른벌레로 자라며 번데기 단계가 없는 불완전 탈바꿈을 하는 곤충으로, 애벌레와 어른벌레의 생김새가 비슷하다.

용어

• **탈바꿈** 알에서 깨어난 동물이 완전히 자랄 때까지 여러 가지 모양으로 변하는 것.

비교 플러스⁺ 무당벌레와 사마귀의 한살이

	알	애벌레	번데기	어른벌레
무당벌레 (완전 탈바꿈)				
사마귀 (불완전 탈바꿈)				

무당벌레는 번데기 단계가 있고, 사마귀는 번데기 단계가 없다.

탐구 · 배추흰나비 한살이 관찰하기

배추흰나비 알, 애벌레, 번데기, 어른벌레의 특징을 글과 그림으로 나타낼 수 있다.

● **과정 및 결과**

1. 배추흰나비 알, 애벌레, 번데기, 어른벌레를 자세히 관찰한다.
2. 배추흰나비의 한살이를 정리한다.

 • 배추흰나비 알의 특징

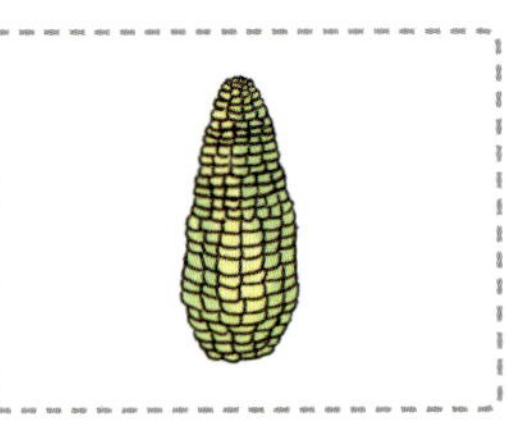

생김새	• 길쭉한 옥수수 모양이다. • 연한 노란색이다.
크기	길이가 1 mm 정도이며, 크기가 달라지지 않는다.
움직이는 모습	움직이지 않고, 먹이도 먹지 않는다.

 • 배추흰나비 애벌레의 특징

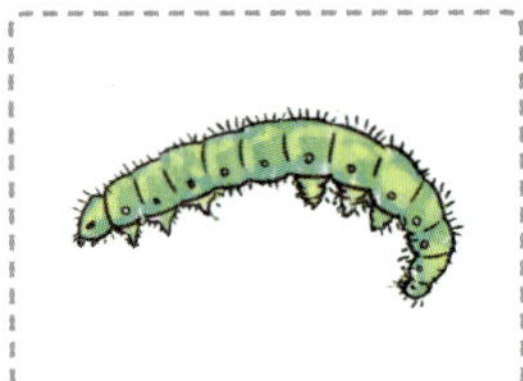

생김새	• 초록색의 몸에 털이 많고, 긴 원통 모양이다. • 몸이 여러 개의 마디로 되어 있다.
크기	허물을 벗으면서 몸이 30 mm까지 자란다.
움직이는 모습	자유롭게 기어다니며 잎을 갉아 먹는다.

 • 배추흰나비 번데기의 특징

생김새	• 주변의 색깔과 비슷하게 몸 색깔이 변한다. • 가운데가 볼록 튀어 나왔고, 양쪽 끝이 뾰족하다.
크기	길이가 20 mm ~ 25 mm 정도이며, 크기가 달라지지 않는다.
움직이는 모습	움직이지 않고, 먹이도 먹지 않는다.

 • 배추흰나비 어른벌레의 특징

생김새	• 몸이 머리, 가슴, 배로 구분되고, 가슴에 세 쌍의 다리와 두 쌍의 날개가 달려 있다. • 대롱 모양의 입이 돌돌 말려 있다.
움직이는 모습	날개로 날아다니며 꽃의 꿀을 빨아 먹는다.

● **정리**

▶ 배추흰나비는 알, 애벌레, 번데기, 어른벌레 단계를 거치며 자란다.

↪정답과 해설 **32**쪽

1 배추흰나비 한살이 단계 중 어느 것에 대한 설명인지 쓰시오.

> • 노랗고 길쭉한 옥수수 모양이다.
> • 길이가 1 mm 정도이며, 크기가 달라지지 않는다.

(   )

2 배추흰나비 번데기에 대한 설명으로 옳지 <u>않은</u> 것에 ×표 하시오.

(1) 움직이지 않는다. (   )

(2) 먹이를 먹지 않는다. (   )

(3) 양쪽 끝이 뾰족하다. (   )

(4) 허물을 벗으며 점점 자란다. (   )

정답과 해설 32쪽

1 다음에서 설명하는 것은 무엇인지 쓰시오.

> 동물의 알이나 새끼가 태어나고 자라서 다시 알이나 새끼를 낳기까지의 과정을 말한다.

(   )

2 배추흰나비 알과 애벌레를 비교한 내용으로 옳지 <u>않은</u> 것을 골라 기호를 쓰시오.

구분	배추흰나비 알	배추흰나비 애벌레
㉠ 생김새	길쭉한 옥수수 모양임.	긴 원통 모양임.
㉡ 크기	크기가 변하지 않음.	허물을 벗으며 자람.
㉢ 움직임	자유롭게 기어다님.	움직이지 않음.

(   )

3 다음을 배추흰나비 한살이 과정에 맞게 순서대로 기호를 쓰시오.

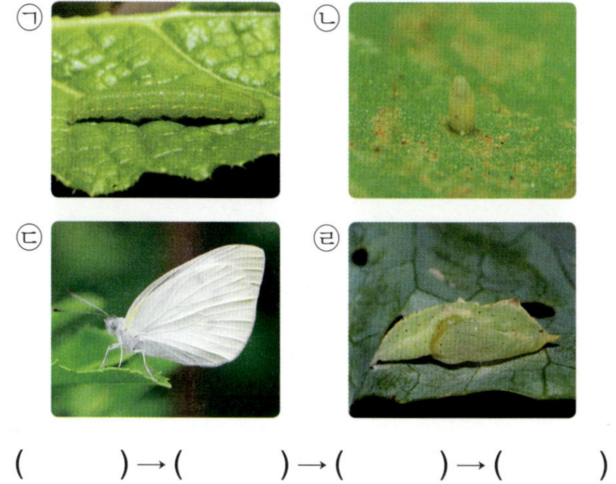

(   ) → (   ) → (   ) → (   )

4 다음은 배추흰나비에 대한 설명입니다. (   ) 안에 들어갈 알맞은 말을 각각 쓰시오.

> • 배추흰나비는 몸이 머리, 가슴, 배로 구분되고 세 쌍의 (㉠   )이/가 있다.
> • 배추흰나비와 같은 동물을 (㉡   )(이)라고 한다.

㉠ (   ), ㉡ (   )

5 다음 중 불완전 탈바꿈을 하는 곤충은 어느 것입니까? (   )

① ▲ 개미   ② ▲ 사슴벌레   ③ ▲ 무당벌레   ④ ▲ 사마귀

6 여러 가지 곤충의 한살이에 대한 설명으로 옳은 것은 어느 것입니까? (   )

① 모든 곤충은 번데기 단계를 거친다.
② 애벌레는 허물을 벗으면서 몸이 커진다.
③ 어른벌레는 짝짓기를 하고 새끼를 낳는다.
④ 개미는 날개가 없기 때문에 곤충이 아니다.
⑤ 닭이나 개와 같은 동물은 완전 탈바꿈을 한다.

1

동물의 한살이 (2)

필수 개념 25 　알을 낳는 동물은 알에서 새끼가 나와 먹이를 먹고 자란다.

(1) **알을 낳는 동물의 한살이**　알을 낳는 동물에는 배추흰나비, 잠자리와 같은 곤충 이 외에도 개구리, 뱀, 거북, 닭, 까치, 붕어, 연어 등과 같은 동물도 있다. **필수 탐구** 102쪽 동물의 종류에 따라 알을 낳는 장소와 한 번에 낳는 알의 개수, 알의 모양과 크 기 등이 다양하다. 알에서 새끼가 나와서 자라고, 다 자란 암컷은 다시 알을 낳 아 한살이를 이어간다. └─ 알에서 나온 새끼는 어미와 모습이 비슷한 동물도 있고, 다른 동물도 있다.

▲ 개구리

▲ 뱀

▲ 연어

(2) **닭의 한살이**　닭은 '알 → 병아리 → 어린 닭 → 다 자란 닭'의 한살이 과정을 거 친다. 닭은 땅 위에 알을 낳고 병아리가 알을 깨고 나와 닭으로 자란다.

알	한쪽 끝이 뾰족한 공 모양이고, 단단한 껍데기로 싸여 있다.
병아리	• 몸이 솜털로 덮여 있고, 볏과 꽁지깃이 없다. • 암수가 쉽게 구별되지 않는다.
어린 닭	몸에 솜털 대신 깃털이 나기 시작하고, 머리에 작은 볏이 나 있다.
다 자란 닭	• 몸이 깃털로 덮여 있고, 볏과 꽁지깃이 있다. • 암수가 쉽게 구별된다.

과정 플러스⁺　닭의 한살이

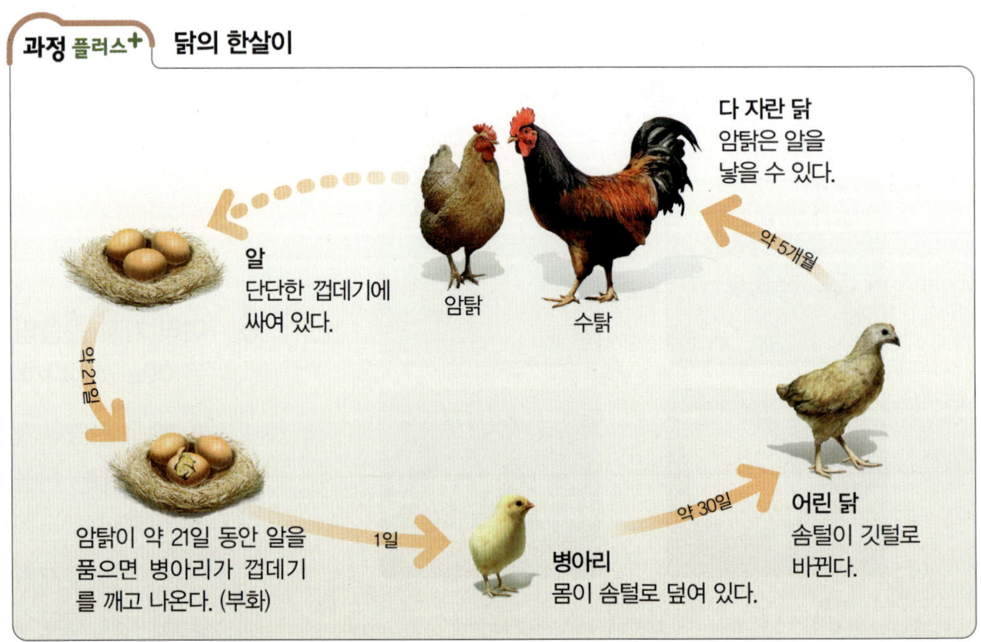

보충 **수탉과 암탉**

▲ 수탉　　▲ 암탉

• 수탉은 머리에 볏이 있고, 꽁지깃 이 길어서 휘어진다.
• 암탉은 수탉보다 볏의 크기가 작 다.
• 수탉은 암탉보다 깃털의 색깔이 화려하다.

용어

• **수탉** 닭의 수컷.
• **암탉** 닭의 암컷.

(1) **새끼를 낳는 동물의 한살이** 새끼를 낳는 동물에는 개, 고양이, 박쥐, 고래, 돌고래, 소, 말 등이 있다. 동물의 종류에 따라 임신 기간, 한 번에 낳는 새끼의 수, 젖을 먹이는 기간, 새끼가 자라는 기간 등이 다르다. 새끼는 어미와 모습이 비슷하고 어미젖을 먹고 자라다가 점차 어미와 같은 먹이를 먹는다. 다 자란 동물은 암수가 짝짓기를 하여 암컷이 새끼를 낳는다.

▲ 고양이

▲ 박쥐

▲ 고래

(2) **개의 한살이** 개는 '갓 태어난 강아지 → 큰 강아지 → 다 자란 개'의 한살이를 거친다.

표 플러스+ 개의 한살이

갓 태어난 강아지	큰 강아지	다 자란 개
• 눈을 뜨지 못해 사물을 보지 못하고, 귀도 막혀 있어 소리를 듣지 못한다. • 다리에 힘이 없어 일어나지 못하고, 걸을 수 없다. • 이빨이 없어 씹지 못하고 어미젖을 먹고 자란다.	• 2~3주가 지나면 눈을 떠 사물을 보고, 귀가 열려 소리를 듣기 시작하며, 다리에 힘이 생겨 걸을 수 있다. • 6~8주가 지나면 이빨이 나고 먹이를 씹어 먹기 시작한다.	• 9~12개월이 지나면 다 자란 개가 된다. • 눈으로 사물을 보고, 귀로 작은 소리도 들을 수 있다. • 짝짓기를 하여 암컷이 새끼를 낳을 수 있다.

(3) **새끼를 낳는 동물의 한살이 공통점**

① 새끼는 어미젖을 먹고 자라다가 점차 다른 먹이를 먹는다.

② 몸이 털이나 가죽으로 덮여 있다. — 고슴도치처럼 털이 변형된 가시를 가진 동물도 있다.

③ 새끼와 어미의 모습이 많이 비슷하다.

④ 이빨이 없어 씹지 못하고 혼자서 생활할 수 없는 약한 상태로 태어나기 때문에 새끼가 다 자랄 때까지 어미의 보살핌을 받는다.

⑤ 다 자란 암수가 만나 짝짓기를 하고 일정한 시간이 흐르면 암컷이 새끼를 낳는다.

• 개: 4~6마리의 새끼를 낳는다.
• 고양이: 2~6마리의 새끼를 낳는다.
• 소: 1~2마리의 새끼를 낳는다.
• 햄스터: 8~10마리의 새끼를 낳는다.

• 소: 갓 태어난 송아지 → 큰 송아지 → 다 자란 소

• 말: 갓 태어난 망아지 → 큰 망아지 → 다 자란 말

용어
• **임신** 아이나 새끼를 가지는 것.

개구리의 한살이 알아보기

개구리의 한살이를 통해 동물이 알을 낳는 장소, 알의 모양 등이 다름을 알 수 있다.

과정 및 결과

1. 개구리의 한살이를 조사한다.

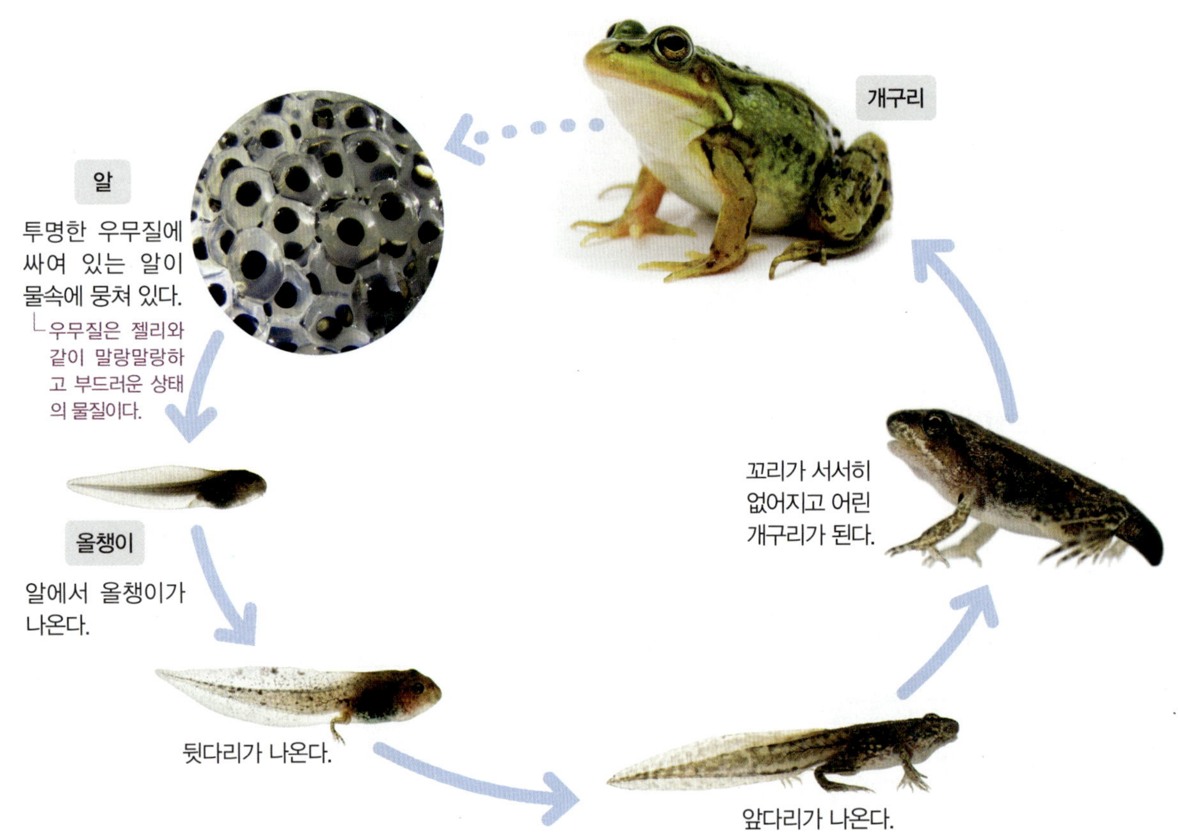

2. 개구리와 닭의 한살이를 비교해 본다.
   - 공통점: 다 자란 암컷이 알을 낳는다.
   - 차이점: 개구리는 물속에 알을 낳고, 닭은 땅 위에 알을 낳는다.

정리

▶ 개구리는 '알 → 올챙이 → 개구리'의 한살이를 거친다. 개구리는 물속에 알을 낳고 알에서 나온 올챙이는 물속에서 생활한다. 올챙이가 자라 개구리가 되고 물과 땅을 오가며 생활한다.

↪정답과 해설 33쪽

1 한살이 과정에서 다음과 같은 특징이 나타나는 동물은 어느 것인지 보기 에서 골라 기호를 쓰시오.

> 물속에 알을 낳으며, 알에서 나온 새끼는 어미와 모습이 다르다.

보기
　㉠ 배추흰나비　　㉡ 개미　　㉢ 개구리

(　　　　　　　　)

2 올챙이와 개구리에 대한 설명으로 옳은 것은 어느 것입니까? (　　　)

① 올챙이는 꼬리가 없다.

② 개구리는 꼬리로 헤엄친다.

③ 올챙이는 물과 땅을 오가며 생활한다.

④ 다 자란 개구리는 땅 위에 알을 낳는다.

⑤ 올챙이는 뒷다리가 먼저 나오고 앞다리가 나온 뒤에 개구리가 된다.

1 알을 낳는 동물을 두 가지 고르시오. (   )

① ▲ 까치

② ▲ 토끼

③ ▲ 붕어

④ ▲ 호랑이

2 닭의 한살이 과정의 특징에 맞게 선으로 이으시오.

(1) 알 •

(2) 병아리 •

(3) 다 자란 닭 •

• ㉠ 몸이 솜털로 덮여 있다.

• ㉡ 단단한 껍데기에 싸여 있다.

• ㉢ 암수의 구별이 뚜렷하다.

3 다음 닭의 모습을 보고 ㉠과 ㉡ 중 수탉을 골라 기호를 쓰시오.

㉠

㉡

(   )

4 갓 태어난 강아지에 대한 설명으로 옳은 것을 보기에서 골라 기호를 쓰시오.

보기
㉠ 꼬리가 없다.
㉡ 어미젖을 먹는다.
㉢ 몸이 깃털로 덮여 있다.
㉣ 작은 소리도 잘 들을 수 있다.

(   )

5 소의 한살이 과정에서 (   ) 안에 공통으로 들어갈 알맞은 말은 무엇인지 쓰시오.

갓 태어난 (   ) → 큰 (   ) → 다 자란 소

(   )

6 새끼를 낳는 동물의 한살이에 대한 설명으로 옳지 <u>않은</u> 것은 어느 것입니까? (   )

① 태어나서 어미젖을 먹고 자란다.
② 어미와 새끼의 모습이 비슷하다.
③ 종류에 따라 임신 기간이 다르다.
④ 한 번에 한 마리의 새끼만 낳는다.
⑤ 다 자란 암컷이 새끼를 낳을 수 있다.

[1~3] 배추흰나비의 한살이 필수 개념 **23**

1 알에서 갓 나온 배추흰나비 애벌레가 천적으로부터 자신을 보호하기 위해 하는 일로 옳은 것을 보기 에서 골라 기호를 쓰시오.

> 보기
> ㉠ 허물을 벗는다.
> ㉡ 입에서 실을 뽑아 몸을 묶는다.
> ㉢ 자신이 나온 알껍데기를 먹는다.

(   )

서술형
2 동물의 한살이란 무엇인지 쓰시오.

____

____

3 배추흰나비 애벌레와 번데기의 특징을 옳게 비교한 사람의 이름을 쓰시오.

> • 채빈: 배추흰나비 애벌레와 번데기는 허물을 벗으면서 점점 자라.
> • 서율: 배추흰나비 애벌레는 먹이를 먹지만, 번데기는 먹이를 먹지 않아.
> • 지우: 배추흰나비 애벌레는 움직이지 않지만, 번데기는 자유롭게 움직여.

(   )

[4~5] 곤충의 한살이 필수 개념 **24**

4 다음 배추흰나비 어른벌레의 모습을 보고, ㉠, ㉡, ㉢ 중 배 부분을 골라 기호를 쓰시오.

(   )

도전! 하이탑
5 다음과 같이 여러 가지 동물을 분류하였을 때, ㉠에 들어갈 분류 기준으로 옳지 <u>않은</u> 것을 두 가지 고르시오. (   )

> 벌, 참새, 거미, 원숭이, 잠자리, 무당벌레

㉠

그렇다.	그렇지 않다.
벌, 잠자리, 무당벌레	참새, 거미, 원숭이

① 곤충인가?
② 날개가 있는가?
③ 다리가 세 쌍인가?
④ 몸이 머리, 가슴, 배로 구분되는가?
⑤ 한살이 과정에서 불완전 탈바꿈을 하는가?

[6~8] 알을 낳는 동물 필수 개념 **25**

6 병아리와 다 자란 닭의 공통점으로 옳은 것을 보기 에서 골라 기호를 쓰시오.

> 보기
> ㉠ 암수의 구별이 뚜렷하다.
> ㉡ 볏이 작아 보이지 않는다.
> ㉢ 날개와 다리가 각각 두 개씩 있다.

( )

7 개구리의 한살이에서 빈칸에 들어갈 알맞은 말을 쓰시오.

알 → ☐ → 개구리

( )

도전! 하이탑

8 "개구리 올챙이 적 생각 못 한다."는 형편이 예전보다 나아진 사람이 어려웠던 때를 생각하지 않고 잘난 척하는 것을 비유한 속담입니다. 이 속담에서 개구리와 올챙이를 사용한 까닭으로 가장 알맞은 것은 어느 것입니까? ( )

① 올챙이는 어미젖을 먹고 자라기 때문이다.
② 개구리는 새끼를 낳는 동물이기 때문이다.
③ 올챙이가 허물을 벗어야 개구리가 되기 때문이다.
④ 올챙이와 개구리의 생김새가 많이 다르기 때문이다.
⑤ 개구리와 올챙이의 생김새는 같지만 생활하는 곳이 다르기 때문이다.

[9~10] 새끼를 낳는 동물 필수 개념 **26**

9 다음 동물들의 한살이 과정에서 볼 수 있는 공통점으로 옳은 것을 두 가지 고르시오. ( )

▲ 박쥐　　　　▲ 고래　　　　▲ 고양이

① 알을 낳는다.
② 물속에 새끼를 낳는다.
③ 다 자란 암컷이 새끼를 낳는다.
④ 갓 태어난 새끼는 어미젖을 먹는다.
⑤ 새끼와 어미의 모습이 많이 다르다.

서술형

10 다음 갓 태어난 강아지와 다 자란 개를 비교하여 차이점을 두 가지 쓰시오.

▲ 갓 태어난 강아지　　　　▲ 다 자란 개

____

____

2

식물의 한살이 (1)

생물의 한살이

동물의 한살이 · 식물의 한살이

씨가 싹 트는 조건 · 식물이 자라는 조건 · 한해살이 식물 · 여러해살이 식물

필수 개념 27 **씨가 싹 트려면 충분한 양의 물과 적당한 온도가 필요하다.**

(1) 씨가 싹 트는 데 필요한 조건   씨가 싹 트기 위해서는 충분한 양의 물이 있어야 하고, 적당한 온도가 유지되어야 한다. 필수탐구 **108쪽**

실험 플러스+ 씨가 싹 트는 데 온도가 미치는 영향

과정

❶ 크기가 같은 페트리 접시 두 개에 탈지면을 깔고, 비슷한 크기의 강낭콩을 올려놓은 후 물을 충분히 준다.

❷ 페트리 접시를 각각 상자에 넣어 한 개는 냉장고에, 다른 한 개는 냉장고 밖에 두고 일주일 동안 변화를 관찰한다.

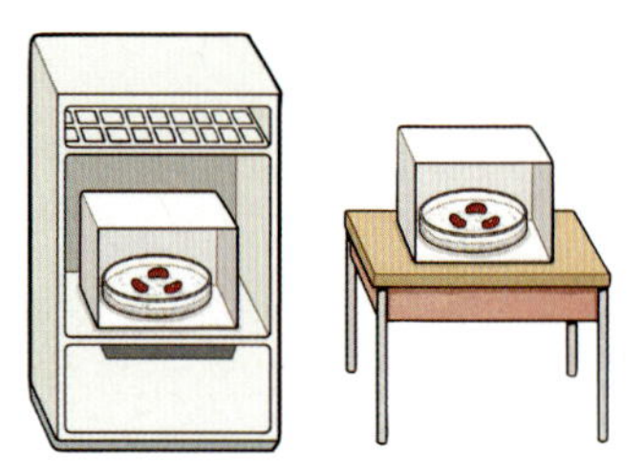

결과

냉장고에 넣어 둔 페트리 접시	냉장고 밖에 둔 페트리 접시
약 일주일 뒤	약 일주일 뒤
강낭콩이 싹 트지 않았다.	강낭콩이 싹 텄다.

정리   씨가 싹 트려면 적당한 온도가 필요하다.

(2) 씨가 싹 트는 모습   강낭콩이 싹 터서 자라는 과정을 살펴보면 먼저 뿌리가 나오고 씨껍질이 벗겨지면서 땅 위로 두 장의 •떡잎이 나온다. 줄기는 처음에 끝부분이 굽어 있다가 땅을 뚫고 나오면 펴져서 곧게 자란다. 떡잎 사이로 •본잎이 자라고 떡잎은 점점 시든다.

보충 쭈글쭈글해지는 떡잎

씨는 떡잎에 있는 양분으로 싹 트고 본잎이 자란다. 떡잎에 있는 양분이 사용되면 떡잎은 쭈글쭈글해지고 나중에는 시들어 떨어진다.

▶ |도움영상|
강낭콩이 싹 터서 자라는 모습을 영상으로 살펴보세요.

용어

• **떡잎** 씨가 싹 터서 처음 나오는 잎.
• **본잎** 떡잎이 나온 뒤에 나오는 잎. 보통의 잎.

(1) **식물이 자라는 데 필요한 조건** 식물이 잘 자라기 위해서는 충분한 양의 물과 햇빛이 필요하다. 물을 충분히 준 식물은 잎과 줄기가 싱싱하게 자라지만, 물을 주지 않은 식물은 시들어 버린다. 그리고 대부분의 식물은 햇빛을 충분히 받았을 때 줄기가 굵고 튼튼하게 자란다. — 식물이 자라는 데 적당한 온도도 필요하다.

실험 플러스+ **식물이 자라는 데 필요한 조건 알아보기**

실험 1 **식물이 자라는 데 물이 미치는 영향**

과정 식물이 비슷한 크기로 자란 화분 두 개 중 한 화분에만 물을 적당히 주고, 다른 화분에는 물을 주지 않으면서 10일 동안 식물의 변화를 관찰한다.

결과

물을 준 식물	물을 주지 않은 식물
약 10일 뒤	약 10일 뒤
잎이 넓어지고 개수가 많아졌으며, 줄기도 길어졌다.	잎이 시들었고, 줄기가 약하고 가늘게 자랐다.

정리 식물이 잘 자라려면 적당한 양의 물이 필요하다.

실험 2 **식물이 자라는 데 햇빛이 미치는 영향**

과정 식물이 비슷한 크기로 자란 화분 두 개를 햇빛이 잘 드는 곳에 두고, 한 화분에만 햇빛 차단 장치를 씌운 뒤 10일 동안 두 화분에 모두 물을 적당히 주면서 식물의 변화를 관찰한다.

결과

햇빛을 받은 식물	햇빛을 받지 않은 식물
약 10일 뒤	햇빛 차단 장치 / 약 10일 뒤
잎이 크고 두꺼우며 진한 초록색을 띠고, 줄기가 굵고 튼튼하게 자랐다.	잎이 작고 얇으며 연한 초록색을 띠고, 줄기가 가늘고 약하게 자랐다.

정리 식물이 잘 자라려면 충분한 햇빛이 필요하다.

(2) **식물이 자라는 모습**

① **잎과 줄기의 자람:** 식물이 자라면서 잎이 점점 넓어지고 개수도 많아진다. 줄기도 점점 굵어지고 길어진다.

② **꽃과 열매의 자람:** 식물이 더 자라면 꽃이 피고, 꽃이 지면 열매가 생긴다. 열매 속에는 씨가 들어 있는데, 열매 속에 들어 있는 씨를 심으면 다시 싹 트고 자라 꽃이 피고 열매를 맺는다.

③ **식물이 자라서 꽃이 피고 열매를 맺는 까닭:** 씨를 만들어 대를 잇고, 자손을 남겨 •번식하기 위해서이다.

심화 식물이 자라는 데 물과 햇빛이 필요한 까닭

식물이 광합성을 하여 스스로 양분을 만들 때 물과 햇빛이 필요하기 때문이다.

보충 강낭콩의 꽃과 열매가 자라는 모습

꽃봉오리가 생긴다.　　꽃이 핀다.

꽃이 지면 꼬투리가 생긴다.　　꼬투리가 자란다.

용어

•**번식** 생물의 수가 늘거나 널리 퍼지는 것.
•**꽃봉오리** 아직 피지 않은 꽃.

씨가 싹 트는 데 물이 미치는 영향

씨가 싹 트는 데 물이 필요하다는 것을 알 수 있다.

과정 및 결과

실험동영상

1. 크기가 같은 두 플라스틱 컵에 각각 같은 양의 탈지면을 넣고 같은 수의 강낭콩 여러 개를 올려놓는다.
2. 한쪽 플라스틱 컵에만 탈지면이 젖도록 물을 준 뒤 두 플라스틱 컵을 같은 장소에 두고 일주일 뒤에 관찰한다.

다르게 한 조건	물
같게 한 조건	물을 제외한 조건(온도, 강낭콩의 크기, 컵의 크기, 탈지면, 컵을 두는 장소 등)

• 물을 준 강낭콩은 싹이 트고, 물을 주지 않은 강낭콩은 싹이 트지 않는다.

물을 주지 않은 강낭콩	물을 준 강낭콩
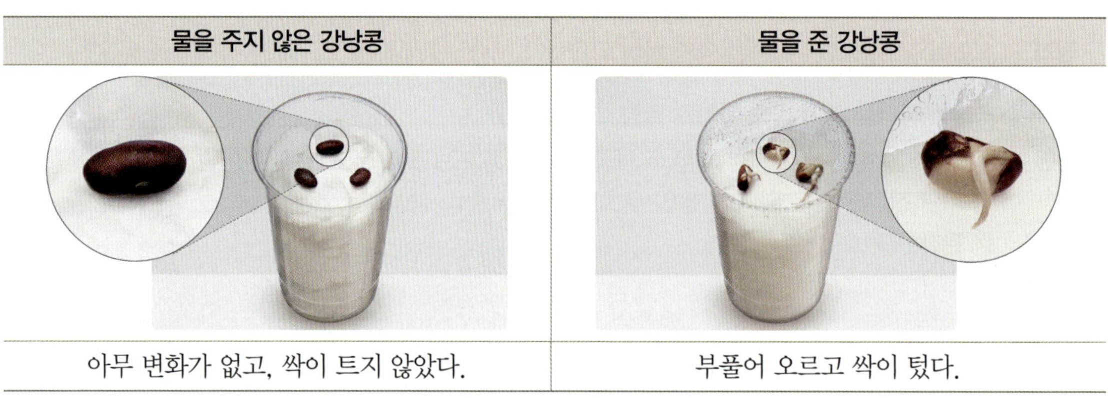	
아무 변화가 없고, 싹이 트지 않았다.	부풀어 오르고 싹이 텄다.

정리

▶ 씨가 싹 트려면 충분한 양의 물이 필요하다.

↱정답과 해설 **35**쪽

1 씨가 싹 트는 데 물이 미치는 영향을 알아보는 실험을 하려고 할 때, 실험 방법으로 옳지 <u>않은</u> 것을 보기 에서 골라 기호를 쓰시오.

> **보기**
> ㉠ 두 플라스틱 컵에 같은 양의 탈지면을 넣는다.
> ㉡ 비슷한 크기의 강낭콩을 두 플라스틱 컵에 같은 개수만큼 올려놓는다.
> ㉢ 두 플라스틱 컵에 탈지면이 젖도록 물을 준 뒤 일주일 뒤에 관찰한다.

(   )

2 플라스틱 컵 두 개에 각각 탈지면을 넣고 비슷한 크기의 강낭콩을 올린 후 한쪽에만 물을 주었습니다. 일주일 뒤에 싹 튼 강낭콩을 볼 수 있는 것에 ○표 하시오.

(1) 

▲ 물을 준 것

(2) 
▲ 물을 주지 않은 것

(   )   (   )

1 강낭콩이 싹 트는 데 온도가 미치는 영향을 알아보는 실험을 할 때 같게 해야 할 조건이 <u>아닌</u> 것은 어느 것입니까? (　　　)

① 물　　　　　　　② 온도
③ 강낭콩의 크기　　④ 강낭콩의 개수
⑤ 강낭콩을 올려놓은 컵의 크기

2 다음 (　　　) 안에 들어갈 알맞은 말은 무엇인지 쓰시오.

> 강낭콩의 본잎은 두 장의 (　　　　　) 사이에서 나온다.

(　　　　　　　　　)

3 식물이 비슷한 크기로 자란 화분 두 개 중 한 화분에만 햇빛 차단 장치를 씌운 뒤, 10일 동안 두 화분에 모두 물을 적당히 주었습니다. 이 실험은 식물이 자라는 데 무엇이 미치는 영향을 알아보는 것입니까? (　　　)

① 물　　　② 흙　　　③ 햇빛
④ 비료　　⑤ 화분의 크기

[4~5] 다음은 식물이 비슷한 크기로 자란 화분 두 개를 같은 환경에 두고, 10일 동안 한 화분에만 물을 적당히 준 후의 모습입니다. 물음에 답하시오.

4 위 (개)와 (내) 중 10일 동안 물을 적당히 준 화분의 모습으로 옳은 것을 골라 기호를 쓰시오.

(　　　　　　　　　)

5 위 **4**번 답과 같은 결과가 나타난 까닭은 무엇인지 보기 에서 골라 기호를 쓰시오.

> **보기**
> ㉠ 물을 적당히 주면 식물이 시들기 때문이다.
> ㉡ 물을 적당히 주면 식물이 잘 자라기 때문이다.
> ㉢ 물을 주는 양은 식물이 자라는 데 영향을 미치지 않기 때문이다.

(　　　　　　　　　)

6 식물의 잎과 줄기가 자라면서 변하는 모습으로 옳지 <u>않은</u> 것은 어느 것입니까? (　　　)

① 잎이 커진다.　　　　② 줄기가 길어진다.
③ 줄기가 짧아진다.　　④ 줄기가 굵어진다.
⑤ 잎의 개수가 많아진다.

2

식물의 한살이 (2)

생물의 한살이

동물의 한살이 | 식물의 한살이

씨가 싹 트는 조건 | 식물이 자라는 조건 | 한해살이 식물 | 여러해살이 식물

필수 개념 29 **한해살이식물은 한 해 안에 한살이 과정을 마치고 죽는 식물이다.**

(1) **식물의 한살이** 식물의 씨가 싹 터서 잎과 줄기가 자라고 꽃과 열매를 맺어 다시 씨가 만들어지는 과정이다. 식물에 따라 한살이 기간이 다르다. 한 해만 사는 식물도 있지만 여러 해를 사는 식물도 있다.

강낭콩의 한살이

(2) **식물의 한살이 관찰** 식물의 한살이를 관찰할 때에는 강낭콩, 봉숭아, 나팔꽃, 토마토 등과 같이 한살이 기간이 짧고 잎, 줄기, 꽃, 열매 등을 관찰하기 쉬운 식물을 선택한다. 씨가 싹 트는 모습, 잎의 개수와 길이, 줄기의 길이, 꽃의 색깔과 모양, 열매의 모양 등을 꾸준하게 관찰한다.

(3) **한해살이식물**

① 한 해 안에 한살이를 마치는 식물로, 보통은 풀이 여기에 속한다.

② 한해살이식물에는 봉숭아, 강낭콩, 나팔꽃, 토마토, 해바라기, 코스모스, 호박, 고추, 옥수수, 벼 등이 있다.

과정 플러스+ **봉숭아의 한살이**

봉숭아는 씨가 싹 트고 자라 열매를 맺어 씨를 남기는 한살이를 한 해 안에 마치고 죽는 한해살이식물이다.

보충 잎과 줄기가 자란 정도 측정하기

• 잎의 길이 측정: 자를 이용하여 잎이 줄기에 붙어 있는 부분부터 잎의 끝부분까지의 길이를 잰다.

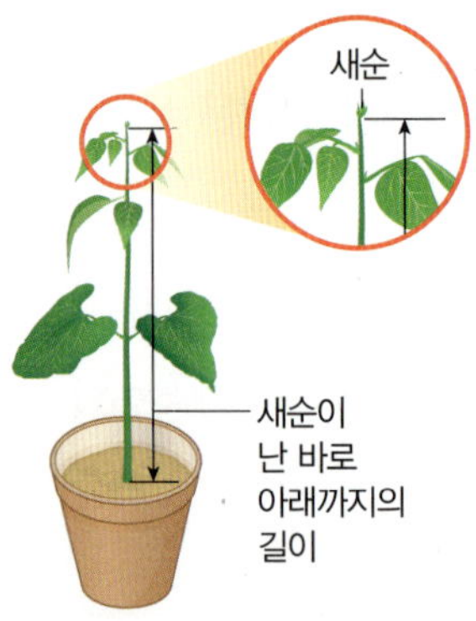

• 줄기의 길이 측정: 줄자를 이용하여 줄기가 흙 위로 처음 나온 부분부터 새순이 난 바로 아래까지의 길이를 잰다.

 **용어**

• **잎겨드랑이** 식물의 줄기나 잎이 붙어 있는 부분의 위쪽.

(1) 여러해살이식물

① 여러 해 동안 살면서 한살이 과정을 되풀이하는 식물로, 나무와 일부 풀이 여기에 속한다.

② 여러해살이식물은 씨를 심어 적당한 크기로 자라는 데 몇 년이 걸리고, 어느 정도 자란 뒤 새로운 잎이 나고 열매와 씨를 만드는 한살이 과정을 여러 해 동안 반복한다. ― 겨울이 되어도 죽지 않고 살아남아 다음 해에 새잎이 나온다.

③ 여러해살이식물에는 사과나무, 감나무, 은행나무, 개나리, 무궁화, 진달래, 제비꽃, 비비추, 국화, 민들레, 토끼풀 등이 있다.

과정 플러스+ 사과나무의 한살이

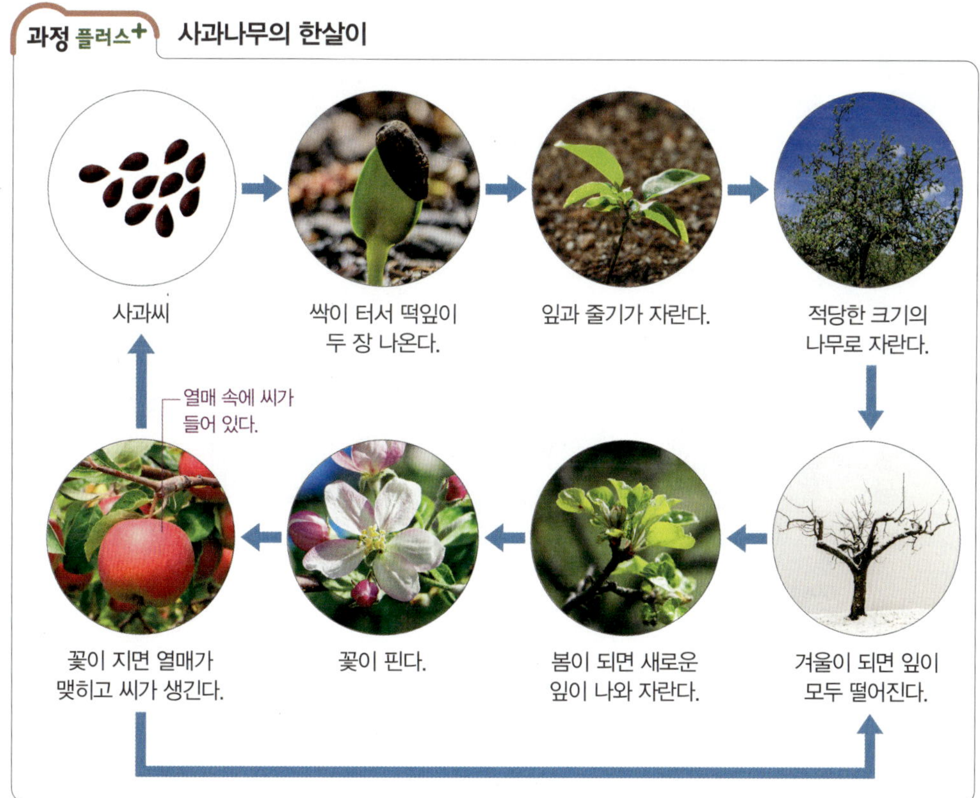

(2) 한해살이식물과 여러해살이식물 비교 필수탐구 112쪽

구분	한해살이식물	여러해살이식물(풀)	여러해살이식물(나무)
공통점	씨가 싹 터서 자라 꽃을 피우고 열매를 맺어 씨를 만든다.		
차이점	봄에 씨가 싹 터서 자라 꽃을 피우고, 열매를 맺어 씨를 만들고 죽는다.	열매를 맺고 죽는 것이 아니라 다음 해에 새잎이 나와 한살이 과정을 반복한다.	싹 터서 열매 맺기까지 몇 년이 걸리며, 겨울이 되어도 죽지 않고 다음 해에 새잎이 나와 한살이 과정을 반복한다.
종류	봉숭아, 강낭콩, 나팔꽃, 토마토 등	제비꽃, 비비추, 국화, 민들레, 토끼풀 등	사과나무, 감나무, 무궁화, 개나리 등

심화 나무처럼 보이는 풀

▲ 대나무　　▲ 바나나

• 나무로 보이는 식물 중 여러해살이풀인 경우가 있다.

• 대나무는 이름에 나무가 붙어 있지만 키가 20~30 m까지 자라기도 하는 여러해살이풀이다.

• 바나나는 나무에서 열리는 것이 아니라 풀에서 열리는 여러해살이풀이다. 바나나가 한 번 열린 줄기에는 다시 바나나가 열리지 않기 때문에 바나나 농장에서는 바나나를 수확하자마자 풀을 베어 버린다.

용어

• **수확** 익은 농작물을 거두어 들임.

식물의 한살이 비교하기

한해살이식물과 여러해살이식물의 한살이를 비교할 수 있다.

과정 및 결과

1. 한해살이식물인 벼의 한살이를 조사한다.

2. 여러해살이식물인 감나무의 한살이를 조사한다.

정리

▶ 벼는 봄에 싹이 터서 가을에 열매와 씨를 남기고 한살이 과정을 끝낸다.

▶ 감나무 씨를 심으면 싹이 터서 몇 년간 자라다가 죽지 않고 겨울을 지낸 후, 다음 해 새잎이 나온다. 적당한 크기로 자라면 꽃이 피고 열매를 맺는 과정을 반복한다.

정답과 해설 36쪽

1 다음은 벼의 한살이를 순서대로 나타낸 것입니다. ( ) 안에 들어갈 알맞은 말은 무엇인지 각각 쓰시오.

> 볍씨 → 싹이 튼다. → 잎과 줄기가 자란다. → (㉠)이/가 핀다. → (㉡)을/를 맺어 씨를 만든다.

㉠ (   ), ㉡ (   )

2 감나무의 한살이에 대한 설명으로 옳지 <u>않은</u> 것을 보기 에서 골라 기호를 쓰시오.

> **보기**
> ㉠ 열매가 떨어지고 나면 꽃이 핀다.
> ㉡ 씨가 싹 트고 몇 년 동안 잎과 줄기가 자란다.
> ㉢ 겨울이 되어도 죽지 않고 다음 해 새잎이 나온다.

(   )

1 다음 ( ) 안에 공통으로 들어갈 알맞은 말을 쓰시오.

> • 식물의 씨가 싹 터서 잎과 줄기가 자라고 꽃이 피고 열매를 맺어 다시 씨가 만들어지는 과정을 식물의 ( )(이)라고 한다.
> • 식물의 ( ) 기간에 따라 한해살이식물과 여러해살이식물로 구분할 수 있다.

( )

2 한해살이식물에 대한 설명으로 옳은 것에 ○표 하시오.

(1) 모두 나무이다. ( )
(2) 민들레, 국화 등이 있다. ( )
(3) 한살이가 한 해 안에 끝난다. ( )
(4) 겨울에 뿌리와 줄기는 죽지 않고 살아남는다.
( )

3 한해살이식물이 <u>아닌</u> 것은 어느 것입니까? ( )

① 
▲ 호박

② 
▲ 나팔꽃

③ 
▲ 개나리

④ 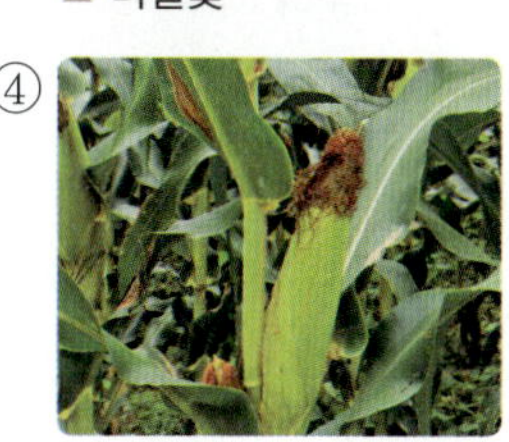
▲ 옥수수

4 다음은 봉숭아의 한살이를 순서 없이 나열한 것입니다. 순서대로 기호를 쓰시오.

> ㉠ 꽃이 핀다.
> ㉡ 싹이 튼다.
> ㉢ 열매가 생긴다.
> ㉣ 잎과 줄기가 자란다.

( ) → ( ) → ( ) → ( )

5 여러해살이식물에 대해 옳게 설명한 사람의 이름을 쓰시오.

> • 서율: 여러해살이식물은 모두 나무야.
> • 민준: 한살이 중 꽃이 피는 과정을 거치지 않아.
> • 혜인: 여러 해를 살면서 열매 맺는 것을 반복해.

( )

6 다음과 같이 식물을 분류한 기준으로 알맞은 것은 어느 것입니까? ( )

벼, 강낭콩	비비추, 감나무

① 풀과 나무
② 한해살이식물과 여러해살이식물
③ 꽃이 피는 식물과 꽃이 피지 않는 식물
④ 먹을 수 있는 식물과 먹을 수 없는 식물
⑤ 한살이 과정을 거치는 식물과 한살이 과정을 거치지 않는 식물

[1~3] 씨가 싹 트는 조건 필수 개념 27

1 다음은 씨가 싹 트는 데 무엇이 필요한지 알아보는 실험인지 쓰시오.

> ❶ 크기가 같은 플라스틱 컵 두 개에 같은 양의 탈지면을 넣고, 비슷한 크기의 강낭콩을 올려놓는다.
> ❷ 한쪽 플라스틱 컵에만 물을 주어 탈지면이 흠뻑 젖게 한다.
> ❸ 약 일주일 후 플라스틱 컵에 있는 강낭콩의 모습을 관찰한다.

(   )

2 다음은 강낭콩이 싹 트는 데 필요한 조건 중 무엇을 알아보고자 하는 것입니까? (   )

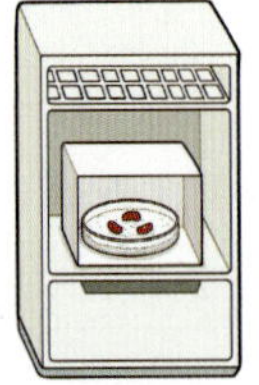

(가)

(나)

▲ 물을 충분히 준 강낭콩을 상자에 넣고 냉장고 안에 둔 것

▲ 물을 충분히 준 강낭콩을 상자에 넣고 냉장고 밖에 둔 것

① 물   ② 온도   ③ 공기
④ 햇빛   ⑤ 양분

3 위 **2**번의 (가)와 (나) 강낭콩 중 일주일 뒤에 싹이 튼 것은 어느 것인지 기호를 쓰시오.

(   )

[4~5] 식물이 자라는 조건 필수 개념 28

4 다음은 강낭콩의 꽃과 열매가 자라는 모습을 순서 없이 나열한 것입니다. 순서대로 기호를 쓰시오.

㉠

▲ 꽃이 핀다.

㉡
▲ 꼬투리가 길어진다.

㉢

▲ 꼬투리가 생긴다.

㉣
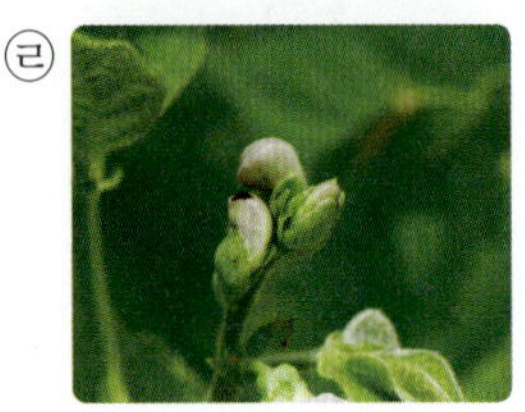
▲ 꽃봉오리가 생긴다.

(   ) → (   ) → (   ) → (   )

도전! 하이탑

5 햇빛이 잘 드는 곳에 다음과 같이 장치하고 약 10일 뒤에 강낭콩이 자란 모습을 관찰하려고 합니다. 각 조건에 따른 식물의 자람을 비교하기 위해 선택해야 할 화분의 기호를 각각 두 가지씩 쓰시오.

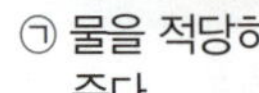

㉠ 물을 적당히 준다.   ㉡ 물을 주지 않는다.   ㉢ 물을 적당히 주고 햇빛 차단 장치를 씌운다.

(1) 식물이 자라는 데 물이 미치는 영향

(,   )

(2) 식물이 자라는 데 햇빛이 미치는 영향

(,   )

정답과 해설 **37쪽**

[6~7] 한해살이식물 필수 개념 29

6 오른쪽과 같은 봉숭아의 한살이에 대한 설명으로 옳은 것을 보기 에서 골라 기호를 쓰시오.

▲ 봉숭아

보기
㉠ 꽃이 피지 않는다.
㉡ 열매 속에서 씨가 자란다.
㉢ 꽃이 지고 나면 떡잎이 나온다.
㉣ 씨가 싹 터서 새로운 씨가 생기기까지 여러 해가 걸린다.

(   )

도전! 하이탑

7 다음 여러 가지 식물의 씨를 화단에 심었을 때, 다음 해에 다시 씨를 심어야만 새잎을 볼 수 있는 식물을 모두 골라 쓰시오.

▲ 무궁화

▲ 토끼풀

▲ 코스모스

▲ 사과나무

▲ 옥수수

▲ 나팔꽃

(   )

[8~10] 여러해살이식물 필수 개념 30

8 다음은 사과나무의 한살이를 정리한 것입니다. ㉠에 들어갈 말로 옳은 것은 어느 것입니까? (   )

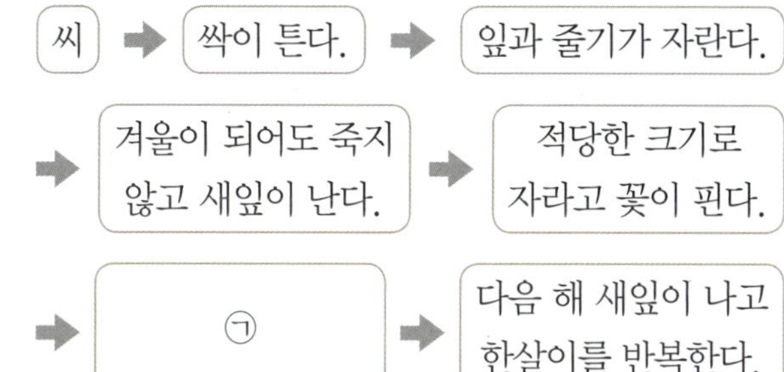

① 다시 싹이 튼다.
② 꽃이 진 후 열매를 맺는다.
③ 열매를 맺은 후 꽃이 진다.
④ 꽃이 지면 한살이가 끝난다.
⑤ 잎은 모두 떨어지고 꽃만 남는다.

9 다음 설명에 해당하는 식물로 옳은 것은 어느 것입니까? (   )

봄에 싹 터서 자라 꽃을 피우고 열매를 맺는다. 겨울이 되어도 죽지 않고 살아남아 다음 해에 새잎이 난다.

① 벼   ② 고추   ③ 토마토
④ 개나리   ⑤ 해바라기

서술형

10 한해살이식물과 여러해살이식물의 공통점을 식물의 한살이와 관련지어 쓰시오.

____

____

1 다음은 배추흰나비 애벌레의 먹이에 대한 설명입니다. 빈칸에 들어갈 말로 알맞은 것끼리 짝 지은 것은 어느 것입니까? (　　　)

> 알에서 갓 나온 배추흰나비 애벌레는 (　㉠　)을/를 먹고, (　㉠　)을/를 다 먹고 나면 (　㉡　)을/를 갉아 먹는다.

	㉠	㉡
①	잎	허물
②	허물	잎
③	허물	알껍데기
④	알껍데기	허물
⑤	알껍데기	잎

2 배추흰나비 어른벌레에 대한 설명으로 옳지 <u>않은</u> 것은 어느 것입니까? (　　　)

① 곤충이다.
② 두 쌍의 날개가 있다.
③ 두 쌍의 다리가 있다.
④ 몸이 머리, 가슴, 배로 구분된다.
⑤ 다 자란 암컷은 알을 낳을 수 있다.

[3~4] 다음 곤충을 보고, 물음에 답하시오.

(가) 
▲ 무당벌레

(나)
▲ 사마귀

(다) 
▲ 사슴벌레

(라) 
▲ 잠자리

3 위 (가)의 한살이 과정을 순서대로 나타낸 것을 **보기** 에서 골라 기호를 쓰시오.

> **보기**
> ㉠ 알 → 애벌레 → 어른벌레
> ㉡ 알 → 애벌레 → 번데기 → 어른벌레
> ㉢ 애벌레 → 알 → 어른벌레 → 번데기
> ㉣ 번데기 → 알 → 애벌레 → 어른벌레

(　　　　　　　　)

4 위 (가), (나), (다), (라) 중 다음과 같은 특징이 있는 곤충을 두 가지 골라 기호를 쓰시오.

> • 불완전 탈바꿈을 한다.
> • 알에서 애벌레가 나온다.
> • 한살이에서 번데기 단계를 거치지 않는다.

(　　　　　　　　)

5 다음은 올챙이가 개구리로 변하는 과정을 순서 없이 나타낸 것입니다. 순서대로 기호를 쓰시오.

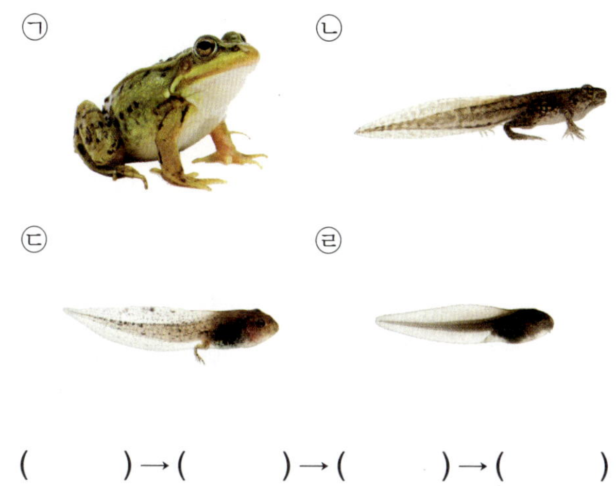

(   ) → (   ) → (   ) → (   )

6 다음에서 설명하는 동물로 옳은 것은 어느 것입니까? (   )

> • 땅에 알을 낳는다.
> • 알이 단단한 껍데기에 싸여 있다.

① 소   ② 닭
③ 돼지   ④ 고래
⑤ 개구리

7 알을 낳는 동물의 한살이에서 볼 수 있는 공통점으로 옳은 것에 ○표 하시오.

(1) 물속에 알을 낳는다. (   )
(2) 다 자란 암컷이 알을 낳는다. (   )
(3) 알은 단단한 껍데기에 싸여 있다. (   )
(4) 알에서 나온 새끼와 어미의 모습이 비슷하다.
(   )

8 다음은 새끼를 낳는 동물의 한살이 과정을 순서에 상관없이 나열한 것입니다. 가장 마지막 단계에 해당하는 것을 골라 기호를 쓰시오.

> ㉠ 이빨이 나고 먹이를 먹기 시작한다.
> ㉡ 새끼로 태어나 젖을 먹으며 자란다.
> ㉢ 다 자란 암수가 만나 짝짓기를 한다.
> ㉣ 시간이 지나면 암컷은 새끼를 낳고 기른다.

(   )

9 갓 태어난 강아지와 다 자란 개의 공통점으로 옳은 것은 어느 것입니까? (   )

▲ 갓 태어난 강아지   ▲ 다 자란 개

① 꼬리가 있다.
② 어미젖을 먹는다.
③ 걷거나 달릴 수 있다.
④ 짝짓기를 할 수 있다.
⑤ 이빨로 먹이를 씹어 먹는다.

10 강낭콩이 싹 트는 데 물이 미치는 영향을 알아보는 실험을 할 때 다르게 해야 할 조건은 어느 것입니까? (   )

① 탈지면의 양   ② 강낭콩의 개수
③ 강낭콩의 크기   ④ 강낭콩을 놓는 장소
⑤ 강낭콩에 주는 물의 유무

11 강낭콩을 올려놓은 탈지면에 물을 주고, 다음의 조건에 놓아두었을 때 며칠 후 볼 수 있는 강낭콩의 모습으로 알맞은 것끼리 선으로 이으시오.

(1) 페트리 접시를 냉장고 밖에 둔다. •

• ㉠

▲ 싹이 텄다.

(2) 페트리 접시를 냉장고 안에 둔다. •

• ㉡

▲ 싹이 트지 않았다.

12 식물이 잘 자라는 데 필요한 조건에 대해 옳게 말한 사람의 이름을 쓰시오.

- 재희: 충분한 양의 물과 햇빛이 필요해.
- 미주: 물을 주지 않아도 따뜻한 곳에 두면 식물이 잘 자라.
- 시경: 물은 반드시 주어야 하지만 온도는 낮거나 높아도 식물이 잘 자라.

( )

13 다음에서 설명하는 식물을 무엇이라고 하는지 쓰시오.

식물의 씨가 싹 터서 잎과 줄기가 자라고 꽃과 열매를 맺어 다시 씨가 만들어지는 한살이가 한 해 안에 일어나는 식물이다.

( )

14 한살이 기간에 따라 분류할 때 나머지와 다르게 분류되는 식물은 어느 것입니까? ( )

① 
▲ 벼

②
▲ 감나무

③ 
▲ 봉숭아

④
▲ 해바라기

15 다음 보기의 설명을 각각에 해당하는 식물로 분류하여 기호를 쓰시오.

보기
㉠ 열매를 맺고 죽는다.
㉡ 겨울이 되어도 죽지 않는다.
㉢ 꽃이 피고 열매 맺기를 여러 해 동안 반복한다.
㉣ 씨를 심고 적당한 크기로 자라는 데 몇 년이 걸린다.

(1) 한해살이식물: ( )
(2) 여러해살이식물: ( )

16 다음은 배추흰나비의 날개돋이 과정을 나타낸 것입니다. 날개돋이가 무엇인지 쓰시오.

____

____

17 무당벌레의 한살이와 비교하여 사마귀의 한살이 과정에서의 차이점을 한 가지 쓰시오.

▲ 무당벌레 한살이   ▲ 사마귀 한살이

____

____

18 다 자란 수탉과 암탉의 차이점을 생김새와 관련지어 한 가지 쓰시오.

____

____

19 비슷한 크기로 자란 강낭콩 화분 두 개 중 하나의 화분에만 햇빛 차단 장치를 씌워 햇빛이 잘 드는 창가에 두고 물을 적당히 주면서 관찰하였더니 다음과 같았습니다. 이 실험을 통해 알 수 있는 사실을 식물이 자라는 데 필요한 조건과 관련지어 쓰시오.

▲ 햇빛 차단 장치를   ▲ 햇빛 차단 장치를
　 씌우지 않은 화분   　 씌운 화분

____

____

20 비비추와 무궁화의 공통점을 한살이와 관련지어 한 가지 쓰시오.

____

____

배추흰나비의 한살이

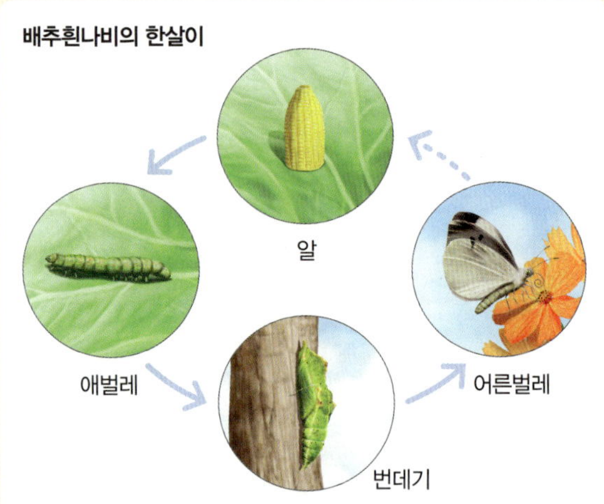

곤충

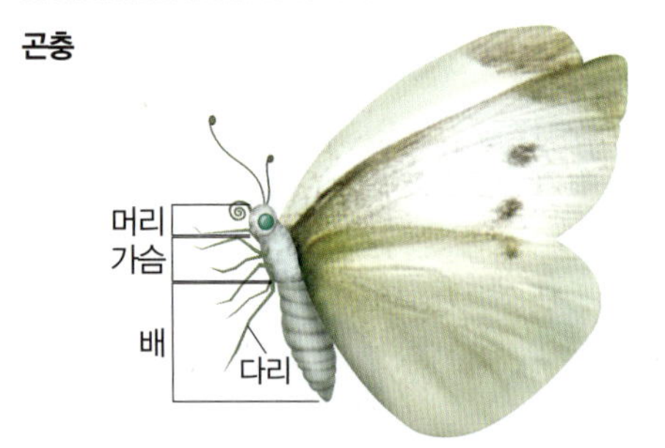

몸이 머리, 가슴, 배로 구분되고 다리가 세 쌍인 동물을 곤충이라고 한다.

닭의 한살이

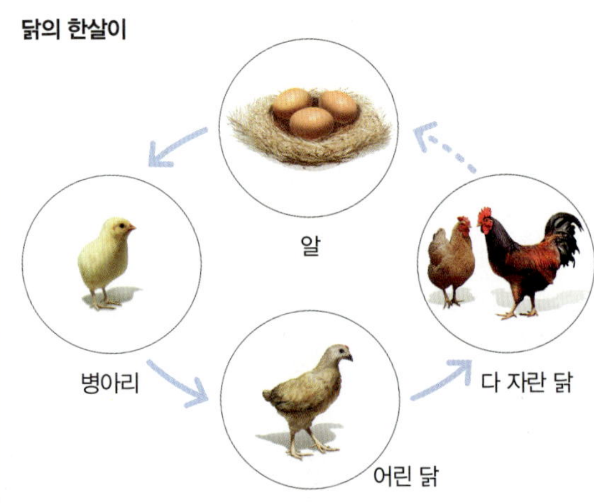

개의 한살이

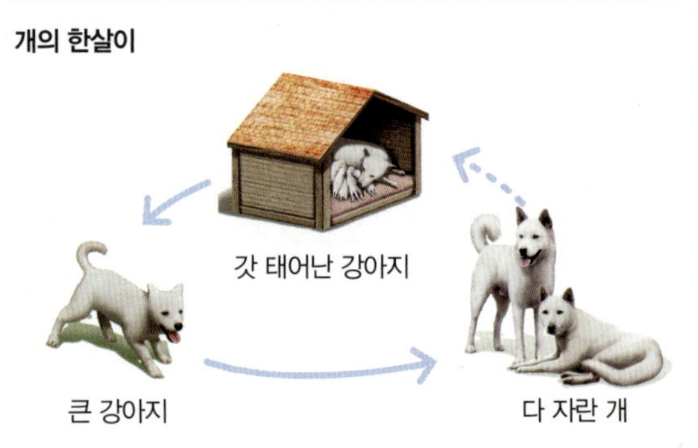

필수 개념 23	배추흰나비는 알, 애벌레, 번데기, 어른벌레의 한살이 과정을 거친다.
동물의 한살이	동물의 알이나 새끼가 태어나고 자라서 다시 알이나 새끼를 낳기까지의 과정이다.
배추흰나비의 한살이	• 알에서 애벌레가 나오고, 애벌레는 허물을 벗으며 자란다. • 애벌레가 더 이상 먹이를 먹지 않고 한곳에 붙어 ❶ □□□ 가 된다. • 시간이 지나면 번데기에서 어른벌레가 나온다.

필수 개념 24	곤충의 한살이는 완전 탈바꿈과 불완전 탈바꿈이 있다.
완전 탈바꿈	'알 → 애벌레 → 번데기 → 어른벌레'의 한살이 과정을 거치는 곤충의 생김새 변화이다. 예 배추흰나비, 개미, 사슴벌레, 무당벌레, 파리 등
불완전 탈바꿈	'알 → ❷ □□□ → 어른벌레'의 한살이 과정을 거치는 곤충의 생김새 변화이다. 예 잠자리, 메뚜기, 매미, 사마귀 등

필수 개념 25	알을 낳는 동물은 알에서 새끼가 나와 먹이를 먹고 자란다.
알을 낳는 동물	알에서 새끼가 나와서 자라고, 다 자란 암컷은 다시 알을 낳아 한살이를 이어간다. 예 배추흰나비, 잠자리, 개구리, 뱀, 거북, 닭, 까치, 붕어 등
닭의 한살이	알 → 병아리 → 어린 닭 → 다 자란 닭
개구리의 한살이	알 → ❸ □□□ → 개구리

필수 개념 26	새끼를 낳는 동물은 어미와 비슷하게 생긴 새끼를 낳아 젖을 먹인다.
새끼를 낳는 동물	새끼는 어미와 모습이 비슷하고 ❹ □□□ 을 먹고 자라다가 점차 어미와 같은 먹이를 먹는다. 예 개, 고양이, 박쥐, 고래, 소 등
개의 한살이	갓 태어난 강아지 → 큰 강아지 → 다 자란 개

필수 개념 27	씨가 싹 트려면 충분한 양의 물과 적당한 온도가 필요하다.
씨가 싹 트는 조건	• 씨가 싹 트려면 충분한 양의 물이 있어야 하고, 적당한 온도가 유지되어야 한다. • 물을 준 강낭콩은 싹이 트고, 물을 주지 않은 강낭콩은 싹이 트지 않는다.
강낭콩이 싹 트는 과정	씨가 부푼다. → 뿌리가 나온다. → 두 장의 떡잎이 나온다. → 떡잎 사이로 ❺ [ ] 이 나온다.

필수 개념 28	식물이 잘 자라려면 충분한 양의 물과 햇빛이 필요하다.
식물이 자라는 조건	• 식물이 잘 자라기 위해서는 충분한 양의 물과 햇빛이 필요하다. • 적당한 온도도 필요하다.
강낭콩이 자라는 모습	씨가 싹 터서 떡잎이 두 장 나온다. → 떡잎 사이로 본잎이 나온다. → 잎과 줄기가 자라고, ❻ [ ] 이 핀다. → 꽃이 지고 열매와 씨를 맺는다.

필수 개념 29	한해살이식물은 한 해 안에 한살이 과정을 마치고 죽는 식물이다.
❼ [ ][ ] 살이식물	• 한 해 안에 씨가 싹 터서 자라 꽃이 피고 열매를 맺어 씨를 만드는 한살이를 마치는 식물이다. • 종류: 봉숭아, 강낭콩, 나팔꽃, 토마토, 해바라기, 코스모스, 호박, 고추, 옥수수, 벼 등
봉숭아의 한살이	씨 → 싹이 튼다. → 잎과 줄기가 자란다. → 꽃이 핀다. → 열매를 맺어 씨를 만든다.

필수 개념 30	여러해살이식물은 여러 해를 살면서 한살이 과정을 반복하는 식물이다.
❽ [ ][ ][ ] 살이식물	• 씨가 싹 터서 자란 다음, 여러 해를 살면서 꽃이 피고 열매를 맺어 씨를 만드는 것을 반복하는 식물이다. • 겨울이 되어도 죽지 않고 다음 해에 새잎이 난다. • 종류: 사과나무, 감나무, 은행나무, 개나리, 민들레, 비비추, 국화, 토끼풀 등
사과나무의 한살이	씨 → 싹이 튼다. → 잎과 줄기가 자란다. → 여러 해에 걸쳐 적당한 크기로 자란다. → 꽃이 핀다. → 열매를 맺고 씨를 만든다. → (다음해 봄) 새잎이 돋는다.

씨가 싹 트는 데 필요한 조건

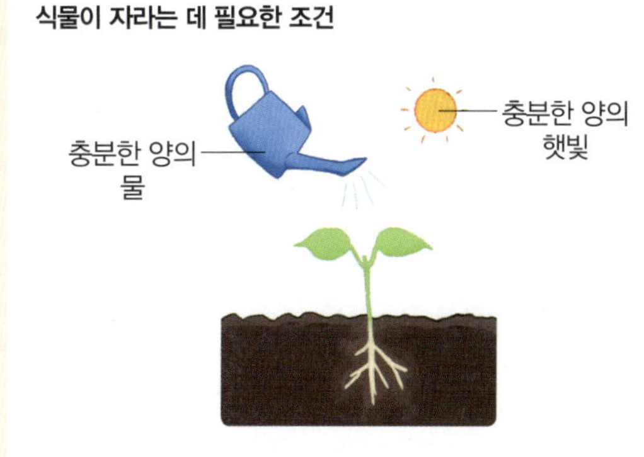

식물이 자라는 데 필요한 조건

한해살이식물

▲ 봉숭아　　▲ 나팔꽃

▲ 해바라기　　▲ 코스모스

여러해살이식물

▲ 사과나무　　▲ 감나무

▲ 개나리　　▲ 토끼풀

나비의 한살이

알에서 애벌레가 부화한 뒤 허물을 벗으며
자란다. 번데기가 되기 위해 입에서 실을
뽑아 몸을 묶는다. 번데기가 되고 나면 먹
이도 먹지 않고, 움직이지 않는다. 몸이
투명해지면서 안에 있는 어른벌레의 모습
이 비치고, 껍질이 벗겨지면서 어른벌레가
나온다. 몸 전체가 빠져나오면 젖은 날개
를 말리고, 날아다닌다.

생물이 자라는 과정

생물이 자라는 것은 세포 수가 늘어나
는 것이다. 개는 강아지보다 더 많은
세포로 이루어져 있다. 세포 안에는 부
모에게서 받은 다양한 정보가 들어 있
어서 자식에게 전달된다.

콩의 한살이

한해살이식물인 콩은 씨가 싹 트고 떡잎이 두 장 나온다. 넓적한 본잎이 나오고 떡잎은 시든다. 잎과 줄기가 자라다가 꽃이 핀다. 꽃이 진 자리에 꼬투리가 생긴다.

식물의 꼬투리

꼬투리 안에는 식물의 한살이 결과로 만들어진 새로운 씨가 들어 있다. 꼬투리가 익으면 터지면서 씨가 멀리 튕겨 나가고 새롭게 한살이를 시작한다.

과학 용어 사전

강아지풀

들과 산에 사는 풀로, 키가 20 cm ~ 100 cm 정도이며, 잎은 길고 가느다란 모양으로 끝이 뾰족하다. 꽃은 초록색이며 여러 개의 꽃이 모여 강아지 꼬리 모양을 이룬다.　[71쪽]

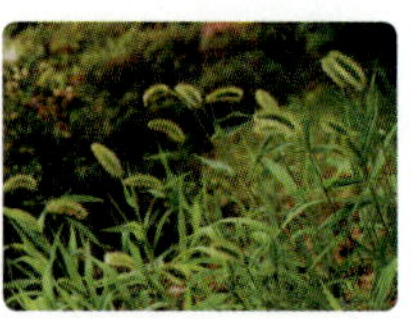

개구리

개구리는 물속에 알을 낳고 알에서 나온 올챙이는 물속에서 생활한다. 올챙이가 자라 개구리가 되고 물과 땅을 오가며 생활한다. 개구리는 발가락 사이에 물갈퀴가 있어 헤엄을 잘 칠 수 있다.　[40, 102쪽]

개미
참고 곤충

땅 위와 땅속을 오가며 사는 동물로, 몸이 머리, 가슴, 배 세 부분으로 구분되고 한 쌍의 더듬이가 있다. 다리는 세 쌍이며, 다리를 이용하여 걸어 다닌다.　[40, 44쪽]

곤충

몸이 머리, 가슴, 배로 구분되고 다리가 세 쌍인 동물을 말한다. 곤충에는 배추흰나비, 개미, 벌, 무당벌레, 잠자리, 매미 등이 있다.　[97쪽]

광합성

식물이 빛과 이산화 탄소, 물을 이용하여 살아가는 데 필요한 양분을 스스로 만드는 과정을 말한다.　[71쪽]

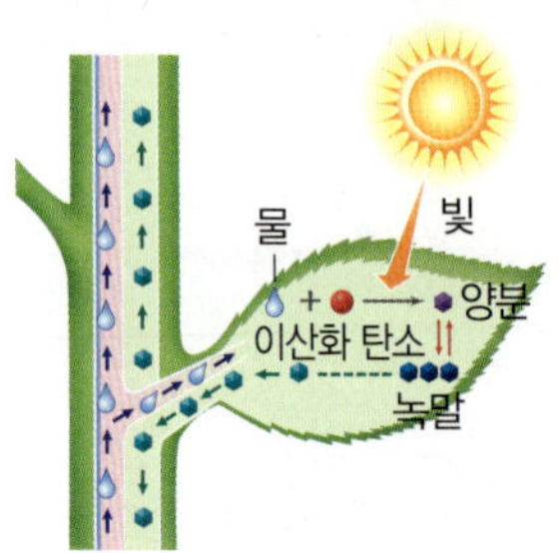

 **더 자세히 보기**

낙타

사막에 사는 동물로, 등에 지방을 저장한 혹이 있어서 먹이가 없어도 며칠 동안 생활할 수 있다. 눈과 귀 주변에 긴 털이 나 있고 콧구멍을 열고 닫을 수 있어서 모래바람을 견딜 수 있다. 또한 발바닥이 넓어서 모래 속으로 잘 빠지지 않고 걸을 수 있다.　[50쪽]

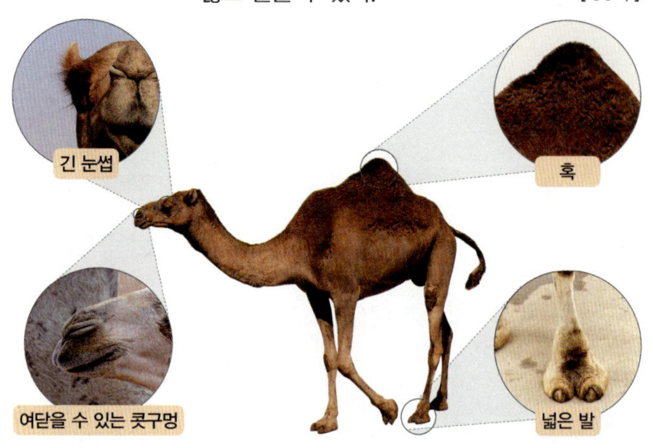

날개돋이

번데기에서 날개가 있는 어른벌레가 나오는 과정을 말한다.　[96쪽]

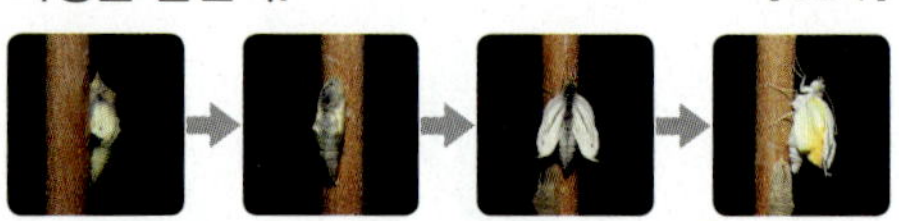

날치

따뜻한 바다에 사는 물고기로, 날치는 위협을 느끼면 물 밖으로 튀어 나와 날아간다. 지느러미를 날개처럼 이용해 날 수 있다.　[54쪽]

닭

알을 낳는 동물로, '알 → 병아리 → 어린 닭 → 다 자란 닭'의 한살이 과정을 거친다. 몸이 깃털로 덮여 있고, 볏과 꽁지깃이 있다. 암수가 쉽게 구별된다.　[50쪽]

더듬이

곤충, 달팽이 등의 머리 부분에 있는 감각 기관으로, 후각, 촉각 등을 맡아보며, 먹이를 찾고 적을 막는 역할을 한다.　[40쪽]

두더지

땅속에 사는 동물로, 몸이 길고 흑갈색의 털로 덮여 있으며 눈이 거의 보이지 않는다. 앞발이 튼튼하고 삽처럼 생겼으며, 긴 발톱이 있어 땅속에 굴을 파서 이동한다.　[40쪽]

떡잎

씨가 싹 터서 처음 나오는 잎으로, 씨는 떡잎에 있는 양분으로 싹 트고 본잎이 자란다. 떡잎에 있는 양분이 사용되면 떡잎은 쭈글쭈글해지고 나중에는 시들어 떨어진다.　[106쪽]

매미
참고　곤충

곤충으로, 두 쌍의 투명한 날개와 세 쌍의 다리가 있다. 머리가 크고, 더듬이가 있다. 나무에서 수액을 먹고, 나무 사이를 날아다닌다. [54쪽]

무게
참고　질량

지구가 물체를 끌어당기는 힘의 크기로, 물체가 무겁고 가벼운 정도를 의미한다. 무게의 단위에는 g중(그램중), kg중(킬로그램중), N(뉴턴) 등이 있지만, 초등 과학에서는 무게의 단위로 g(그램)과 kg(킬로그램)을 사용한다.　[11쪽]

미어캣

사막에 사는 동물로, 몸은 갈색 털로 덮여 있고 눈 주위의 검은 털이 빛의 반사를 막아 강한 햇빛에서도 멀리 볼 수 있다. 구부러진 발톱으로 굴을 파서 굴속에서 생활한다.　[50쪽]

ㅂ

박쥐

박쥐는 앞 발가락과 다리 사이에 있는 날개막을 날개처럼 사용해 하늘을 날 수 있다. [11쪽]

뱀
참고　비늘

땅 위와 땅속을 오가며 사는 동물로, 몸이 가늘고 길며 비늘로 덮여 있다. 다리가 없어 기어서 이동한다.　[44쪽]

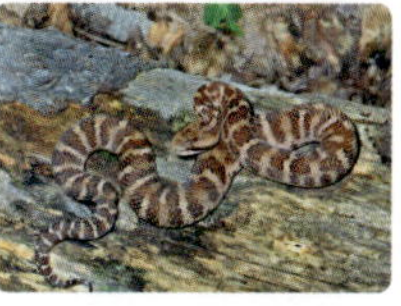

병아리

닭이 낳은 알에서 나온 새끼를 부르는 말로, 몸이 솜털로 덮여 있고 볏과 꽁지깃이 없다. 암수가 쉽게 구별되지 않는다.　[100쪽]

부레옥잠

물에 떠서 사는 부유식물로, 전체적으로 초록색이고 잎이 매끈하며 광택이 난다. 잎이 둥글고 잎자루가 볼록하게 부풀어 있는 모양이며, 뿌리는 수염처럼 생겼다. 잎자루에 있는 공기주머니의 공기 때문에 물에 떠서 살 수 있다.　[76쪽]

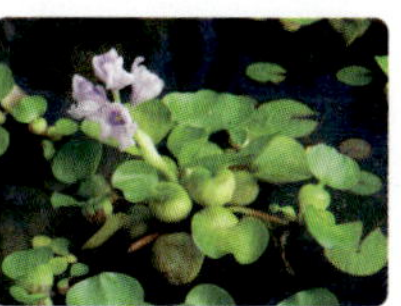

부화

동물의 알에서 애벌레나 새끼가 알껍데기를 뚫고 밖으로 나오는 것을 말한다.　[96, 100쪽]

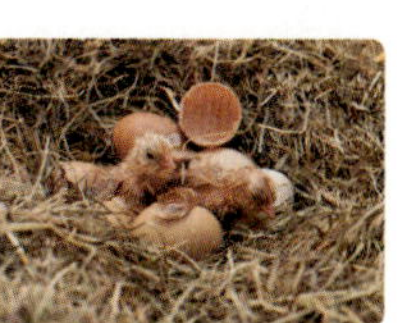

북극곰

북극에 사는 동물로, 몸집이 크고 피부가 두꺼우며 몸이 털로 덮여 있어 추위를 견딜 수 있다. 발가락 사이에 물갈퀴가 있어서 헤엄을 잘 치고, 발바닥에 넓고 짧은 털이 나 있어서 얼음이나 눈 위에서도 잘 걸어 다닌다.

북극여우
참고 사막여우

북극에 사는 동물로, 귀가 작고 털이 두껍고 촘촘하게 나 있어 몸의 열을 빼앗기지 않는다. 겨울에는 눈과 비슷한 흰색 털이 나 눈에 잘 띄지 않아 사냥하기에 유리하다. [51쪽]

불완전 탈바꿈

'알 → 애벌레 → 어른벌레'의 한살이 과정을 거치는 곤충의 생김새 변화를 말한다. 불완전 탈바꿈을 하는 곤충에는 잠자리, 매미, 메뚜기, 사마귀, 방아깨비, 노린재, 땅강아지 등이 있다. [97쪽]

붕어
참고 비늘, 아가미, 지느러미

강이나 호수의 물속에 사는 동물로, 몸이 비늘로 덮여 있고, 아가미로 숨을 쉰다. 몸이 부드러운 곡선 형태(유선형)이고, 지느러미가 있어 물속에서 빠르게 헤엄칠 수 있다. [40, 45쪽]

비늘
참고 붕어, 뱀

물고기나 뱀 같은 동물의 몸 표면을 덮고 있는 얇고 단단하게 생긴 작은 조각이다. [44쪽]

ㅅ

사막여우
참고 북극여우

사막에 사는 동물로, 몸에 비해 큰 귀로 몸속의 열을 밖으로 내보내 체온 조절을 하며, 작은 소리도 잘 들을 수 있다. 발바닥에도 털이 있어 모래에 잘 빠지지 않으며, 귓속에 털이 많아 모래 바람이 불어도 모래가 잘 들어가지 않는다. [50쪽]

선인장

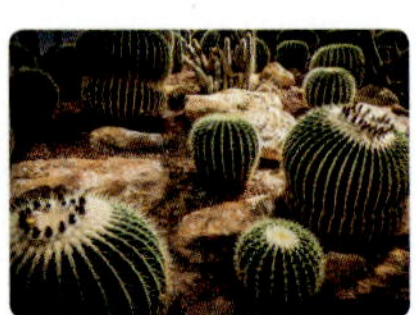

사막에 사는 식물로, 줄기가 굵어 물을 저장하여 건조한 날씨에도 잘 견딜 수 있다. 또한 잎이 가시 모양이라 동물이 함부로 먹지 못하고, 물의 증발을 막을 수 있다. 기둥선인장, 부채선인장, 금호선인장 등 다양한 모양의 선인장이 있다. [77쪽]

수달

강가나 호숫가에 사는 동물로, 몸이 길고 털로 덮여 있으며 두 쌍의 다리로 걸어 다닌다. 발가락에 물갈퀴가 있어 물속에서 헤엄칠 수 있다. [45쪽]

더 자세히 보기

빗면
참고 지레

비스듬한 면을 따라 물체를 밀어 올리는 데 쓰는 도구이다. 빗면을 이용하면 물체를 같은 높이만큼 들어 올리기 위해 바로 들어 올릴 때보다 작은 힘이 필요하다. 빗면을 이용한 도구에는 경사로, 산길 도로, 나사못, 사다리, 지퍼, 병뚜껑 등이 있다. [25쪽]

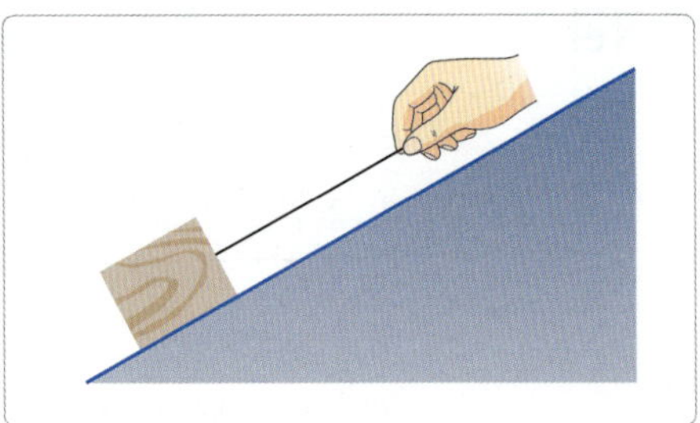

▲ 경사로

▲ 산길 도로

▲ 나사못

▲ 사다리

▲ 지퍼

▲ 병뚜껑

수평

어느 한쪽으로 기울지 않고 평평한 상태를 말한다. 두 물체를 받침점으로부터 같은 거리에 각각 올려 놓을 때 물체의 무게가 같으면 나무판자는 수평이 되지만, 무게가 다르면 무거운 물체 쪽으로 기울어진다. [14쪽]

▲ 감과 귤의 무게가 같다.

▲ 배가 사과보다 무겁다.

식물의 한살이

식물의 씨가 싹 터서 잎과 줄기가 자라고 꽃과 열매를 맺어 다시 씨가 만들어지는 과정이다. 식물에 따라 한살이 기간이 다르다. 한 해만 사는 식물도 있지만 여러 해를 사는 식물도 있다. [110쪽]

아가미

물속에서 사는 동물에 발달한 호흡 기관이다. 붕어와 같은 물고기는 아가미가 있어서 물속에서 숨을 쉴 수 있기 때문에 물속에서 생활하기에 알맞다. [40쪽]

양팔저울

수평 잡기의 원리를 이용하여 물체의 무게를 측정하는 저울이다. [15쪽]

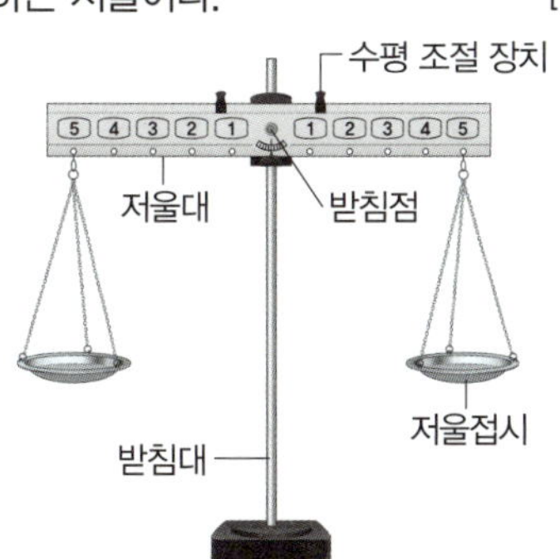

완전 탈바꿈

'알 → 애벌레 → 번데기 → 어른벌레'의 한살이 과정을 거치는 곤충의 생김새 변화를 말한다. 완전 탈바꿈을 하는 곤충에는 배추흰나비, 개미, 벌, 모기, 사슴벌레, 장수풍뎅이, 무당벌레, 파리 등이 있다. [97쪽]

[배추흰나비의 한살이]

▲ 알　　▲ 애벌레　　▲ 번데기　　▲ 어른벌레

용설란

사막에 사는 식물로, 잎이 용의 혀 모양을 닮아서 붙여진 이름이다. 잎이 크고 두꺼워서 물을 저장하기에 좋다. [20쪽]

용수철

나선형으로 된 쇠줄로, 힘을 가하면 모양이 변하고 힘을 제거하면 원래의 모양으로 돌아가려는 성질이 있다. [20쪽]

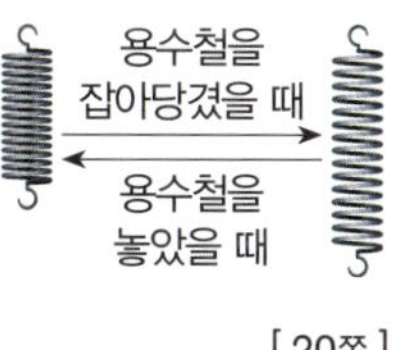

용수철저울

용수철의 성질을 이용한 저울로, 물체를 매달면 물체의 무게에 따라 늘어난 용수철의 길이를 확인하여 그 물체를 무게를 측정할 수 있다. [20쪽]

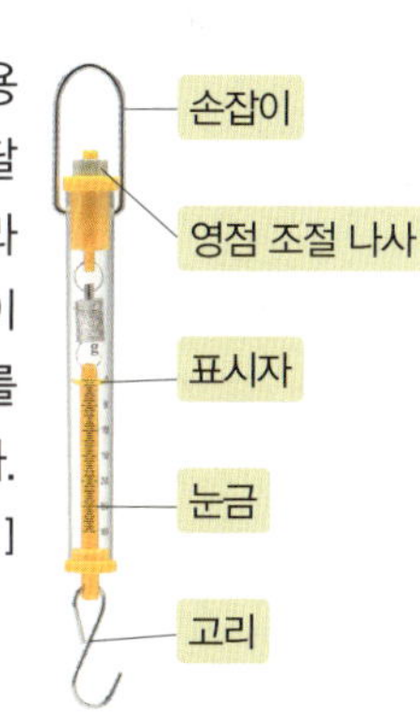

잎

잎은 뿌리에서 흡수한 물을 이용하여 광합성을 하는 기관이다. 잎몸과 잎맥, 잎자루로 이루어져 있다. [70쪽]

ㅈ

저울
참고 양팔저울, 용수철저울

물체의 무게를 측정하는 데 쓰는 기구를 말한다. 여러 가지 물체를 손으로 들어 보면 어느 물체가 더 무거운지 어림할 수 있지만, 같은 물체라도 사람마다 느끼는 무게가 다를 수 있기 때문에 물체의 무게를 정확하게 측정하기 위해 저울을 사용한다. [11, 15, 21쪽]

지느러미
참고 붕어

물고기 등이 몸의 균형을 유지하거나 헤엄치는 데 쓰는 기관으로, 등, 배, 가슴, 꼬리 등에 붙어 있다. [40쪽]

지렁이

주로 땅속에 사는 동물로, 몸이 길고 원통 모양이며 고리 모양의 마디로 되어 있다. 다리가 없으며 기어서 이동한다. [40, 44쪽]

질량
참고 무게

물체의 고유한 양으로, 장소가 달라져도 변하지 않는다. 질량의 단위는 g(그램), kg(킬로그램) 등이 있다. [11쪽]

ㅎ

하늘다람쥐

하늘다람쥐는 앞다리와 뒷다리 사이에 있는 날개막을 날개처럼 사용해 나무 사이를 날아서 이동할 수 있다. [54쪽]

허들링

남극에 사는 황제펭귄들이 추위를 견디기 위해 둥근 형태로 겹겹이 서로 몸을 바짝 붙이는 것을 말한다. 몸을 붙인 상태에서 한쪽 방향으로 천천히 움직이면서 바깥쪽 펭귄과 안쪽 펭귄이 자리를 바꾼다. 가장 안쪽은 추위에 약한 새끼들을 둔다. [51쪽]

힘

과학에서 힘이란 물체의 모양, 움직이는 방향, 빠르기 등을 변화시키는 원인이다. 물체에 힘을 가하면 물체의 모양이 변하거나, 움직이는 방향이나 빠르기가 변한다. 물체를 밀거나 당길 때에는 힘이 필요하다. [10쪽]

더 자세히 보기

지레
참고 빗면

받침대와 긴 막대를 이용하여 물체를 들어 올리는 데 쓰이는 도구이다. 지레를 이용하면 무거운 물체도 작은 힘으로 쉽게 들어 올릴 수 있다. 작용점, 받침점, 힘점의 위치에 따라 1종 지레, 2종 지레, 3종 지레로 구분할 수 있다. 지레를 이용한 도구에는 가위, 손톱깎이, 못뽑이, 병따개, 호두까기, 외바퀴 손수레 등이 있다. [24쪽]

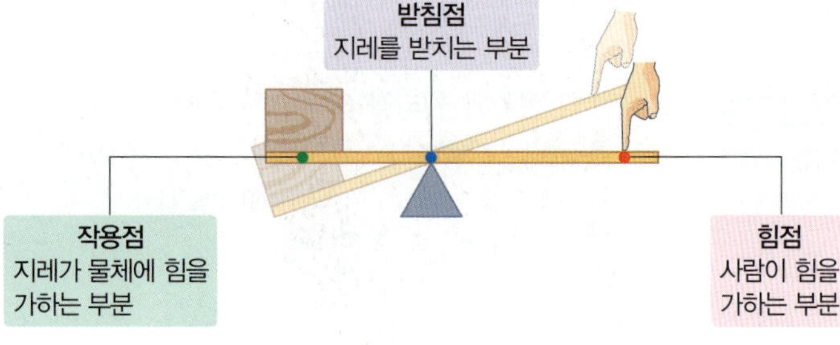

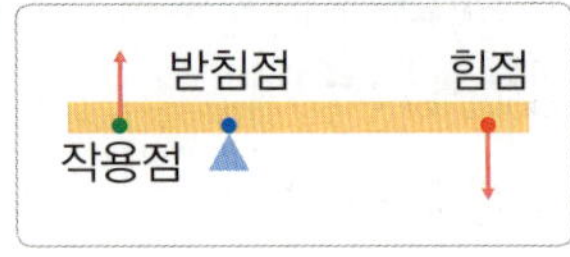

▲ 1종 지레

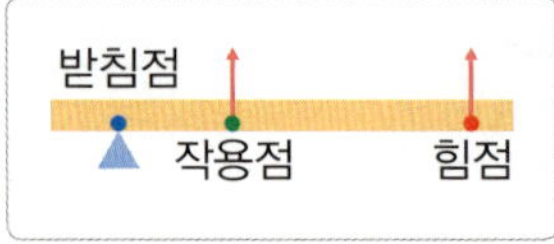

▲ 2종 지레

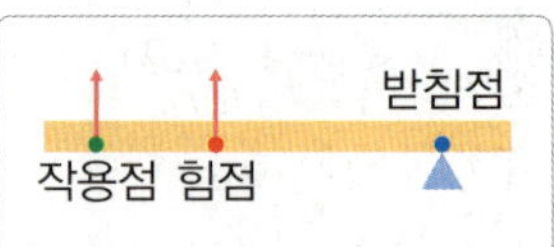

▲ 3종 지레

하이탑
HIGHTOP

믿고 보는 초등 과학 개념서

하이탑
HIGHTOP

초등
과학 3·1

2권 심화

중학교 개념 특강 | 중학교 개념 테스트

동아출판

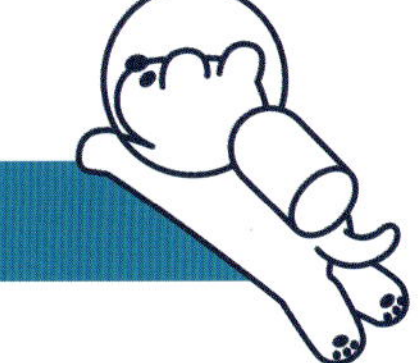

1 중학교 개념 특강

초등 과학 필수 개념과 연계된 중학교 기초 개념을 미리 쉽게
학습하면서 과학 전체 개념의 이해 폭을 넓힐 수 있습니다.

2 중학교 개념 테스트

중학교 개념 특강에서 배운 내용을 잘 이해했는지 간단한
퀴즈를 통해 확인할 수 있습니다.

차례

1. 힘과 우리 생활

이번에 배운 내용
- **무게**: 지구가 물체를 끌어당기는 힘의 크기
- **수평**: 어느 한쪽으로 기울지 않고 평평한 상태
- **용수철의 성질**: 용수철에 매단 물체의 무게가 무거울수록 용수철의 길이가 많이 늘어난다.

힘의 작용

앞으로 배울 내용
- **중력**: 지구가 물체를 끌어당기는 힘
- **탄성력**: 모양이 변한 물체가 원래 모양으로 돌아가려는 힘
- **마찰력**: 두 물체의 접촉면에서 물체의 운동을 방해하는 힘
- **부력**: 기체나 액체가 물체를 밀어 올리는 힘

초등에서는 물체를 밀거나 당길 때
힘이 필요하다는 것을 배우고, 물체의 무게를
비교하는 방법에 대해 배웠다.
중등에서는 여러 가지 힘 중에서 중력, 탄성력,
마찰력, 부력의 특징을 배운다.

중학교 개념 특강

1. 사과나무에서 사과는 왜 아래로 떨어질까?

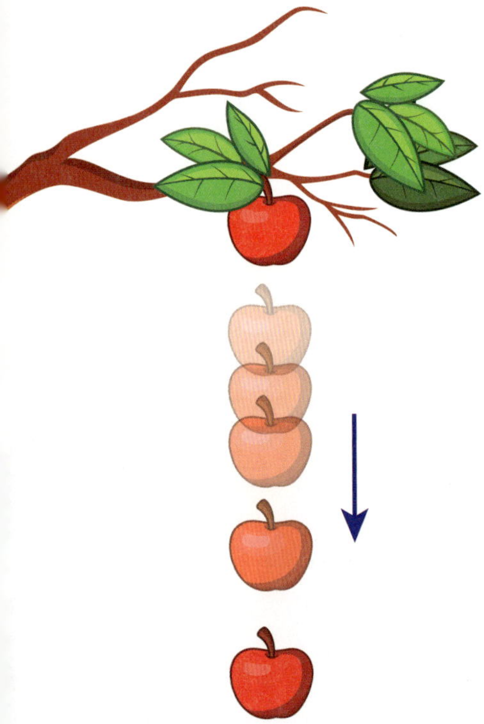

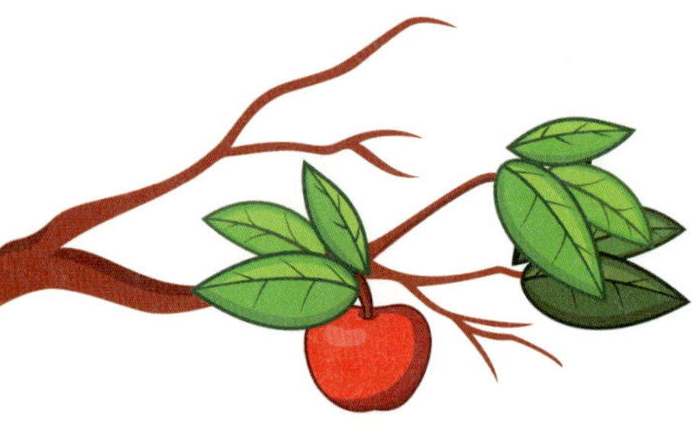

지구 위의 어느 곳에서 공을 높이 던져 올려도 공은 계속 올라가지 못하고 땅으로 떨어지게 된다. 사과나무의 사과도, 하늘에서 내리는 빗방울도 아래로 떨어진다. 이것은 지구가 모든 물체를 지구 중심 방향으로 끌어당기기 때문이다. 지구가 물체를 끌어당기는 힘을 지구의 **중력**이라고 한다.

우리가 물체를 들어 올릴 때 무겁거나 가볍다고 느끼는 것은 중력의 크기를 느끼는 것이다. 이렇게 물체에 작용하는 중력의 크기를 **무게**라고 한다. 달의 중력은 지구의 약 $\frac{1}{6}$ 정도라서 달에서 물체의 무게를 재면 지구에서의 약 $\frac{1}{6}$이다. 하지만 달에서 물체의 무게가 줄어들더라도 물체의 양이 달라진 것은 아니다. 이처럼 장소가 달라져도 변하지 않는 물체가 가진 고유한 양을 **질량**이라고 한다.

우리가 몸무게를 나타낼 때 사용하는 kg은 무게가 아닌 질량의 단위야. 무게와 같은 힘의 크기는 주로 N(뉴턴)이라는 단위를 사용해. 지구에서는 질량이 1 kg인 물체의 무게가 약 9.8 N이야.

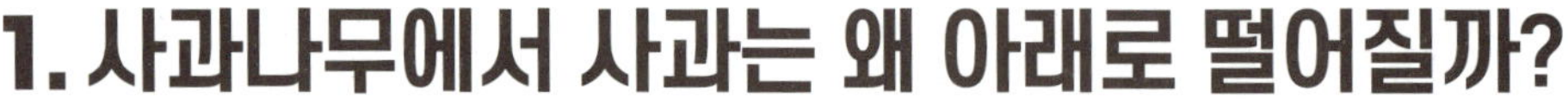

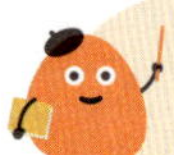

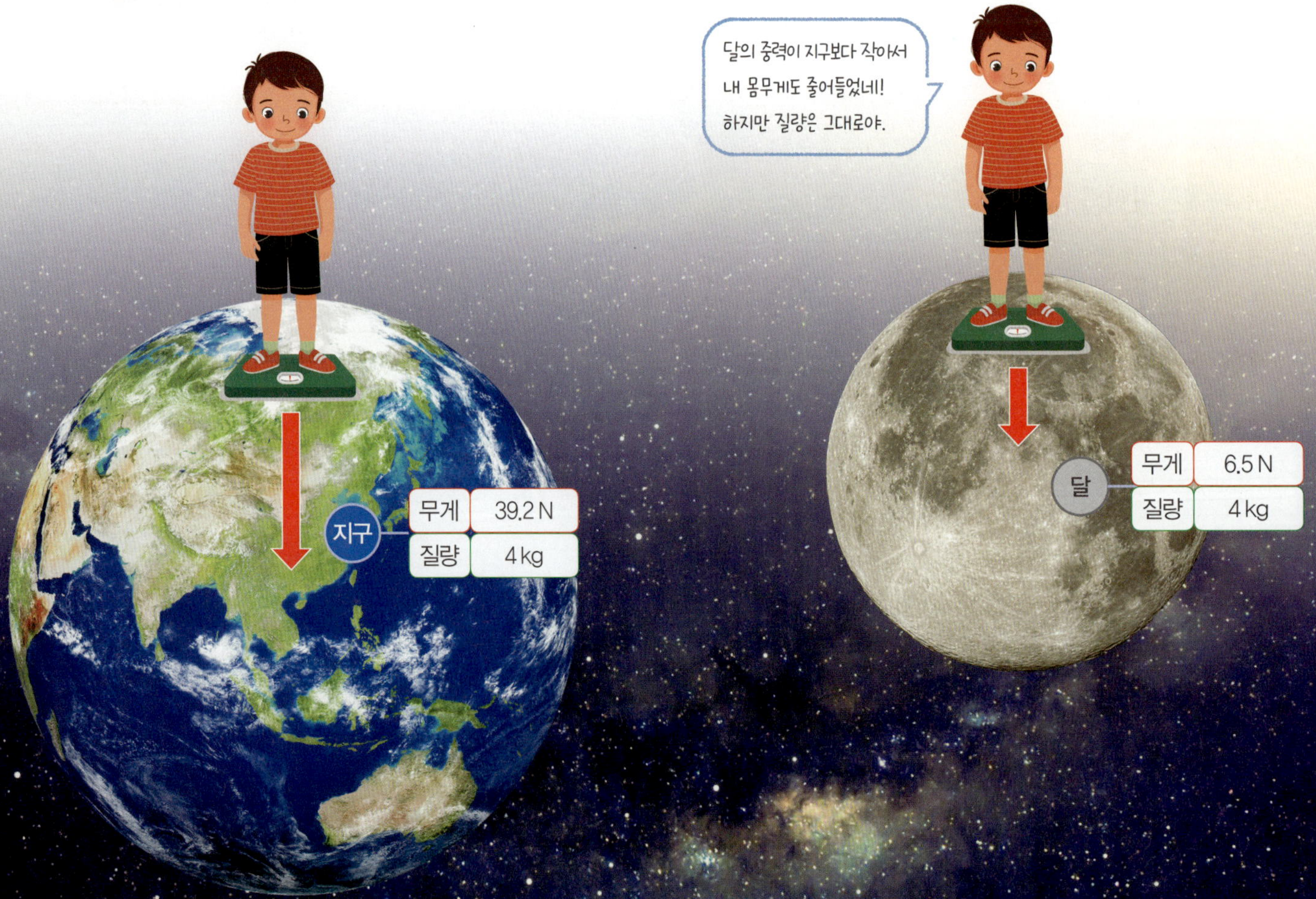

달의 중력이 지구보다 작아서
내 몸무게도 줄어들었네!
하지만 질량은 그대로야.
지구
무게 39.2 N
질량 4 kg
달
무게 6.5 N
질량 4 kg

2. 늘어났던 고무줄이 원래대로 돌아가는 까닭은?

고무줄을 당기면 고무줄의 길이가 늘어나고, 당긴 손을 놓으면 고무줄이 줄어들어 원래 길이로 되돌아간다. 이렇게 모양이 변한 물체가 원래 모양으로 돌아가려는 성질을 탄성이라고 하고, 탄성 때문에 나타나는 힘을 탄성력이라고 한다. 탄성을 갖는 물체를 탄성체라고 하는데, 일상생활에서 흔히 사용하는 고무줄이나 용수철뿐만 아니라 스포츠 경기에서도 탄성을 이용한 예가 많이 있다.

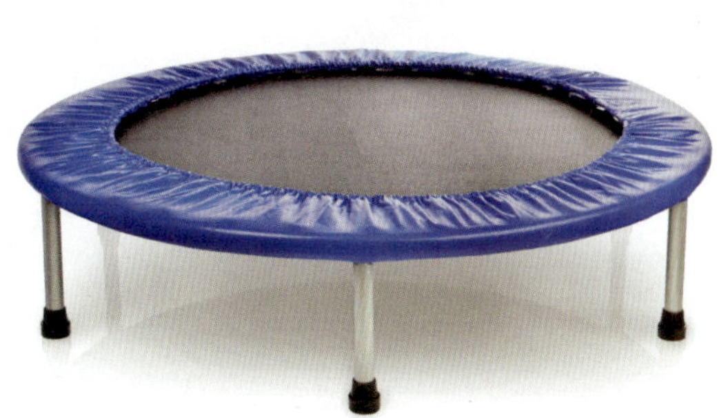

휘어진 펜싱 검은 탄성에 의해 원래 모양으로 돌아온다.

트램펄린 위에서 그물망과 용수철의 탄성을 이용하여 사람이 뛰어오른다.

탄성체가 변형되면 원래 모양으로 되돌아가려고 하면서 탄성력이 생긴다. 예를 들어 용수철의 양 끝을 잡아당겨 용수철의 길이를 늘인 후 손을 놓으면 용수철은 원래 길이로 줄어든다. 이처럼 탄성력은 용수철과 같은 탄성체에 작용한 힘의 방향과 반대 방향으로 작용한다.

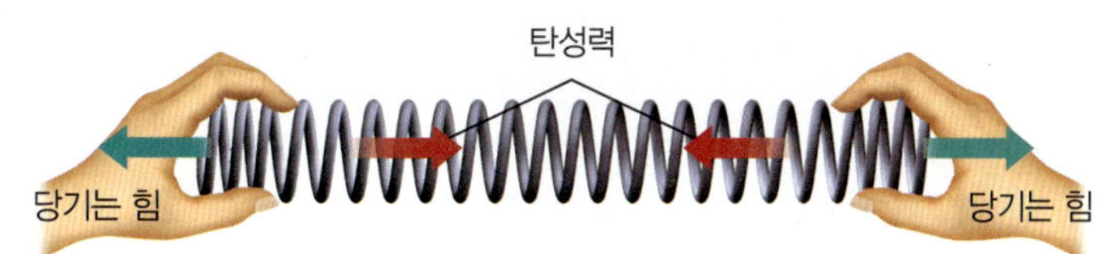

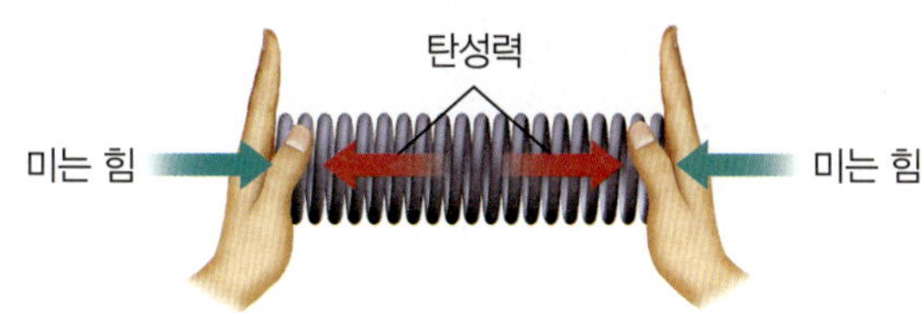

3. 공이 굴러가다가 왜 멈출까?

컬링은 얼음판 위에서 무겁고 납작한 돌을 미끄러뜨려 목표한 지점에서 가까이 멈추면 이기는 스포츠이다. 미끄러지던 돌이 멈추는 까닭은 돌과 얼음판 사이에 물체의 운동을 방해하는 힘이 작용하기 때문이다. 이처럼 두 물체의 접촉면에서 물체의 운동을 방해하는 힘을 마찰력이라고 한다.

빈 상자를 밀거나 당길 때보다 물건이 많이 든 상자를 밀거나 당길 때 더 큰 힘이 든다. 즉 물체의 무게가 무거울수록 마찰력이 크다. 또한 같은 무게의 상자라도 매끈한 바닥보다 거친 바닥에서 더 큰 힘으로 밀어야 움직일 수 있다. 이처럼 마찰력의 크기는 접촉면이 거칠수록 크다.

바닥이 울퉁불퉁한 등산화는 마찰력이 커서 잘 미끄러지지 않는다.

미끄럼틀에 물을 계속 흘려주면 마찰력이 작아져서 잘 미끄러진다.

4. 커다란 배가 어떻게 물에 떠 있을까?

무거운 강철로 만들어진 배가 물 위에 뜰 수 있는 것은 물이 배를 위쪽으로 밀어 올리기 때문이다. 헬륨 풍선이 하늘 위로 올라가는 것은 공기가 풍선을 밀어 올리기 때문이다. 이처럼 기체나 액체가 물체를 밀어 올리는 힘을 부력이라고 한다. 액체나 기체 속에서 부력은 중력과 반대 방향인 위쪽으로 작용한다.

물체에 작용하는 부력의 크기가 물체의 무게보다 크면 물체가 위로 떠오르고, 물체의 무게가 부력의 크기보다 크면 물체가 아래로 가라앉는다. 부력의 크기는 물체가 물속에 많이 잠길수록 물체에 작용하는 부력이 커진다.

빈 화물선은 무게가 가벼워 물속에 잠긴 부분이 작아 부력의 크기도 작아.
화물선에 짐을 실으면 무게가 늘어나 물속에 잠긴 부분이 커져 부력의 크기도 커져.
부력의 크기가 화물선의 무게와 같아지면 화물선은 더 이상 가라앉지 않는 거야.

다음 과학 개념을 읽고 A와 B 중 맞는 문장을 찾아 V 체크하세요.

1
- [ ] **A** 지구가 물체를 밀어내는 힘을 중력이라고 한다.
- [ ] **B** 지구가 물체를 끌어당기는 힘을 중력이라고 한다.

2
- [ ] **A** 장소가 달라져도 변하지 않는 물체가 가진 고유한 양을 질량이라고 한다.
- [ ] **B** 장소가 달라져도 변하지 않는 물체가 가진 고유한 양을 무게라고 한다.

3
- [ ] **A** 모양이 변한 물체가 원래 모양으로 돌아가려는 성질을 탄성이라고 한다.
- [ ] **B** 모양이 변한 물체가 원래 모양으로 돌아가려는 성질을 관성이라고 한다.

4
- [ ] **A** 탄성력은 용수철과 같은 탄성체에 작용한 힘의 방향과 반대 방향으로 작용한다.
- [ ] **B** 탄성력은 용수철과 같은 탄성체에 작용한 힘의 방향과 같은 방향으로 작용한다.

5
- [ ] **A** 두 물체의 접촉면에서 물체의 운동을 도와주는 힘을 마찰력이라고 한다.
- [ ] **B** 두 물체의 접촉면에서 물체의 운동을 방해하는 힘을 마찰력이라고 한다.

6
- [ ] **A** 마찰력의 크기는 물체의 무게가 무거울수록, 접촉면이 거칠수록 크다.
- [ ] **B** 마찰력의 크기는 물체의 무게가 가벼울수록, 접촉면이 매끄러울수록 크다.

7
- [ ] **A** 기체나 액체가 물체를 밀어 올리는 힘을 중력이라고 한다.
- [ ] **B** 기체나 액체가 물체를 밀어 올리는 힘을 부력이라고 한다.

답 ❶ B ❷ A ❸ A ❹ A ❺ B ❻ A ❼ B

2. 동물의 생활

이번에 배운 내용
- **땅, 물, 사막, 극지방에 사는 동물**: 동물의 생김새와 생활 방식은 사는 곳의 환경과 관련이 있다.
- **날아다니는 동물**: 날개가 있는 곤충과 새는 하늘을 날 수 있다.

생물의 구성과 다양성

앞으로 배울 내용
- **생물 다양성**: 어떤 지역에 살고 있는 생물의 다양한 정도
- **변이**: 같은 종류의 생물 사이에서 나타나는 특성의 차이

중학교 개념 특강

1. 지구에는 얼마나 다양한 생물이 살고 있을까?

지구에는 숲, 사막, 호수, 갯벌, 바다 등 다양한 장소에서 많은 종류의 생물이 살고 있다. 어떤 지역에 살고 있는 생물의 다양한 정도를 **생물 다양성**이라고 한다. 생물의 수가 많은 것보다는 생물의 종류가 많을 때 생물 다양성이 높다고 할 수 있다. 어떤 지역에 살고 있는 생물의 종류가 많으면 생물 다양성이 높고, 생물의 종류가 적으면 생물 다양성이 낮다.

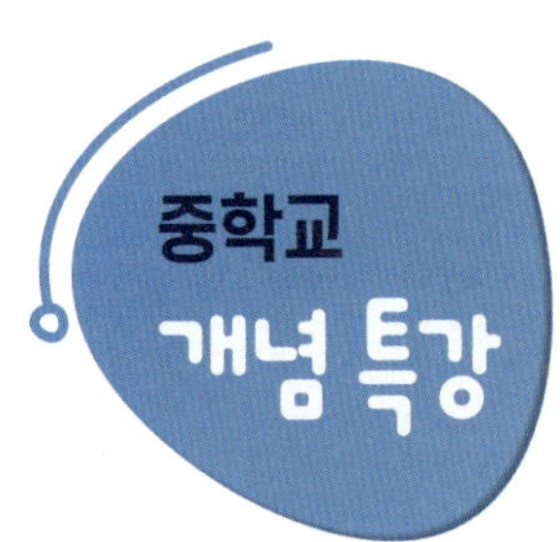

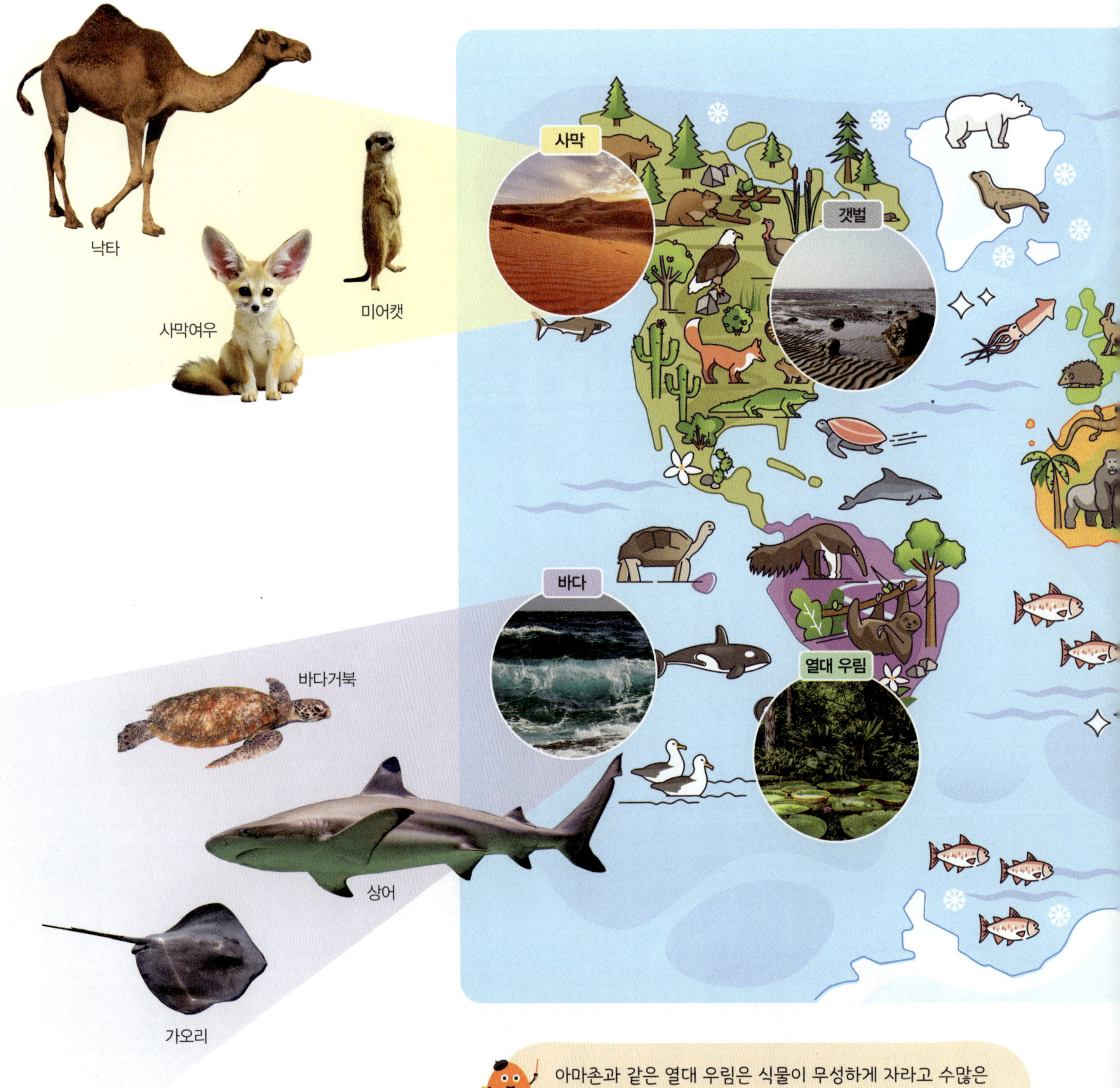

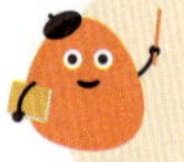
아마존과 같은 열대 우림은 식물이 무성하게 자라고 수많은 종류의 생물이 살아가기 때문에 생물 다양성이 높아.

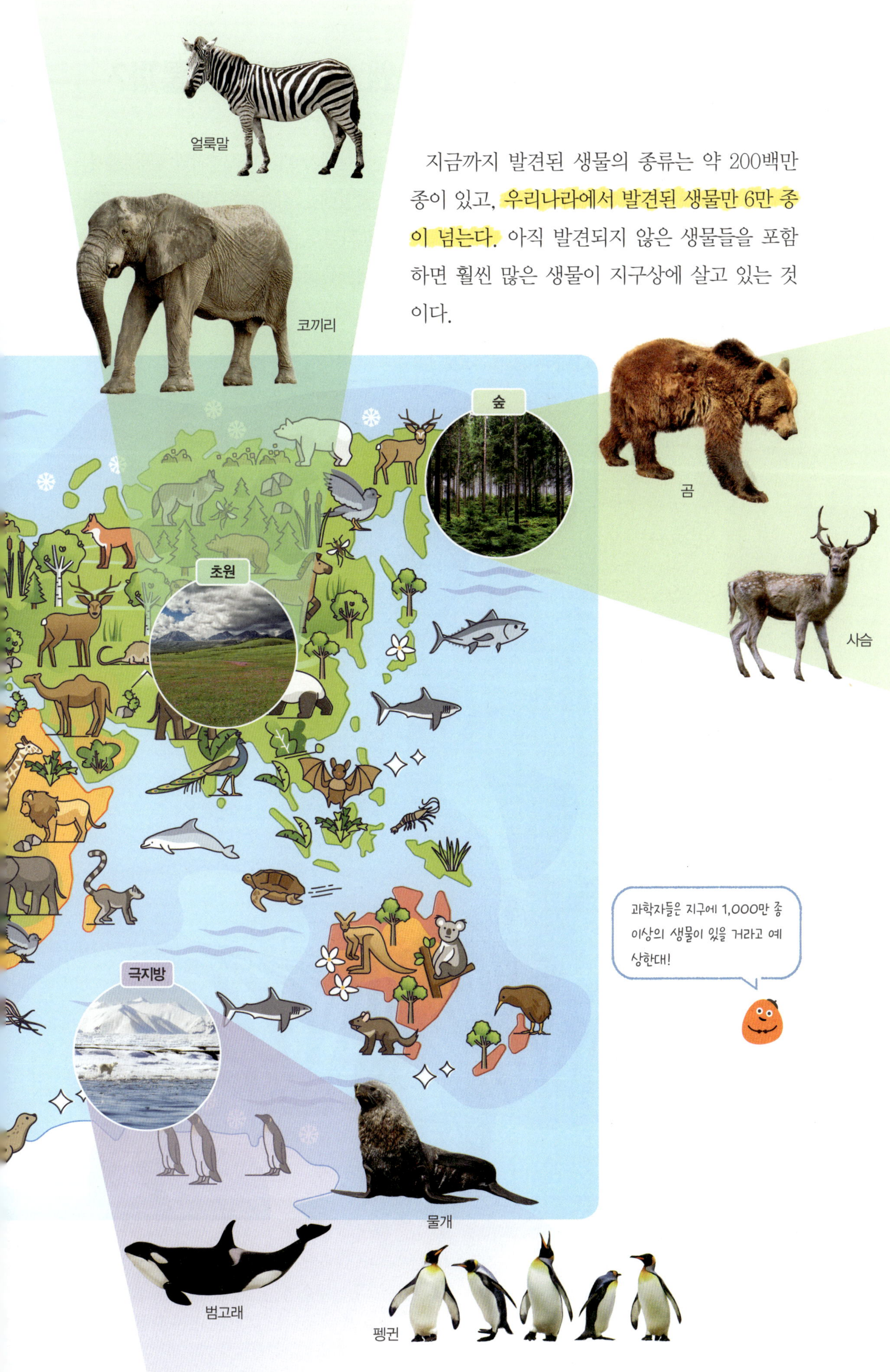

지금까지 발견된 생물의 종류는 약 200백만 종이 있고, 우리나라에서 발견된 생물만 6만 종이 넘는다. 아직 발견되지 않은 생물들을 포함하면 훨씬 많은 생물이 지구상에 살고 있는 것이다.

2. 같은 종류의 동물인데 왜 생김새가 다를까?

생물은 종류가 다르면 모양, 색깔, 크기 등 생김새가 다르다. 하지만 같은 종류의 생물끼리도 조금씩 다른 특징이 있다. 무당벌레는 같은 종류라 하더라도 겉날개의 색깔과 무늬가 조금씩 다르고, 얼룩말끼리도 몸의 무늬가 조금씩 다르다. 이처럼 같은 종류의 생물 사이에서 나타나는 특성의 차이를 변이라고 한다.

이렇게 변이가 나타나는 것은 부모에게서 물려받은 유전자가 다르기 때문이다.

무당벌레의 겉날개의 색깔과 무늬가 다르고, 얼룩말의 무늬가 조금씩 다른 까닭은 변이 때문이다.

생물의 변이는 환경의 차이에 의해서도 나타난다. 같은 종류의 생물이라도 오랜 시간 동안 서로 다른 환경에서 살면 각각의 환경에 적응하면서 서로 다른 생김새와 특징을 가지게 된다.

[생물의 종류가 다양해지는 과정]

이처럼 변이는 생물의 생존에 영향을 줄 수 있다. 원래 같은 종류였던 생물이 다양한 환경에 적응하는 과정에서 각 환경에 유리한 변이를 가진 생물만이 살아남아 자손을 남긴다. 그리고 서로 멀리 떨어져 살아가는 상태에서 오랜 시간이 지나면 서로 다른 종류가 될 수 있다.

[먹이에 따라 다양한 부리의 모양]

다음 과학 개념을 읽고 A와 B 중 맞는 문장을 찾아 V 체크하세요.

1
- A 어떤 지역에 살고 있는 생물의 다양한 정도를 생물 다양성이라고 한다.
- B 어떤 지역에 살고 있는 생물의 다양한 정도를 생물 특이성이라고 한다.

2
- A 어떤 지역에 살고 있는 생물의 종류가 많으면 생물 다양성이 낮다.
- B 어떤 지역에 살고 있는 생물의 종류가 많으면 생물 다양성이 높다.

3
- A 우리나라에서 발견된 생물은 6만 종이 넘는다.
- B 우리나라에서 발견된 생물은 1만 종 정도이다.

4
- A 같은 종류의 생물끼리도 조금씩 다른 특징이 있다.
- B 같은 종류의 생물은 생김새와 특징이 모두 같다.

5
- A 같은 종류의 생물 사이에서 나타나는 특성의 차이를 변이라고 한다.
- B 같은 종류의 생물 사이에서 나타나는 특성의 차이를 유전이라고 한다.

6
- A 같은 종류의 생물은 다른 환경에 살더라도 다른 생김새와 특징을 가질 수 없다.
- B 같은 종류의 생물이라도 다른 환경에 살면 다른 생김새와 특징을 가질 수 있다.

7
- A 변이는 생물의 생존에 영향을 줄 수 없다.
- B 변이는 생물의 생존에 영향을 줄 수 있다.

답 ❶ A ❷ B ❸ A ❹ A ❺ A ❻ B ❼ B

3. 식물의 생활

이번에 배운 내용

- **식물의 잎**: 잎몸, 잎맥, 잎자루로 이루어져 있고, 잎의 특징에 따라 식물을 분류할 수 있다.
- **들과 산, 강이나 호수, 사막, 특수한 환경에 사는 식물**: 식물의 생김새와 생활 방식은 사는 곳의 환경과 관련이 있다.

식물과 에너지

앞으로 배울 내용

- **식물의 광합성**: 식물이 빛에너지와 물과 이산화 탄소를 이용하여 양분을 만드는 과정
- **식물의 호흡**: 식물이 광합성으로 만든 양분과 산소를 사용하여 에너지를 만드는 과정

초등에서는 잎의 특징에 따라 식물을
분류하고, 다양한 환경에 사는
식물의 특징을 배웠다.
중등에서는 식물의 호흡과 광합성 과정의
의미와 그 과정에서 물질의 변화를 배운다.

1. 식물도 먹이를 먹어야 살 수 있을까?

생물은 살아가려면 에너지가 필요하다. 동물은 에너지를 얻기 위해 식물이나 다른 동물을 잡아먹는다. 하지만 식물은 동물과 다르게 햇빛을 이용하여 필요한 양분을 직접 만든다. 이처럼 식물이 빛에너지를 이용하여 스스로 양분을 만드는 과정을 광합성이라고 한다.

몇몇 특이한 식물은 곤충이나 작은 동물을 잡아먹으며 부족한 양분을 보충하기도 한다. 이러한 식물을 '벌레잡이 식물' 또는 '식충 식물'이라고 한다.

파리지옥은 주로 늪지대에 사는 식물로, 잎이 조개와 비슷한 모양이고 벌레가 잎 안쪽의 털을 건드리면 잎이 순식간에 오므라들어 벌레를 잡는다.

2. 잎이 줄기에 붙어 있는 모양이 왜 다를까?

식물의 광합성은 대부분 잎에서 일어난다. 광합성을 통해 양분을 만들기 위해서는 빛이 필요하기 때문에 햇빛을 잘 받는 것이 중요하다. 식물의 잎은 빛을 많이 받기 위해 가능한 한 겹치지 않게 나는 경우가 많다. 줄기에 잎이 붙어 있는 모양을 잎차례라고 하며, 어긋나기, 마주나기, 돌려나기, 뭉쳐나기 등으로 구분한다.

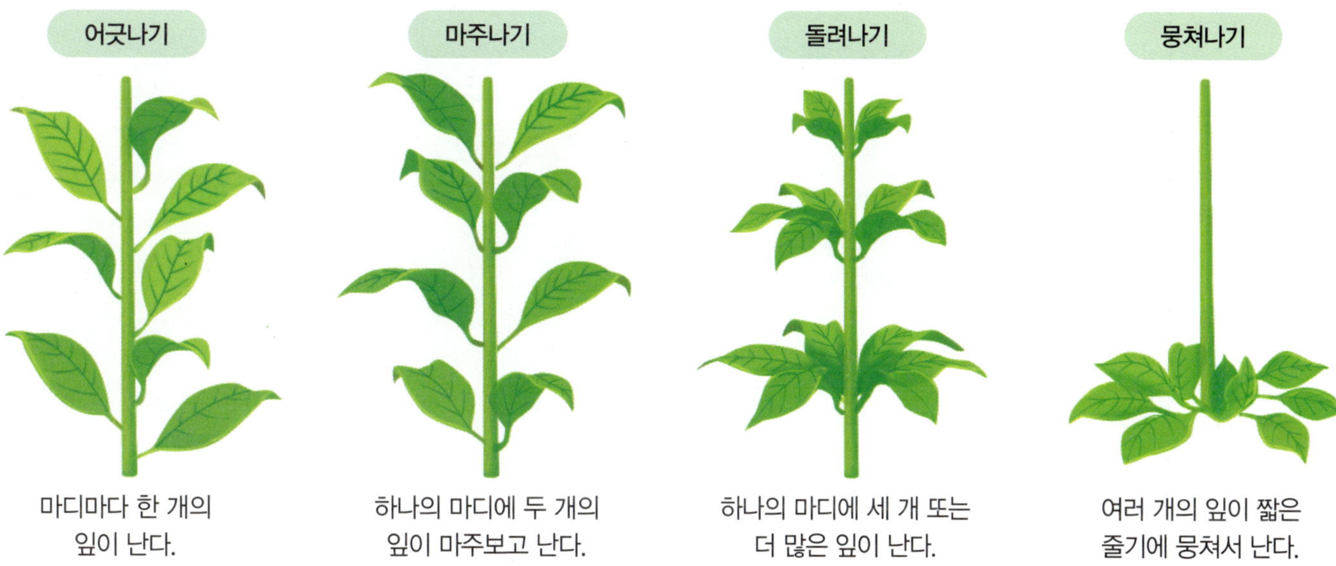

마디마다 한 개의 잎이 난다.	하나의 마디에 두 개의 잎이 마주보고 난다.	하나의 마디에 세 개 또는 더 많은 잎이 난다.	여러 개의 잎이 짧은 줄기에 뭉쳐서 난다.

열대 우림은 햇빛이 강하고 비가 많이 오기 때문에 매우 크게 자라는 식물이 많다. 큰 나무 아래쪽으로 갈수록 햇빛이 적게 들기 때문에 햇빛이 적어도 살 수 있는 식물이 살고 있다. 식물마다 햇빛을 최대한 많이 받기 위해 다양한 식물이 여러 층을 이루며 살아간다.

3. 식물도 숨을 쉴까?

사람을 포함한 동물은 숨을 쉬어 산소를 들이마시고, 이산화 탄소를 내보내야 살 수 있다. **식물도 마찬가지로 호흡을 통해 산소를 얻어 살아가는 데 필요한 에너지를 얻는다.** 이 에너지로 식물은 싹을 틔우고, 꽃을 피우고, 열매를 맺는다.

낮에는 광합성량이 호흡량보다 많다.
→ 이산화 탄소 흡수, 산소 방출

밤에는 호흡만 일어난다.
→ 산소 흡수, 이산화 탄소 방출

광합성은 햇빛이 필요하기 때문에 낮에만 일어나지만, 호흡은 낮뿐만 아니라 밤에도 일어난다. 그래서 낮에는 식물이 광합성도 하고, 호흡도 한다. 호흡하면서 나온 이산화 탄소는 광합성에 이용되고, 광합성을 하면서 만들어진 산소는 호흡에 이용된다.

광합성은 주로 식물의 잎에서 일어나지만 호흡은 잎, 줄기, 열매, 뿌리 등 식물 전체에서 일어나.

식물체 전체에서 일어나는 식물의 호흡 ▶

4. 우리가 먹는 것은 식물의 열매일까?

식물의 잎에서 광합성으로 만들어진 포도당은 식물이 살아가는 데 필요한 에너지를 얻는 데 사용되거나 식물의 몸을 구성하는 데 쓰인다. 사용되고 남은 양분은 녹말, 단백질, 지방과 같은 형태로 저장된다.

고구마(녹말로 저장)

콩(단백질로 저장)

땅콩(지방으로 저장)

사탕수수(설탕으로 저장)

양파(포도당으로 저장)

포도(포도당으로 저장)

이때 양분이 열매에만 저장되는 것이 아니라 뿌리, 줄기, 열매, 씨 등 다양한 기관에 저장된다. 우리가 먹는 고구마, 무, 당근은 뿌리에, 감자와 양파, 사탕수수는 줄기에 양분을 저장한다. 콩과 땅콩은 씨에, 포도는 열매에 양분을 저장한다.

다음 과학 개념을 읽고 **A**와 **B** 중 맞는 문장을 찾아 **V** 체크하세요.

1
- [ ] **A** 동물은 에너지를 얻기 위해 스스로 양분을 만든다.
- [ ] **B** 동물은 에너지를 얻기 위해 식물이나 다른 동물을 잡아먹는다.

2
- [ ] **A** 식물이 빛에너지를 이용하여 스스로 양분을 만드는 과정을 광합성이라고 한다.
- [ ] **B** 식물이 빛에너지를 이용하여 스스로 양분을 만드는 과정을 증산 작용이라고 한다.

3
- [ ] **A** 줄기에 잎이 붙어 있는 모양을 잎맥이라고 한다.
- [ ] **B** 줄기에 잎이 붙어 있는 모양을 잎차례라고 한다.

4
- [ ] **A** 열대 우림의 식물은 햇빛을 최대한 적게 받기 위해 여러 층을 이루며 살아간다.
- [ ] **B** 열대 우림의 식물은 햇빛을 최대한 많이 받기 위해 여러 층을 이루며 살아간다.

5
- [ ] **A** 식물은 호흡을 통해 산소를 얻어 살아가는 데 필요한 에너지를 얻는다.
- [ ] **B** 식물은 호흡을 통해 이산화 탄소를 얻어 살아가는 데 필요한 에너지를 얻는다.

6
- [ ] **A** 식물의 호흡은 햇빛이 있는 낮에만 일어난다.
- [ ] **B** 식물의 호흡은 낮뿐만 아니라 밤에도 일어난다.

7
- [ ] **A** 식물은 사용하고 남은 양분을 열매에만 저장한다.
- [ ] **B** 식물은 사용하고 남은 양분을 뿌리, 줄기, 열매, 씨 등 다양한 기관에 저장한다.

답 **1** B **2** A **3** B **4** B **5** A **6** B **7** B

4. 생물의 한살이

이번에 배운 내용

- **동물의 한살이**: 동물의 알이나 새끼가 태어나고 자라서 다시 알이나 새끼를 낳기까지의 과정
- **식물의 한살이**: 식물의 씨가 싹 터서 잎과 줄기가 자라고 꽃과 열매를 맺어 다시 씨가 만들어지는 과정

생식과 유전

앞으로 배울 내용

- **생식**: 생물이 자신과 닮은 자손을 만들어 생명을 이어가는 것
- **유전**: 부모가 가지고 있는 여러 가지 특성이 자손에게 전달되는 현상

초등에서는 알을 낳는 동물과 새끼를 낳는 동물의 한살이,
한해살이식물과 여러해살이식물의 한살이를 배웠다.
중등에서는 생물이 자라고 자손을 만들 때 세포 분열이
일어나고, 부모의 형질이 자손에게 유전되는 것을 배운다.

1. 생물은 어떻게 자라는 걸까?

갓 태어난 강아지는 작지만 시간이 지나면서 몸집이 점점 커지며 다 자란 개가 된다. 식물도 마찬가지로 작은 씨앗에서 싹이 트고 잎과 줄기가 자라 꽃이 피고 열매를 맺는다. 이처럼 생물의 몸이 자라는 것을 생장이라고 한다. 생물의 몸은 세포로 이루어져 있는데, 세포의 크기가 커져서 몸이 커지는 것이 아니라 세포가 나누어져 수가 늘어나면서 몸이 커지는 것이다. 세포가 둘로 나누어지는 과정을 세포 분열이라고 한다.

[세포 분열 과정]

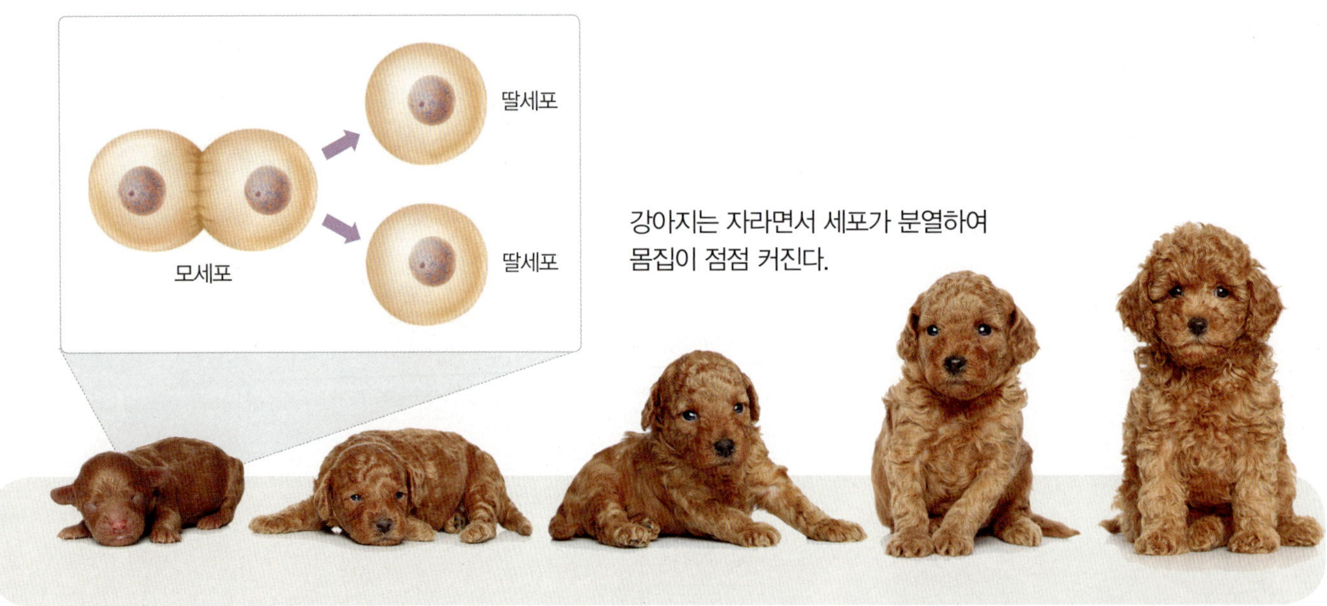

코끼리의 세포 크기는 쥐의 세포 크기와 비슷하다. 코끼리의 몸이 쥐보다 훨씬 큰 까닭은 코끼리가 쥐보다 더 많은 세포로 이루어져 있기 때문이다.

2. 부모와 자식은 왜 닮았을까?

　가족사진을 보면 우리는 부모님과 많이 닮았다는 것을 알 수 있다. 우리가 커서 자식을 낳게 되면 우리를 닮을 것이다. 이렇게 자식이 부모를 닮는 까닭은 부모가 가지고 있는 여러 가지 특성이 유전자를 통해 자녀에게 전달되었기 때문이다. 생물이 가지는 여러 가지 특성을 형질이라고 하며, 부모의 형질을 자손에게 물려주는 현상을 유전이라고 한다.

　식물도 마찬가지로 유전자가 있고, 식물의 한살이를 통해 만든 씨에 형질이 전달되어 유전된다. 예를 들면 빨간색 장미는 빨간색 유전자를 가지고 있고, 흰색 장미는 흰색 유전자를 가지고 있다. 색깔이 다른 장미를 교배시켜 씨를 만들면 유전자가 섞여 다양한 색깔을 가진 장미를 만들 수 있다.

3. 난 왜 쌍꺼풀이 없을까?

부모에게서 유전으로 물려받는 형질의 종류는 다양하다. 키, 혈액형, 혀 말기, 눈꺼풀 모양, 귓불 모양, 이마 모양, 엄지 모양, 보조개 모양 등이 있다.

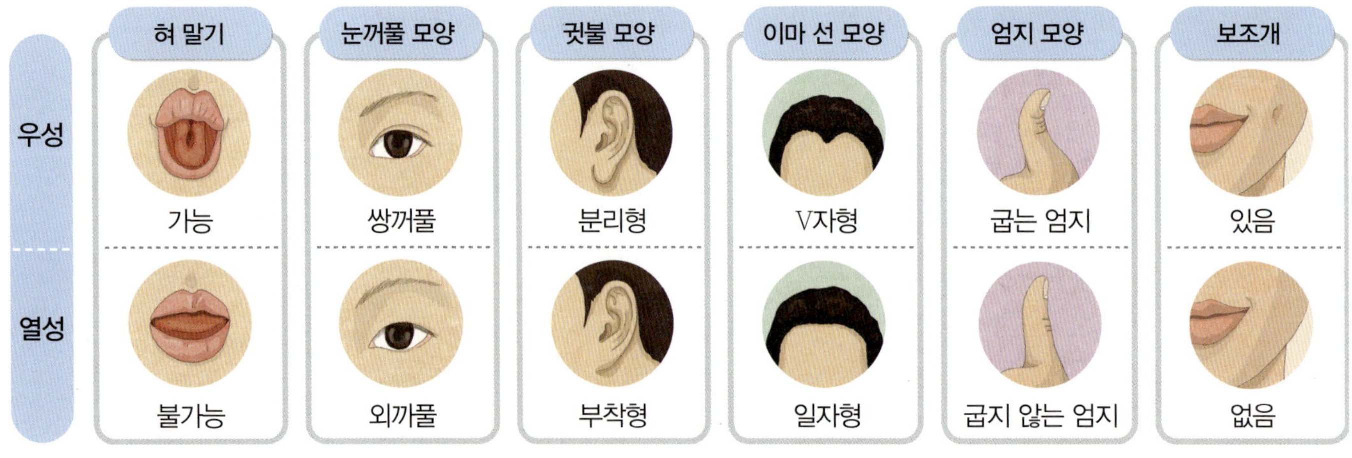

부모님이 모두 쌍꺼풀이 있는데, 쌍꺼풀이 없는 자식이 태어날 수 있을까? 태어날 수 있다. 쌍꺼풀 유전자와 외까풀 유전자가 있는데, 두 유전자를 모두 가지고 있을 경우 쌍꺼풀 유전자가 우세하기 때문에 쌍꺼풀이 생기게 된다. 만약 두 유전자를 모두 가진 부모님 사이에서 태어난 자식이 부모님에게 외까풀 유전자만 물려받게 되면 쌍꺼풀이 생기지 않는 것이다.

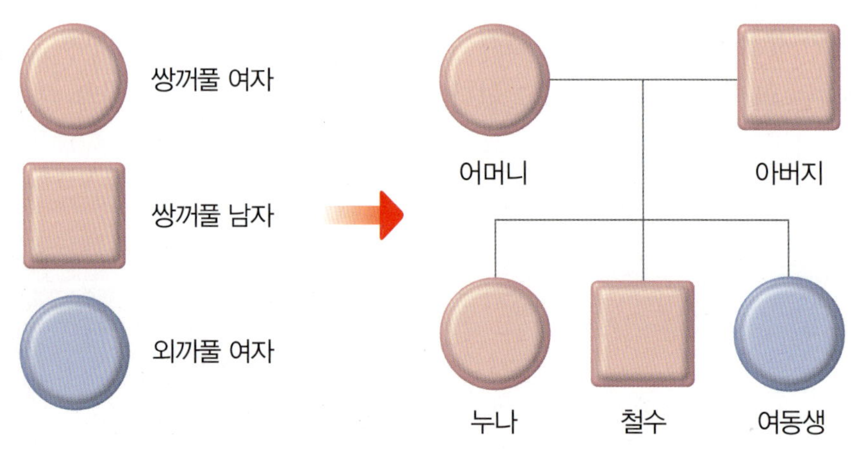

만약 외까풀인 여동생이 외까풀인 남자와 결혼해서 자식을 낳는다면 외까풀인 아이가 태어나게 되는 거야.

4. 쌍둥이인데 다르게 생긴 까닭은?

분명 쌍둥이인데도 생김새가 달라 쉽게 알아볼 수 있는 사람이 있다. 쌍둥이는 하나의 수정란에서 분리되어 자랐는지, 각각의 수정란에서 자랐는지에 따라 일란성 쌍둥이와 이란성 쌍둥이로 구분할 수 있다.

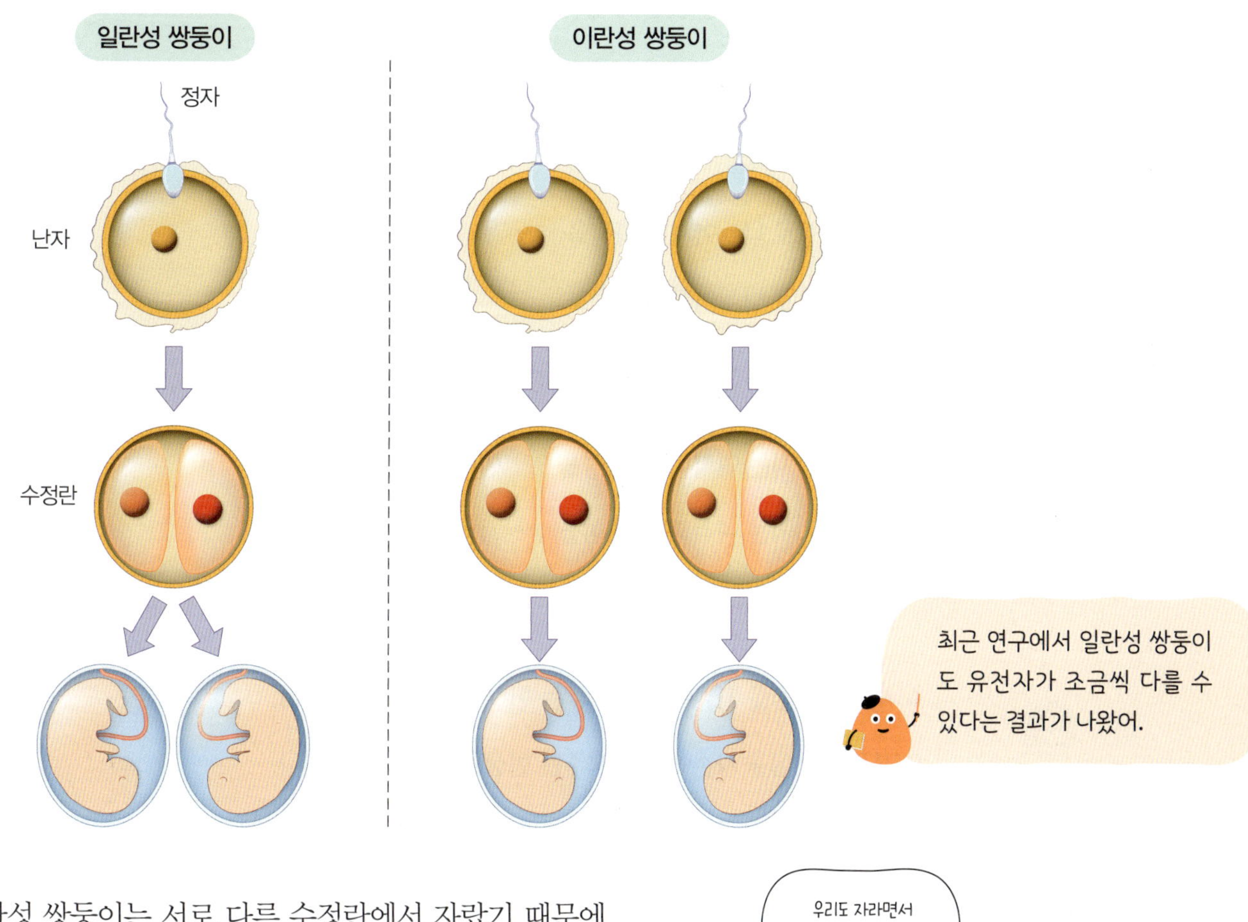

이란성 쌍둥이는 서로 다른 수정란에서 자랐기 때문에 성별이 다를 수도 있고, 외모도 조금씩 다르다. 일란성 쌍둥이는 같은 수정란에서 나왔기 때문에 유전자가 100 % 일치한다. 하지만 나이가 들고 자라면서 외부 환경에 의해 외모나 성격이 달라질 수 있다. 실제로 멀리 떨어져 자란 쌍둥이의 외모와 성격 등이 크게 달라졌다는 연구 결과도 있다.

다음 과학 개념을 읽고 A와 B 중 맞는 문장을 찾아 V 체크하세요.

1
- [ ] **A** 생물의 몸이 자라는 것을 생장이라고 한다.
- [ ] **B** 생물의 몸이 자라는 것을 생식이라고 한다.

2
- [ ] **A** 세포가 둘로 나누어지는 과정을 세포 절단이라고 한다.
- [ ] **B** 세포가 둘로 나누어지는 과정을 세포 분열이라고 한다.

3
- [ ] **A** 생물이 가지는 여러 가지 특성을 형질이라고 한다.
- [ ] **B** 생물이 가지는 여러 가지 특성을 유전자라고 한다.

4
- [ ] **A** 부모의 형질을 자손에게 물려주는 현상을 번식이라고 한다.
- [ ] **B** 부모의 형질을 자손에게 물려주는 현상을 유전이라고 한다.

5
- [ ] **A** 쌍꺼풀 유전자와 외까풀 유전자 중 쌍꺼풀 유전자가 우세하다.
- [ ] **B** 쌍꺼풀 유전자와 외까풀 유전자 중 외까풀 유전자가 우세하다.

6
- [ ] **A** 하나의 수정란에서 분리되어 자라면 일란성 쌍둥이로 구분할 수 있다.
- [ ] **B** 하나의 수정란에서 분리되어 자라면 이란성 쌍둥이로 구분할 수 있다.

7
- [ ] **A** 멀리 떨어져 자란 쌍둥이의 외모와 성격 등이 크게 달라질 수 있다.
- [ ] **B** 멀리 떨어져 자라도 쌍둥이의 외모와 성격 등은 달라지지 않는다.

답 ❶ A ❷ B ❸ A ❹ B ❺ A ❻ A ❼ A

동아출판

실수를 줄이는 한 끗 차이!

빈틈없는 연산서

•교과서 전단원 연산 구성 •하루 4쪽, 4단계 학습 •실수 방지 팁 제공

수학의 기본

큐브

개념 이해가 실력의 차이!

대체불가 개념서

•교과서 개념 시각화 구성

•수학익힘 교과서 완벽 학습

•기본 강화책 제공

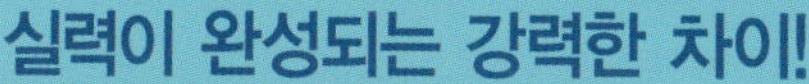

실력이 완성되는 강력한 차이!

새로워진 유형서

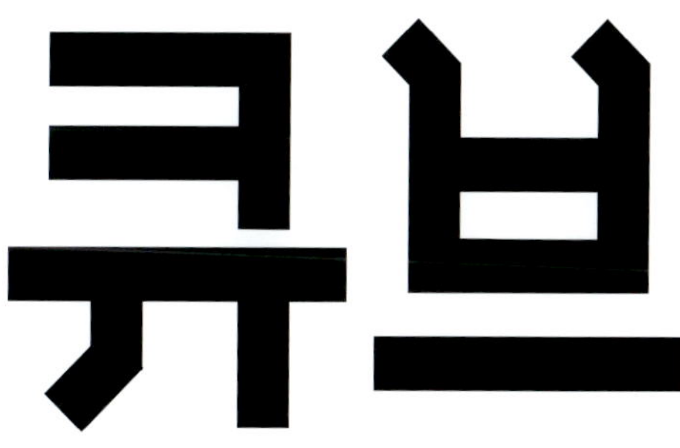

•기본부터 응용까지 모든 유형 구성

•대표 예제로 유형 해결 방법 학습

•서술형 강화책 제공

하이탑
HIGHTOP

초등 과학 3·1

2권 심화

하이탑
HIGHTOP

HIGHTOP

하이탑
HIGHTOP

HIGHTOP

믿고 보는 초등 과학 개념서
하이탑
HIGHTOP
초등
과학
3·1
3권 정답과 해설
빠른 정답으로 편리한 채점 | 자세한 해설과 보충자료
동아출판

차례

1 힘과 우리 생활

12~13쪽

필수 탐구 1 ㉠ 2 ㉣

개념 확인문제
1 힘 2 (1) ○ (2) ○ (3) ○ (4) ×
3 ㉠ 가벼운, ㉡ 무거운 4 무게 5 ㉡
6 ④, ⑤

16~17쪽

필수 탐구 1 ㉡→㉠→㉣→㉢→㉤ 2 가위

개념 확인문제
1 수평 2 ㉣ 3 ③
4 ㉠, 수평 조절 장치 5 필통 6 (2) ○

18~19쪽 실력 강화문제

1 리아 2 ④ 3 ㉠ 4 ⓐ 같은 물
체라도 사람마다 느끼는 무게가 다를 수 있기 때문에 물체
의 무게를 정확히 측정하기 위해 저울을 사용합니다.
5 ③ 6 ㉡ 7 ㉠→㉡→㉢
8 가까운 9 소정 10 연필

22~23쪽

필수 탐구 1 28 2 150

개념 확인문제
1 은비 2 8 3 ㉡ 4 (1) ×
(2) × (3) ○ (4) ○ 5 ㉡ 6 200

26~27쪽

필수 탐구 1 지레 2 빗면

개념 확인문제
1 (1) ㉡ (2) ㉠ 2 ㉡ 3 ②
4 ㉠ 힘점, ㉡ 작용점 5 (1) ○ 6 완만할수록

28~29쪽 실력 강화문제

1 설아 2 100 3 (1) ㉡ (2) 영점 조절 나사
4 40 5 윤하 6 지레 7 ㉢
8 ㉠ 9 ④ 10 ⓐ 빗면을 따라 물체를
밀어 올리면 직접 물체를 드는 것보다 힘이 적게 듭니다.

30~33쪽 단원평가

1 ① 2 (1) ○ 3 ㉢ 4 (2) ○
5 (1) 태희 (2) 예진 6 ④ 7 ⓐ 무게가
같은 클립, 똑같은 단추 8 (1) ㉡ (2) ㉠
9 5 10 120 11 ㉠ 손잡이, ㉡ 영점 조절
나사, ㉢ 표시자 12 240 13 ②
14 ㉠ 15 (1) 지레 (2) 빗면 16 ㉠, ⓐ 배
를 받침점에 더 가깝게 이동합니다. 17 ⓐ 한쪽
저울접시에 물체를, 다른 쪽 저울접시에는 클립을 올려놓
고 저울대가 수평이 되었을 때 클립의 개수를 세어 무게를
비교합니다. 18 ⓐ 용수철에 매단 추의 무게가 일정하
게 늘어나면 용수철의 길이도 일정하게 늘어납니다.
19 ⓐ 영점 조절 나사를 돌려 표시자를 눈금 '0' 위치에
오도록 조절합니다. 20 ⓐ 빗면을 사용하면 무
거운 물체를 들어 올릴 때 힘이 더 적게 들기 때문입니다.

34~35쪽 단원 핵심 정리

1 힘 2 중심 3 수평 4 저울접시
5 무게 6 표시자 7 지레 8 빗면

2 동물의 생활

42~43쪽

필수 탐구　**1** ①　　**2** ㉠

개념 확인문제

1 ㉡　　**2** ②　　**3** (1) ○ (2) ○
4 ②, ⑤　　**5** ㉢　　**6** 메뚜기

46~47쪽

필수 탐구　**1** (2) ○　　**2** ⑤

개념 확인문제

1 뱀　　**2** (1) ㉢ (2) ㉡ (3) ㉠　　**3** 다리
4 ④　　**5** ㉠　　**6** ②

48~49쪽　실력 강화문제

1 (라)　　**2** ①, ④　　**3** ③　　**4** ㉲ 다리가
있습니다.　　**5** (1) 개구리, 나비, 뱀 (2) 소, 개, 고양이
(3) 나비 (4) 개구리, 뱀　　**6** ⑤　　**7** ㉡
8 ㉲ 뱀은 다리가 없어 기어서 이동하고, 개미는 다리가
있어 걸어서 이동합니다.　　**9** ㉠ 비늘, ㉡ 아가미
10 ①

52~53쪽

필수 탐구　**1** ③　　**2** 선우

개념 확인문제

1 ⑤　　**2** ㉢　　**3** 미어캣　　**4** (2) ○
5 (1) 사막 (2) 북극 (3) 북극 (4) 사막
6 (1) ㉠ (2) ㉢ (3) ㉡

56~57쪽

필수 탐구　**1** ⑤　　　**2** ㉠

개념 확인문제

1 ㉡, ㉢, ㉣, ㉰　　**2** ②, ④　　**3** ④
4 (1) ○　　**5** (1) ㉡ (2) ㉠　　**6** ①

58~59쪽　실력 강화문제

1 ㉡　　**2** 예은　　**3** ㉲ 몸에 비해 큰 귀로 몸
속의 열을 밖으로 내보내 체온 조절을 합니다.
4 (가)　　**5** (1) (나), (다), (라) (2) (가)　　**6** ④
7 ③, ⑤　　**8** ㉲ 몸의 일부를 날개처럼 사용하는 동물
입니다.　　**9** ㉡　　**10** (1) ○ (2) × (3) ○
(4) ×

60~63쪽　단원평가

1 ⑤　　**2** (1) ㉠ (2) ㉢ (3) ㉡　　**3** ㉠ 아가미,
㉡ 지느러미　　**4** (1) (라) (2) (가)　　**5** ③, ⑤
6 ⑤　　**7** 지렁이　　**8** (1) ○　　**9** (다), (라)
10 기정　　**11** ㉠ 혹, ㉡ 귀　　**12** ㉢
13 ④　　**14** ①, ④　　**15** ㉠　　**16** ㉲ 동물
의 생김새가 귀엽고, 귀엽지 않은지 판단하는 기준이 사람
마다 다르기 때문에 분류 기준으로 적당하지 않습니다.
17 ㉲ 앞발이 튼튼하고 삽처럼 생겼으며, 긴 발톱이 있어
땅을 잘 팔 수 있습니다.　　**18** ㉲ 지느러미가 있어서
물속에서 헤엄을 잘 칠 수 있습니다. 아가미가 있어서 물
속에서 숨을 쉴 수 있습니다. 몸이 유선형이라서 물속에서
빨리 헤엄쳐 이동할 수 있습니다.　　**19** ㉲ 비가
거의 내리지 않아 물이 부족합니다. 낮에는 햇볕이 뜨겁고
밤에는 매우 춥습니다. 모래로 뒤덮인 곳이 많아 모래바람
이 붑니다.　　**20** ㉲ 수리의 발은 움켜쥐는 힘이 강해 먹
이를 잡으면 잘 놓치지 않는 특징을 이용해 집게 차를 만
들었습니다.

64~65쪽　단원 핵심 정리

1 물갈퀴　　**2** 새끼　　**3** 다리　　**4** 지느러미
5 낙타　　**6** 귀　　**7** 곤충　　**8** 빨판

3 식물의 생활

필수 탐구 1 ㉢ 2 ㉢, ㉣

개념 확인문제
1 (1) ㉡, ㉢ (2) ㉠, ㉣ 2 ① 3 ㉠
4 뿌리 5 서빈 6 ④

1 ③, ④ 2 (1) ㉡, ㉢ (2) ㉠, ㉣ (3) ㉢ (4) ㉡
3 ⑤ 4 ⑩ 사람에 따라 분류 결과가 달라질 수
있기 때문입니다. 5 ⑤ 6 ㉠
7 ①, ④, ⑥ 8 ③ 9 강아지풀 10 지아

필수 탐구 1 ㉡ 2 (1) ○

개념 확인문제
1 ①, ④ 2 (1) ㉠ (2) ㉡ 3 ㉡
4 사막 5 (1) ○ (2) × (3) × 6 은채

필수 탐구 1 ㉡ 2 ㉢

개념 확인문제
1 ㉡ 2 ② 3 희수 4 ④
5 (1) ○ 6 (1) ㉠ (2) ㉡

1 ① 2 나연 3 ㉢ 4 (3) ○
5 ⑩ 굵은 줄기에 물을 저장하여 사막의 건조한 환경에서
도 잘 견딜 수 있습니다. 6 ㉠ 낮고, ㉡ 작다
7 ④ 8 ③ 9 ㉢ 10 ㉣

1 잎맥 2 (3) ○ (4) ○ 3 (라)
4 ㉠ 풀, ㉡ 나무 5 다희 6 ㉣
7 (3) × 8 ③ 9 ㉡, ㉣ 10 용설란
11 ③ 12 ㉠, ㉣ 13 (1) ○ (4) ○
14 유하 15 (1) ㉡ (2) ㉠
16 (1) ⑩ 잎의 전체적인 모양이 길쭉한가? (2) ⑩ 소나
무, 강아지풀 (3) ⑩ 단풍나무, 토끼풀
17 ⑩ 전체적인 모양이 넓적합니다. 가장자리가 톱니 모
양입니다. 끝부분은 뾰족합니다. 잎맥의 모양이 그물 모양
입니다. 18 ⑩ 부레옥잠은 잎자루에 있는 공기주
머니의 공기 때문에 물에 떠서 살 수 있습니다.
19 ⑩ 물의 증발을 줄일 수 있습니다. 동물이 함부로 먹
지 못합니다. 20 ⑩ 도꼬마리 열매 가시 끝의 갈고리 모
양이 동물의 털이나 사람의 옷에 잘 붙는 특징을 활용해 찍
찍이 테이프를 만들었습니다.

1 잎맥 2 나무 3 줄기 4 잎
5 소금 6 낙하산

4 생물의 한살이

98~99쪽

필수 탐구 1 배추흰나비 알 2 (4) ✕

개념 확인문제
1 동물의 한살이 2 ㉢
3 ㉣ → ㉠ → ㉣ → ㉣ 4 ㉠ 다리, ㉣ 곤충
5 ④ 6 ②

102~103쪽

필수 탐구 1 ㉢ 2 ⑤

개념 확인문제
1 ①, ③ 2 (1) ㉣ (2) ㉠ (3) ㉢ 3 ㉠
4 ㉢ 5 송아지 6 ④

104~105쪽 실력 강화문제

1 ㉢ 2 예 동물의 알이나 새끼가 태어나고 자라서 다시 알이나 새끼를 낳기까지의 과정을 말합니다.
3 서울 4 ㉢ 5 ②, ⑤ 6 ㉢
7 올챙이 8 ④ 9 ③, ④
10 예 갓 태어난 강아지는 눈을 뜨지 못해 사물을 볼 수 없고, 다 자란 개는 눈을 떠 사물을 볼 수 있습니다. 갓 태어난 강아지는 어미젖을 먹고, 다 자란 개는 이빨이 있어 먹이를 뜯거나 씹어 먹습니다.

108~109쪽

필수 탐구 1 ㉢ 2 (1) ◯

개념 확인문제
1 ② 2 떡잎 3 ③ 4 (가)
5 ㉢ 6 ③

112~113쪽

필수 탐구 1 ㉠ 꽃, ㉣ 열매 2 ㉠

개념 확인문제
1 한살이 2 (3) ◯ 3 ③
4 ㉣ → ㉣ → ㉠ → ㉢ 5 혜인 6 ②

114~115쪽 실력 강화문제

1 물 2 ② 3 (나)
4 ㉣ → ㉠ → ㉢ → ㉣ 5 (1) ㉠, ㉣ (2) ㉠, ㉢
6 ㉢ 7 코스모스, 옥수수, 나팔꽃
8 ② 9 ④ 10 예 씨가 싹 터서 자라 꽃을 피우고 열매를 맺어 씨를 만듭니다.

116~119쪽 단원평가

1 ⑤ 2 ③ 3 ㉣ 4 (나), (라)
5 ㉣ → ㉢ → ㉣ → ㉠ 6 ② 7 (2) ◯
8 ㉣ 9 ① 10 ⑤ 11 (1) ㉠
(2) ㉣ 12 재희 13 한해살이식물
14 ② 15 (1) ㉠ (2) ㉣, ㉢, ㉣
16 예 번데기에서 날개가 있는 어른벌레가 나오는 과정입니다. 17 예 무당벌레는 번데기 과정이 있는 완전 탈바꿈을 하고, 사마귀는 번데기 과정이 없는 불완전 탈바꿈을 합니다. 18 예 다 자란 수탉은 암탉보다 볏과 꽁지깃이 길고, 깃털의 색깔이 화려합니다.
19 예 식물이 잘 자라려면 충분한 햇빛이 필요합니다.
20 예 여러 해 동안 살면서 한살이 과정을 되풀이하는 여러해살이식물입니다.

120~121쪽 단원 핵심 정리

1 번데기 2 애벌레 3 올챙이 4 어미젖
5 본잎 6 꽃 7 한해 8 여러해

정답과 해설

1 힘과 우리 생활

① 힘

+ 개념 분석

필수 개념 01 물체를 움직이게 하거나 멈추게 하려면 힘이 필요하다.

- 물체를 밀거나 당길 때에는 힘이 필요함.
- 무거운 물체를 밀거나 당길 때에는 가벼운 물체를 밀거나 당길 때보다 더 큰 힘이 필요함.

필수 개념 02 무게는 지구가 물체를 끌어당기는 힘의 크기이다.

- 무게: 지구가 물체를 끌어당기는 힘의 크기임.
- 지구는 모든 물체를 지구 중심 방향으로 끌어당기며, 가벼운 물체보다 무거운 물체를 더 세게 끌어당김.
- 무게의 단위: g중(그램중), kg중(킬로그램중), N(뉴턴) 등이 있지만, 일상생활에서는 g(그램), kg(킬로그램)을 사용함.

+ 탐구 분석

무거운 물체와 가벼운 물체를 밀 때의 특징

[결과] 빈 상자를 밀 때보다 물체를 넣은 상자를 밀 때 힘이 더 많이 듦.

[무거운 물체와 가벼운 물체를 움직일 때 필요한 힘의 크기]
- 무거운 물체를 밀거나 당길 때에는 큰 힘이 필요함.
- 가벼운 물체를 밀거나 당길 때에는 작은 힘이 필요함.

 **탐구** ▶12쪽

1 ㉠   **2** ㉣

1 무거운 물체를 밀거나 당길 때에는 힘이 많이 들고, 가벼운 물체를 밀거나 당길 때에는 힘이 적게 듭니다.

2 가벼운 물체를 밀 때보다 무거운 물체를 밀 때 더 큰 힘이 필요하기 때문에 가장 무거운 상자를 밀 때 가장 큰 힘이 필요합니다.

1 힘   **2** (1) ○ (2) ○ (3) ○ (4) ✕
3 ㉠ 가벼운, ㉡ 무거운   **4** 무게   **5** ㉡
6 ④, ⑤

1 힘의 의미
가만히 놓여 있는 물체를 움직이거나 움직이는 물체를 멈추려면 힘이 필요합니다.

2 힘과 관련된 현상
⑷에서의 힘은 과학에서 말하는 힘이 아닙니다. 과학에서 말하는 힘은 물체의 모양, 움직이는 방향, 빠르기 등을 변화시키는 원인입니다.

3 물체를 밀거나 당길 때 힘의 크기
물체를 밀거나 당길 때에는 힘이 필요합니다. 물체의 무거운 정도에 따라 필요한 힘의 크기가 다릅니다.

4 무게의 의미
무게는 지구가 물체를 끌어당기는 힘의 크기를 의미합니다. 지구는 모든 물체를 지구 중심 방향으로 끌어당기는데, 가벼운 물체보다 무거운 물체를 더 세게 끌어당깁니다. 그래서 무거운 물체를 들 때 가벼운 물체보다 힘이 더 듭니다.

5 무게를 측정하는 도구
왜 답일까? ㉡ 물체의 무게를 정확하게 측정할 때 사용하는 도구는 저울입니다.
왜 답이 아닐까?
㉠ 자
→ 자는 물체의 길이를 측정하는 도구입니다.
㉢ 돋보기
→ 돋보기는 작은 것을 크게 보이도록 하는 도구입니다.
㉣ 현미경
→ 현미경은 눈으로는 볼 수 없을 만큼 작은 물체나 물질을 확대해서 보는 도구입니다.

6 무게를 정확하게 측정하는 경우
태권도나 복싱과 같은 운동 경기를 하기 전 선수들의 몸무게를 측정하여 몸무게에 따라 체급을 나눕니다. 우체국에서 택배를 보낼 때 우편물의 무게를 측정하여 무게에 따라 배송 요금을 정합니다.

2 물체의 무게 비교 (1)

+ 개념 분석

필수 개념 03 두 물체를 받침점에서 같은 거리에 올려 기울어진 쪽이 더 무겁다.

- 수평: 어느 한쪽으로 기울지 않고 평평한 상태를 말함.
- 무게가 같은 경우 나무판자의 받침점으로부터 양쪽으로 같은 거리에 두 물체를 올려 수평을 잡음.
- 무게가 다른 경우 무거운 물체를 가벼운 물체보다 나무판자의 받침점에서 가까운 쪽에 올려 수평을 잡음.

필수 개념 04 양팔저울은 수평 잡기의 원리를 이용한 저울이다.

- 양팔저울로 두 물체의 무게 비교하기: 받침점으로부터 양쪽으로 같은 거리에 있는 저울접시에 각각의 물체를 올리면 저울대가 무거운 물체 쪽으로 기울어짐.

+ 탐구 분석

양팔저울로 여러 가지 물체의 무게 비교하기

- 양팔저울의 한쪽 저울접시에는 물체를 올려놓고, 다른 한쪽 저울접시에는 기준 물체를 올려놓아 수평이 되었을 때 기준 물체의 개수를 세어 여러 가지 물체의 무게를 비교할 수 있음.
- 기준 물체의 개수가 많을수록 무거운 물체임.

필수 탐구 ▶16쪽

1 ㉡ → ㉠ → ㉢ → ㉣ → ㉤　　　　**2** 가위

1 양팔저울을 사용하기 전에 수평 조절 장치로 저울대의 수평을 맞추어야 합니다. 수평이 맞았으면 양팔저울의 한쪽 저울접시에 측정하려는 물체를 올려놓고, 수평이 될 때까지 다른 쪽 저울접시에 클립을 올려놓습니다. 저울대가 수평이 되었을 때 클립의 개수를 세어 봅니다. 같은 방법으로 물체를 바꿔 수평이 되었을 때 올려 놓은 클립의 개수를 비교합니다.

2 저울대가 수평을 이루었을 때 올려놓은 클립의 수가 많을수록 무거운 물체입니다. 가위>집게>연필>볼펜>자 순서로 무겁습니다.

개념 확인문제 ▶17쪽

1 수평　　**2** ㉣　　**3** ③　　**4** ㉠, 수평 조절 장치　　**5** 필통　　**6** (2) ○

1 수평의 의미

어느 쪽으로도 기울어지지 않고 평평하게 평형을 이루고 있는 상태를 수평이라고 합니다.

2 수평 잡기의 원리

무게가 같은 두 나무토막으로 나무판자의 수평을 잡으려면 받침점으로부터 양쪽으로 같은 거리에 나무토막을 올려야 합니다.

3 시소에서 수평 잡기

받침점에서 떨어져 있는 거리가 서로 다르고 시소가 수평을 이루고 있으므로 준호와 예진이의 몸무게는 다릅니다. 준호가 받침점에 더 가까이 앉았을 때 시소가 수평을 이루었기 때문에 준호가 예진이보다 더 무겁습니다.

4 양팔저울의 구조

양팔저울의 저울대가 기울어졌을 때는 수평 조절 장치를 저울대가 올라간 쪽으로 조금씩 밀면서 수평을 맞춘 후 사용합니다. ㉡은 받침점, ㉢은 저울대, ㉣은 저울접시, ㉤은 받침대입니다.

5 양팔저울로 물체의 무게 비교

필통을 올린 쪽으로 양팔저울의 저울대가 기울어졌으므로 필통이 풀보다 무거운 것을 알 수 있습니다.

6 기준 물체의 조건

같은 금액의 동전, 똑같은 단추, 클립처럼 무게가 일정하고 무게를 비교하는 물체보다 가벼우며 저울접시에 여러 개 올릴 수 있도록 크기가 알맞은 물체를 기준 물체로 사용할 수 있습니다.

▲ 같은 금액의 동전

▲ 똑같은 단추

▲ 무게가 같은 클립

▲ 무게가 같은 장구 핀

1 리아 **2** ④ **3** ㉠ **4** 예 같은 물체라도 사람마다 느끼는 무게가 다를 수 있기 때문에 물체의 무게를 정확히 측정하기 위해 저울을 사용합니다.
5 ③ **6** ㉡ **7** ㉠ → ㉡ → ㉢
8 가까운 **9** 소정 **10** 연필

1 힘의 의미
가만히 놓여 있는 물체를 움직이거나 움직이는 물체를 멈추기 위해서는 힘이 필요합니다.

2 힘과 관련된 현상
물이 끓거나 얼음이 녹는 것처럼 물질의 상태나 성질이 변하는 것은 힘과 관련된 현상이 아닙니다.

| 추가자료 |

생활 속 힘과 관련된 현상
- 손수레를 힘을 주어 밀면 힘을 준 방향으로 손수레가 움직입니다.
- 손에 힘을 주어 날아오는 공을 잡으면 공이 멈춥니다.
- 발로 자전거 페달을 밀면 자전거가 앞으로 움직입니다.
- 칠판지우개를 잡고 밀면 지우개가 밀리면서 칠판에 쓴 글씨가 지워집니다.
- 힘을 주어 그네를 밀면 그네가 앞으로 움직입니다.
- 손에 힘을 주어 유모차를 밀면 유모차가 움직입니다.

▲ 손수레를 미는 모습

▲ 공을 잡는 모습

▲ 자전거 페달을 미는 모습

▲ 칠판을 닦는 모습

▲ 그네를 미는 모습

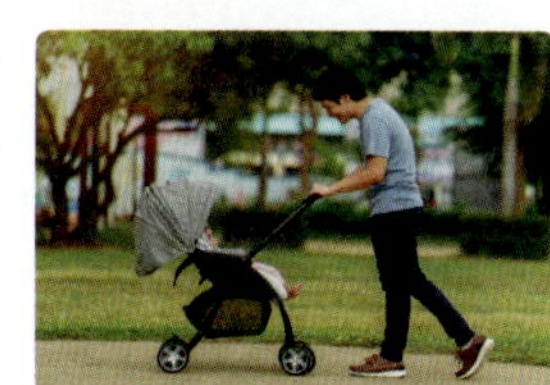

▲ 유모차를 미는 모습

---

3 지구가 물체를 끌어당기는 힘
지구가 가벼운 물체보다 무거운 물체를 더 세게 끌어당기기 때문에 무거운 물체를 들 때 가벼운 물체보다 힘이 더 듭니다.

4 저울로 무게를 측정하는 까닭
여러 가지 물체를 손으로 들어 보면 어느 물체가 더 무거운지 어림할 수 있지만, 같은 물체라도 사람마다 느끼는 무게가 다를 수 있습니다. 그래서 물체의 무게를 정확히 측정하기 위해 저울을 사용합니다.
채점 TIP 물체의 무게를 정확히 측정하기 위해 저울을 사용한다고 쓰면 정답으로 합니다.

5 지구가 물체를 끌어당기는 힘의 크기
'물체가 무겁다.'는 것은 '지구가 그 물체를 세게 끌어당긴다.'라는 뜻입니다. 지구가 끌어당기는 힘의 크기가 가장 작은 것은 가장 가벼운 물체를 말합니다.

6 수평 잡기의 원리
나무판자가 더 무거운 나무토막 쪽으로 기울어졌으므로 가벼운 나무토막을 무거운 나무토막보다 받침점으로부터 더 먼 곳으로 움직이면 나무판자가 수평이 됩니다.

| 추가자료 |

수평 잡기의 원리
- 무게가 같은 경우: 나무판자의 받침점으로부터 양쪽으로 같은 거리에 두 물체를 올려 수평을 잡습니다.
- 무게가 다른 경우: 무거운 물체를 가벼운 물체보다 나무판자의 받침점에서 가까운 쪽에 올려 수평을 잡습니다.

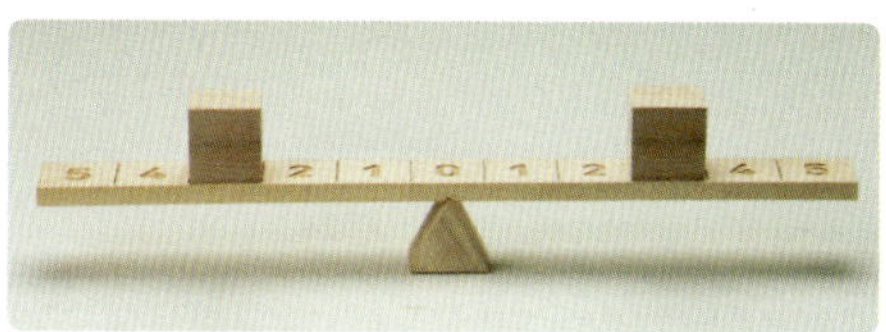

▲ 무게가 같은 물체로 수평 잡기

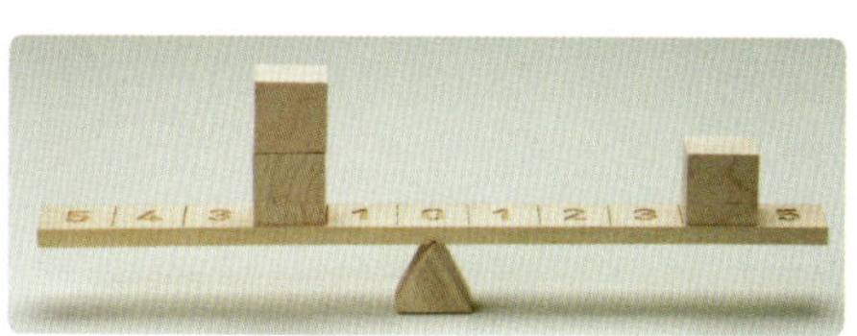

▲ 무게가 다른 물체로 수평 잡기

---

7 나무판자로 물체의 무게 비교
받침점으로부터 같은 거리에 ㉠과 ㉡을 올렸을 때 나무판자가 ㉠ 쪽으로 기울어졌으므로 ㉠이 ㉡보다 무겁습니다. ㉡과 ㉢을 올린 나무판자가 수평이 되었을 때 ㉡이 ㉢보다 받침점에 더 가까이 있으므로 ㉡이 ㉢보다 무겁습니다.

8 시소에서 수평 잡기

몸무게가 같은 두 사람이 시소에 앉아 수평을 잡으려면 두 사람이 시소의 받침점으로부터 같은 거리에 앉아야 합니다. 몸무게가 다른 두 사람이 시소에 앉아 수평을 잡으려면 무거운 사람이 가벼운 사람보다 시소의 받침점에서 가까운 쪽에 앉아야 합니다.

9 양팔저울의 구조

㉠은 수평 조절 장치로, 저울대의 수평을 맞추는 장치입니다. ㉡은 저울대를 걸 수 있도록 세운 받침대입니다. ㉢과 ㉣은 저울접시입니다. 저울접시는 받침점으로부터 양쪽으로 같은 거리에 있으며, 저울접시에 무게를 비교할 물체를 올립니다.

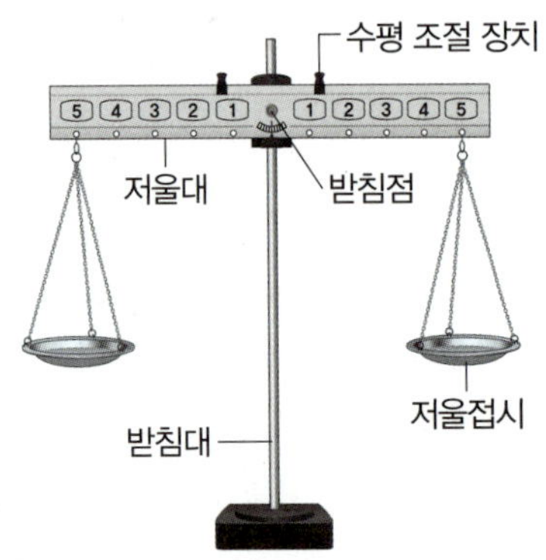

10 양팔저울로 물체의 무게 비교

양팔저울이 수평이 되었을 때 저울접시에 올린 클립의 개수가 많을수록 물체의 무게가 무겁습니다. 풀이 클립 40개의 무게와 같으므로 가장 무겁고, 연필이 클립 12개의 무게와 같으므로 가장 가볍습니다.

| 추가자료 |

물체의 무게에 해당하는 클립의 수

물체	지우개	연필	풀
클립의 수(개)	35	12	40

- 측정한 물체의 무거운 순서: 풀>지우개>연필
- 클립은 무게가 일정하기 때문에 클립을 올려 저울대가 수평이 되었을 때 클립의 전체 무게와 물체의 무게가 같으므로, 클립의 개수가 많을수록 더 무거운 물체입니다.

---

② 물체의 무게 비교 (2)

+ 개념 분석

필수 개념 05 용수철에 매단 물체의 무게가 무거울수록 용수철은 많이 늘어난다.

- 용수철은 당기면 길이가 늘어나고, 놓으면 원래 길이로 되돌아감.
- 용수철에 걸어 놓은 물체의 무게가 일정하게 늘어나면 용수철의 길이도 일정하게 늘어남.
- 용수철의 성질을 이용한 저울: 가정용 저울, 체중계, 용수철저울 등

필수 개념 06 용수철의 성질을 이용한 용수철저울로 물체의 무게를 측정한다.

- 손잡이: 용수철저울을 손으로 잡거나 스탠드에 거는 부분
- 영점 조절 나사: 물체를 매달지 않았을 때 표시자가 눈금의 '0'을 가리키도록 조절하는 나사
- 표시자: 용수철저울에 건 물체의 무게를 가리키는 부분
- 눈금: 용수철저울에 물체를 걸었을 때 표시자가 가리키는 부분
- 고리: 무게를 측정할 추나 물체를 거는 부분

+ 탐구 분석

추의 무게와 용수철이 늘어난 길이
- 용수철에 20 g의 추를 한 개씩 추가로 걸 때마다 용수철의 길이도 일정하게 늘어남.
- 용수철에 매단 물체의 무게가 일정하게 늘어나면 용수철의 길이도 일정하게 늘어남.

필수 탐구 ▶22쪽

1 28 **2** 150

1 용수철에 무게가 30 g인 추를 한 개 매달 때마다 용수철의 길이가 28 mm씩 일정하게 늘어났습니다.

2 무게가 40 g인 추를 한 개씩 더 매달 때마다 용수철이 30 mm씩 늘어나므로, 30 mm×5개＝150 mm가 늘어납니다.

개념 확인문제

▶ **23쪽**

1 은비	**2** 8	**3** ㉡	**4** (1) ×
(2) × (3) ○ (4) ○		**5** ㉡	**6** 200

1 용수철의 성질

용수철 끝을 아래로 당기면 용수철의 길이가 늘어나고, 놓으면 다시 원래 길이로 돌아갑니다. 용수철을 더 길게 늘이려면 용수철 끝을 더 세게 당겨야 합니다.

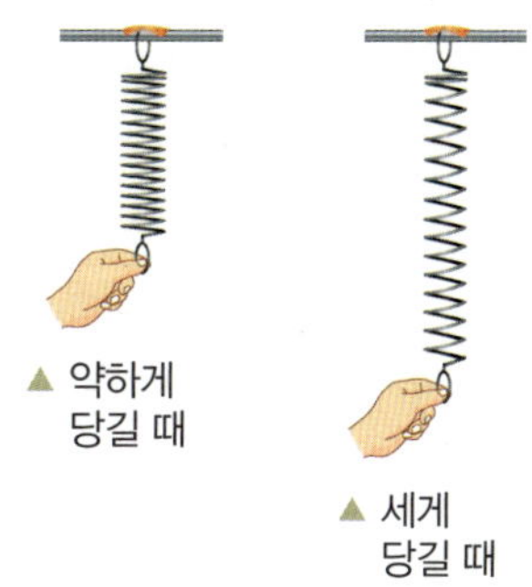

2 용수철에 매단 추의 무게와 용수철이 늘어난 길이의 관계

용수철에 무게가 30 g인 추를 한 개 매달 때마다 용수철의 길이가 4 cm씩 일정하게 늘어났으므로 추 두 개를 매달았을 때 용수철이 늘어난 길이는 8 cm입니다.

3 용수철을 이용한 저울

물체의 무게에 따라 용수철의 길이가 일정하게 늘어나는 성질을 이용한 저울에는 가정용 저울, 체중계, 용수철저울 등이 있습니다.

왜 답이 아닐까?

㉡ 양팔저울

→ 양팔저울은 수평 잡기의 원리를 이용한 저울입니다.

4 용수철저울의 구조

㉠은 용수철저울을 잡거나 스탠드에 거는 손잡이입니다. ㉡은 물체의 무게를 측정하기 전에 영점을 맞추는 영점 조절 나사입니다. ㉢은 용수철저울에 건 물체의 무게를 가리키는 표시자입니다. ㉣은 무게를 측정할 물체를 거는 고리입니다.

5 용수철저울의 눈금을 읽는 방법

표시자의 움직임이 멈추면 표시자와 눈높이를 맞추고 눈금을 읽습니다.

6 용수철저울로 물체의 무게 측정

용수철저울의 표시자가 눈금 200을 가리키고 있으므로 물체의 무게는 200 g입니다.

---

③ 도구

＋개념 분석

필수 개념 07 지레를 사용하면 물체를 들어 올릴 때 힘이 적게 든다.

- 지레: 받침대와 긴 막대를 이용하여 물체를 들어 올리는 데 쓰이는 도구임.
- 지레의 3요소: 사람이 힘을 가하는 힘점, 지레가 물체에 힘을 가하는 작용점, 지레를 받치는 받침점이 있음.
- 지레를 이용한 도구: 가위, 손톱깎이, 못뽑이, 병따개, 호두까기, 외바퀴 손수레 등이 있음.

필수 개념 08 빗면을 사용하면 물체를 들어 올릴 때 힘이 적게 든다.

- 빗면: 비스듬한 면을 따라 물체를 밀어 올리는 데 쓰는 도구임.
- 물체를 바로 들어 올릴 때보다 힘이 적게 들고, 빗면의 기울기가 완만할수록 필요한 힘의 크기가 줄어듦.
- 빗면을 이용한 도구: 경사로, 산길 도로, 나사못, 사다리, 지퍼, 병뚜껑 등이 있음.

＋탐구 분석

도구를 이용하여 무거운 물체 들어 올리기

- 주스 통을 손으로 들어 올릴 때는 힘이 많이 듦.
- 나무판자로 지레를 만들어 주스 통을 들어 올리면 손으로 들어 올릴 때보다 힘이 적게 듦.
- 나무판자로 빗면을 만들어 주스 통을 밀어 올리면 손으로 들어 올릴 때보다 힘이 적게 듦.

필수 탐구

▶ **26쪽**

1 지레	**2** 빗면

1 나무판자와 받침대를 이용하여 지레를 만든 것입니다. 손으로 주스 통을 들 때보다 지레를 사용할 때 힘이 적게 듭니다.

2 나무판자를 비스듬하게 기울여 빗면을 만든 것입니다. 손으로 주스 통을 들 때보다 빗면을 사용할 때 힘이 적게 듭니다.

개념 확인문제 ▶27쪽

1 (1) ⓒ (2) ⓐ **2** ⓒ **3** ②
4 ⓐ 힘점, ⓒ 작용점 **5** (1) ○ **6** 완만할수록

1 도구의 종류
지레는 막대의 한 점을 받치고 물체를 움직이게 하는 도구이고, 빗면은 비스듬한 면을 말합니다.

2 지레
지레를 이용하면 무거운 물체도 작은 힘으로 쉽게 들어 올릴 수 있습니다.

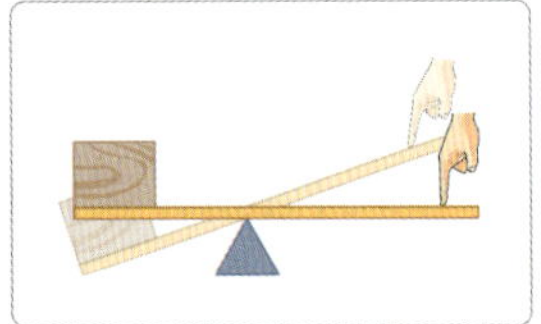
▲ 지레

3 지레를 이용한 도구
가위, 병따개, 손톱깎이는 지레를 이용한 도구이고, 나사못은 빗면을 이용한 도구입니다.

4 지레의 3요소
힘점은 사람이 지레에 직접 힘을 가하는 곳이고, 작용점은 물체에 힘이 작용하는 곳입니다. 받침점은 지레의 막대를 받치는 곳입니다.

5 빗면
빗면을 따라 물체를 밀어 올리면 직접 물체를 들어 올리는 것보다 힘이 적게 듭니다.

6 빗면의 기울기
빗면을 이용하면 물체를 같은 높이만큼 올리기 위해서 바로 들어 올릴 때보다 많은 거리를 이동시켜 주어야 하지만, 힘이 적게 듭니다. 빗면의 기울기가 완만할수록 필요한 힘의 크기가 줄어들어 작은 힘으로도 큰 힘을 낼 수 있습니다.

| 추가자료 |
빗면의 기울기에 따른 힘의 크기
빗면의 기울기가 완만할수록 물체를 같은 높이만큼 들어 올릴 때 필요한 힘의 크기가 줄어들어 작은 힘으로도 큰 힘을 낼 수 있습니다.

▲ 기울기가 급한 빗면

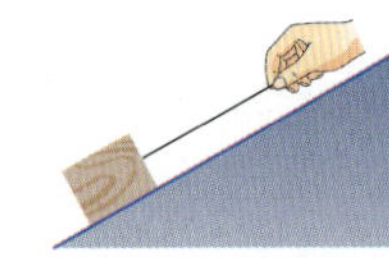
▲ 기울기가 완만한 빗면

실력 강화문제 ▶28~29쪽

1 설아 **2** 100 **3** (1) ⓒ (2) 영점 조절 나사
4 40 **5** 윤하 **6** 지레 **7** ⓒ
8 ⓐ **9** ④ **10** 예 빗면을 따라 물체를 밀어 올리면 직접 물체를 드는 것보다 힘이 적게 듭니다.

1 용수철의 성질
용수철은 손으로 잡아당기면 길이가 늘어나고, 잡았던 손을 놓으면 원래의 모양으로 되돌아가는 성질이 있습니다. 용수철에 매단 추의 무게가 무거울수록 지구가 추를 세게 끌어당기기 때문에 용수철의 길이가 더 많이 늘어납니다.

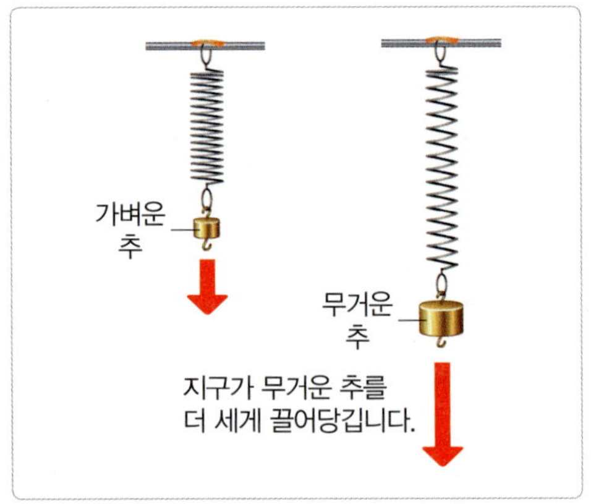

2 용수철에 매단 추의 무게와 용수철이 늘어난 길이의 관계
용수철에 매단 추의 무게가 20 g씩 일정하게 늘어날 때 용수철이 늘어난 길이는 일정하게 16 mm입니다. 80 mm는 16 mm의 5배이므로, 가위의 무게는 20 g 추 5개의 무게와 같은 100 g입니다.

| 추가자료 |
추의 무게와 용수철이 늘어난 길이의 관계
● 용수철에 걸어 놓은 추의 무게가 일정하게 늘어나면 용수철의 길이도 일정하게 늘어납니다.
● 용수철에 매단 추의 무게가 2배, 3배, 4배가 되면, 용수철이 늘어난 길이도 2배, 3배, 4배가 됩니다.

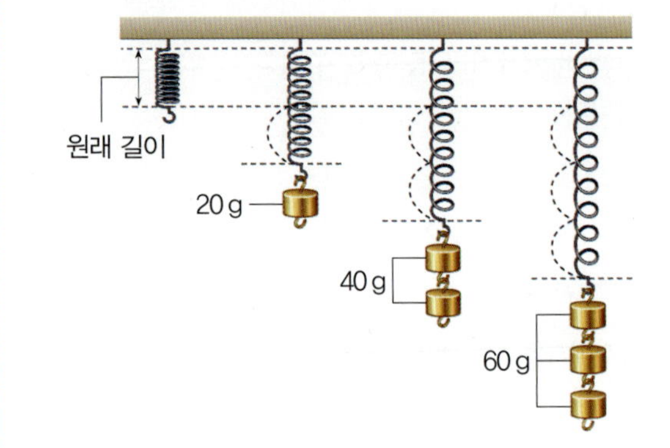

3 용수철저울의 구조

용수철저울로 물체의 무게를 측정하기 전에 표시자를 눈금 '0'의 위치에 오도록 영점 조절 나사(ⓒ)를 돌려 영점을 맞춰야 물체의 정확한 무게를 측정할 수 있습니다.

왜 답이 아닐까?

㉠ 손잡이

→ 손잡이는 용수철저울을 손으로 잡거나 스탠드에 거는 부분입니다.

ⓒ 눈금

→ 눈금은 용수철저울에 물체를 걸었을 때 표시자가 가리키는 부분입니다.

㉣ 고리

→ 고리는 무게를 측정할 추나 물체를 거는 부분입니다.

4 용수철저울로 물체의 무게 측정

용수철저울에 건 물체의 무게를 측정할 때는 표시자가 움직임을 멈춘 후, 표시자가 가리키는 눈금의 숫자를 단위와 같이 읽습니다.

5 용수철저울의 눈금을 읽는 방법

표시자의 움직임이 멈추면 표시자와 눈높이를 맞추고 눈금을 읽습니다.

6 지레

지레를 사용하면 작은 힘으로 쉽게 물체를 들어 올릴 수 있습니다.

7 지레의 3요소

가위는 지레를 이용한 도구입니다. ㉠은 힘점, ⓒ은 받침점, ㉢은 작용점입니다.

8 지레의 3요소

못뽑이는 가위나 손톱깎이와 같이 받침점이 힘점과 작용점 사이에 있는 지레입니다. 호두까기와 외바퀴 손수레는 병따개와 같이 작용점이 받침점과 힘점 사이에 있는 지레입니다.

9 빗면을 이용한 도구

사다리, 경사로, 병뚜껑은 빗면을 이용한 도구이고, 시소는 지레를 이용한 놀이기구입니다.

| **추가자료** |

빗면을 이용한 도구

- 사다리: 사다리를 이용할 때 벽에 비스듬히 세워 빗면을 만들어 올라갑니다.
- 경사로: 유모차나 휠체어를 쉽게 밀고 올라갈 수 있도록 경사로를 만듭니다.
- 병뚜껑: 병뚜껑 안쪽에 빗면이 있어 작은 힘으로 뚜껑을 열거나 닫을 수 있습니다.

10 빗면을 이용한 도구

비스듬한 면을 빗면이라고 합니다. 사다리, 경사로 등과 같은 빗면을 이용한 도구를 사용하면 무거운 물체를 힘을 적게 들여서 들어 올릴 수 있습니다.

채점 TIP 물체를 들어 올리는 데 필요한 힘의 크기가 줄어든다는 의미로 쓰면 정답으로 합니다.

단원평가
▶30~33쪽

1 ① **2** (1) ○ **3** ㉢ **4** (2) ○
5 (1) 태희 (2) 예진 **6** ④ **7** 예 무게가 같은 클립, 똑같은 단추 **8** (1) ㉡ (2) ㉠
9 5 **10** 120
11 ㉠ 손잡이, ㉡ 영점 조절 나사, ㉢ 표시자
12 240 **13** ② **14** ㉠ **15** (1) 지레
(2) 빗면 **16** ㉠, 예 배를 받침점에 더 가깝게 이동합니다. **17** 예 한쪽 저울접시에 물체를, 다른 쪽 저울접시에는 클립을 올려놓고 저울대가 수평이 되었을 때 클립의 개수를 세어 무게를 비교합니다. **18** 예 용수철에 매단 추의 무게가 일정하게 늘어나면 용수철의 길이도 일정하게 늘어납니다. **19** 예 영점 조절 나사를 돌려 표시자를 눈금 '0' 위치에 오도록 조절합니다.
20 예 빗면을 사용하면 무거운 물체를 들어 올릴 때 힘이 더 적게 들기 때문입니다.

1 물체에 힘을 가하면 물체의 모양이 변하거나, 움직이는 방향이나 빠르기가 변합니다. ①에서의 힘은 과학에서 말하는 힘이 아닙니다.

2 무거운 물체를 밀거나 당길 때에는 힘이 많이 들고, 가벼운 물체를 밀거나 당길 때에는 힘이 적게 듭니다. 물체를 넣은 상자를 밀 때 힘이 더 많이 듭니다.

3 지구는 모든 물체를 지구 중심 방향으로 끌어당기는데, 가벼운 물체보다 무거운 물체를 더 세게 끌어당깁니다. 그래서 무거운 물체를 들 때 가벼운 물체보다 힘이 더 듭니다. '물체가 무겁다.'는 것은 '지구가 그 물체를 세게 끌어당긴다.'라는 뜻입니다.

4 받침점으로부터 양쪽으로 같은 거리에 사과와 감을 올려놓았을 때 나무판자가 사과 쪽으로 기울어졌으므로 사과가 감보다 무겁습니다. 나무판자의 수평을 잡기 위해서는 무거운 사과를 받침점에 가깝게 놓아야 합니다.

5 ㈎에서 비교하면 은우와 준호는 몸무게가 같습니다. ㈏에서 준호가 예진이보다 받침점으로부터 더 가까운 곳에 앉았을 때 시소가 수평이 되었으므로 준호가 예진이보다 몸무게가 무겁습니다. ㈐에서 태희가 은우보다 받침점으로부터 더 가까운 곳에 앉았을 때 시소가 수평이 되었으므로 태희가 은우보다 무겁습니다. 따라서 태희가 가장 무겁고, 예진이가 가장 가볍습니다.

6 양팔저울에서 용수철저울의 고리와 같은 역할을 하는 부분은 물체를 올려놓는 저울접시입니다.

| 추가자료 |

양팔저울 각 부위의 명칭과 역할

수평 조절 장치	저울대가 수평을 잡을 수 있게 조절하는 장치
저울대	양쪽에 저울접시를 거는 부분
저울접시	측정하고자 하는 물체를 올려놓는 부분
받침점	받침대와 저울대가 만나는 부분
받침대	저울대 가운데가 받침점 역할을 할 수 있도록 걸어 놓은 세로 부분

7 기준 물체를 이용해 양팔저울로 여러 가지 물체의 무게를 비교할 수 있습니다. 기준 물체는 무게가 일정해야 하고, 크기가 적당해야 합니다. 또 한 개의 무게가 측정하는 물체의 무게보다 가벼워야 합니다. 무게가 같은 클립, 무게가 같은 장구 핀, 똑같은 단추, 똑같은 금액의 동전 등을 기준 물체로 사용할 수 있습니다.

8 양팔저울은 수평 잡기의 원리를 이용한 저울이고, 가정용 저울은 물체의 무게에 따라 용수철의 길이가 일정하게 늘어나는 성질을 이용한 저울입니다.

| 추가자료 |

용수철을 사용한 가정용 저울

- 저울접시가 한 개입니다.
- 무게를 비교할 물체가 필요 없습니다.
- 저울에 물체를 올렸을 때 바늘이 가리키는 눈금을 읽어 무게를 알 수 있습니다.

9 추의 무게가 $20\,g$씩 늘어날 때마다 용수철이 $2\,cm$씩 늘어나기 때문에 추의 무게가 $10\,g$이 늘어나면 $1\,cm$가 늘어납니다. 추의 무게가 $50\,g$일 경우 늘어난 용수철의 길이는 $5\,cm$가 됩니다.

10 $80\,g$의 추를 매달았을 때보다 $4\,cm$ 더 늘어났으므로 추의 무게는 $40\,g$이 늘어난 $120\,g$입니다.

11 ⊙ 손잡이는 용수철저울을 잡거나 스탠드에 거는 부분이고, ⓒ 영점 조절 나사는 물체를 매달지 않았을 때 표시자가 눈금의 '0'을 가리키도록 조절하는 나사입니다. ⓒ 표시자는 용수철저울에 건 물체의 무게를 가리키는 부분입니다.

| 추가자료 |

용수철저울의 구조

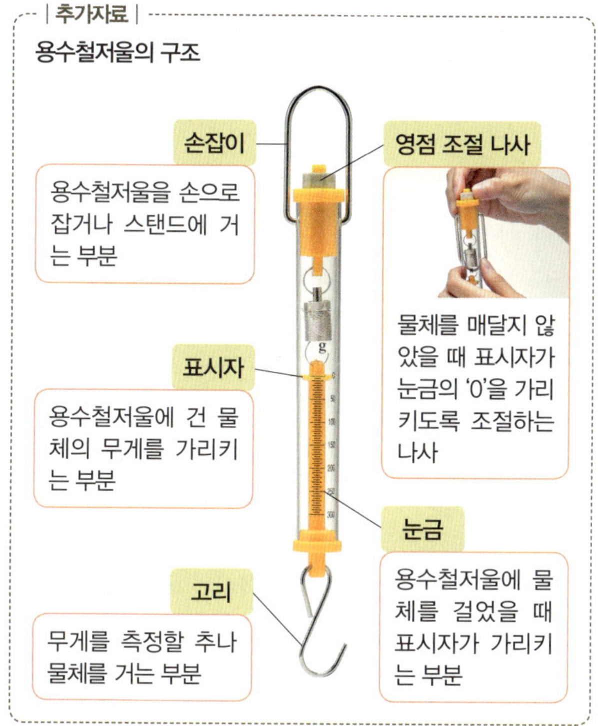

12 가위를 용수철저울의 고리에 매달았을 때 표시자가 눈금 240을 가리키고 있으므로 가위의 무게는 240 g입니다.

13 ⊙은 지레가 물체에 힘을 가하는 작용점, ⓒ은 지레를 받치는 받침점, ⓒ은 사람이 힘을 가하는 힘점입니다.

14 지레는 받침대와 긴 막대를 이용하여 물체를 들어 올리는 데 쓰는 도구이고, 빗면은 비스듬한 면을 따라 물체를 밀어 올리는 데 쓰는 도구입니다. 지레나 빗면과 같은 도구를 이용하면 더 작은 힘으로 물체를 들어 올릴 수 있습니다.

15 지레를 이용한 도구에는 병따개, 가위, 손톱깎이, 외바퀴 손수레 등이 있으며, 빗면을 이용한 도구에는 경사로, 산길 도로, 나사못, 사다리 등이 있습니다.

16 수평이란 어느 한쪽으로 기울지 않고 평평한 상태를 말합니다. 받침점으로부터 양쪽으로 같은 거리에 두 물체를 올렸을 때 기울어진 쪽에 있는 물체가 더 무거운 물체입니다. 나무판자의 수평을 잡기 위해서는 무거운 물체를 가벼운 물체보다 받침점에 더 가깝게 해야 합니다.

채점 기준

상	⊙을 옳게 쓰고, 배를 받침점에 더 가깝게 이동한다고 쓴 경우
중	⊙을 옳게 썼으나, 배를 이동한다고만 쓴 경우
하	⊙만 옳게 쓴 경우

17 양팔저울로 기준 물체를 이용해 무게를 비교할 수 있습니다. 한쪽 저울접시에 무게를 비교하려는 물체를 올리고, 다른 쪽 저울접시에 저울대가 수평이 될 때까지 클립을 올려놓고 그 개수를 세어 비교합니다.

채점 기준

상	한쪽 저울접시에 물체를 올려놓고 수평이 되었을 때 클립의 개수로 비교한다고 쓴 경우
중	클립의 개수로 비교한다고 단순하게 쓴 경우
하	한쪽 저울접시에 풀을, 다른 쪽 저울접시에 가위를 올려놓고 무게를 비교한다고 쓴 경우

18 용수철에 매단 추의 무게가 2배, 3배가 되면 용수철이 늘어난 길이도 2배, 3배가 된다라고 써도 정답으로 합니다.

채점 기준

상	용수철에 매단 추의 무게가 일정하게 늘어나면 용수철의 길이도 일정하게 늘어난다고 쓴 경우
중	용수철에 매단 추의 무게가 무거울수록 용수철이 더 길게 늘어난다고 쓴 경우
하	용수철에 추를 매달면 용수철이 늘어난다고 쓴 경우

19 용수철저울로 물체의 무게를 측정하기 전 영점을 맞추어야 정확한 무게를 잴 수 있습니다.

채점 기준

상	영점 조절 나사를 돌려 영점을 맞춘다고 쓴 경우
중	영점을 맞춘다고 쓴 경우
하	영점 조절 나사를 돌린다고 쓴 경우

20 빗면을 따라 물체를 밀어 올리면 직접 물체를 드는 것보다 힘이 적게 듭니다.

채점 기준

상	무거운 물체를 들어 올릴 때 힘이 덜 든다고 쓴 경우
중	힘이 덜 든다고 쓴 경우
하	직접 들어 올리면 더 힘들다고 쓴 경우

단원 핵심 정리 ▶ **34 ~ 35쪽**

1 힘	2 중심	3 수평	4 저울접시
5 무게	6 표시자	7 지레	8 빗면

2 동물의 생활

1 동물의 분류

+ 개념 분석

필수 개념 09 우리 주변에는 다양한 동물이 살고 있다.

- 집 주변, 화단, 연못 등에서 개미, 까치, 나비, 금붕어, 지렁이, 개구리 등 다양한 동물을 볼 수 있음.
- 여러 가지 동물을 관찰하면 동물의 생김새와 특징을 알 수 있음.

필수 개념 10 동물의 특징에 따라 분류 기준을 정하여 분류할 수 있다.

- 동물의 공통점과 차이점을 찾아 분류 기준을 정함.
- 분류한 결과가 사람에 따라 달라질 수 있는 것은 분류 기준으로 알맞지 않음.
- 분류 기준으로 알맞은 것: '날개가 있는가?', '다리가 있는가?', '알을 낳는 동물인가?', '새끼를 낳는 동물인가?' 등
- 분류 기준으로 알맞지 않은 것: '크기가 큰가?', '빠른가?', '생김새가 아름다운가?' 등

+ 탐구 분석

기준을 정해 동물 분류하기
[분류 기준: 알을 낳는 동물인가?]

- 알을 낳는 동물인 것: 까치, 뱀, 메뚜기, 금붕어, 개구리, 달팽이, 꿀벌, 거미
- 알을 낳는 동물이 아닌 것: 토끼, 고양이

필수 탐구 ▶42쪽

1 ①	2 ㉠

1 까치, 개구리, 꿀벌, 거미, 뱀, 메뚜기는 알을 낳는 동물입니다.

2 금붕어는 지느러미가 있고, 달팽이와 고양이는 지느러미가 없습니다.

개념 확인문제 ▶43쪽

1 ㉡	**2** ②	**3** (1) ○ (2) ○
4 ②, ⑤	**5** ㉢	**6** 메뚜기

1 날개가 있는 동물
나비는 가슴에 날개 두 쌍이 있으며, 날개를 이용해 날아다닙니다. 금붕어는 지느러미를 이용해 물속에서 헤엄쳐 다니고, 지렁이는 다리가 없으며 기어서 이동합니다.

2 개구리의 특징
개구리는 몸에 털이 없고, 피부가 촉촉하고 매끄럽습니다. 긴 뒷다리를 이용해 땅에서는 뛰어다니고, 뒷다리의 발가락 사이에 물갈퀴가 있어 물속에서 헤엄치기에 좋습니다.

3 개미와 까치의 공통점
개미는 세 쌍의 다리가 있고, 까치는 한 쌍의 다리가 있습니다. 개미와 까치는 모두 알을 낳는 동물입니다.

왜 답이 아닐까?
③ 더듬이가 있다.
→ 개미는 더듬이가 있지만, 까치는 더듬이가 없습니다.
④ 몸이 깃털로 덮여 있다.
→ 까치는 몸이 깃털로 덮여 있지만, 개미는 깃털로 덮여 있지 않습니다.

4 동물의 분류 기준
①, ③, ④는 누가 분류하더라도 같은 분류 결과가 나오기 때문에 분류 기준으로 알맞습니다. ②, ⑤는 어떤 동물이 크고 작은지, 어떤 동물이 귀엽고, 귀엽지 않은지 판단하는 기준이 사람마다 다르기 때문에 분류 기준으로 알맞지 않습니다.

5 동물의 분류
금붕어, 고등어, 연어는 물속에 사는 동물로, 지느러미를 이용해 헤엄을 칩니다. 참새와 잠자리는 날개가 있어 날아다니고, 뱀은 다리가 없어 기어다닙니다.

▲ 금붕어

▲ 고등어

▲ 연어

6 동물의 분류
나비, 달팽이, 벌, 메뚜기는 더듬이가 있고, 토끼, 거미는 더듬이가 없습니다.

2 사는 곳에 따른 동물의 특징 (1)

+ 개념 분석

필수 개념 11 땅에 사는 동물은 다리가 있으면 걷거나 뛰고, 다리가 없으면 기어다닌다.

- 고라니, 토끼는 두 쌍의 다리로 걷거나 뛰어다님.
- 뱀, 지렁이는 다리가 없어 기어서 이동함.
- 땅속에 사는 두더지는 땅을 파기에 알맞은 모양의 앞다리를 가지고 있음.

필수 개념 12 물에 사는 동물은 헤엄치는 것도 있고, 걷거나 기어다니는 것도 있다.

- 도롱뇽, 게는 다리가 있어 걸어 다님.
- 붕어, 고등어는 지느러미를 이용하여 물속에서 헤엄쳐 이동함.
- 다슬기, 전복은 바위에 붙어서 기어다님.

+ 탐구 분석

땅에 사는 동물과 물에 사는 동물 관찰하기
[땅에 사는 공벌레]

- 몸이 여러 개의 마디로 되어 있고, 머리에 더듬이가 있음.
- 일곱 쌍의 다리로 걸어 다님.
- 위험을 느끼면 몸을 둥글게 만듦.

[물에 사는 물방개]

- 머리에 더듬이가 있고, 세 쌍의 다리가 있음.
- 털이 나 있는 긴 뒷다리를 뻗어서 헤엄쳐 이동함.

필수 탐구 ▶46쪽

1 (2) ◯   **2** ⑤

1 공벌레는 땅 위에 사는 동물로, 몸이 여러 개의 마디로 되어 있고 일곱 쌍의 다리로 걸어 다닙니다. 위험을 느끼면 몸을 둥글게 만드는 특징이 있습니다.

2 물방개는 물속에 사는 수생 곤충입니다. 몸은 넓적한 타원형으로 머리에는 더듬이가 있습니다. 세 쌍의 다리가 있고, 털이 나 있는 긴 뒷다리로 헤엄칩니다.

개념 확인문제 ▶47쪽

1 뱀   **2** (1) ⓒ (2) ⓛ (3) ⓐ   **3** 다리
4 ④   **5** ⓐ   **6** ②

1 뱀의 특징

뱀은 땅 위와 땅속을 오가며 생활하는 동물로, 몸통이 가늘고 길며 비늘로 덮여 있습니다. 다리가 없어 기어서 이동합니다.

▲ 뱀

2 땅에 사는 동물의 생활 장소

개미는 땅 위와 땅속을 오가며 살고, 고라니는 땅 위에서 두 쌍의 다리로 걷거나 뛰어다닙니다. 두더지는 주로 땅속에서 생활합니다.

▲ 개미   ▲ 고라니   ▲ 두더지

3 땅에 사는 동물의 특징

땅에 사는 동물 중에는 뱀처럼 다리가 없어 기어다니는 동물도 있고, 고라니처럼 다리로 걷거나 뛰어다니는 동물도 있습니다.

4 개구리와 수달의 공통점

개구리와 수달은 강가나 호숫가에 살며, 물과 땅을 오가며 생활합니다. 발가락 사이에 물갈퀴가 있어 물속에서 쉽게 헤엄칠 수 있습니다.

▲ 개구리   ▲ 수달

5 물에 사는 동물

전복은 물속 바위에 붙어서 배발로 기어다니며, 오징어는 지느러미를 이용해 헤엄쳐 이동하고, 게는 다리로 걸어 다닙니다.

6 바닷속에 사는 동물

개구리와 도롱뇽은 강가나 호숫가에 살고, 붕어는 강이나 호수의 물속에 삽니다. 바닷속에 사는 동물은 고등어입니다.

실력 **강화문제** ▶48~49쪽

1 (라) **2** ①, ④ **3** ③ **4** (예) 다리가 있습니다. **5** (1) 개구리, 나비, 뱀 (2) 소, 개, 고양이 (3) 나비 (4) 개구리, 뱀 **6** ⑤ **7** ⓒ **8** (예) 뱀은 다리가 없어 기어서 이동하고, 개미는 다리가 있어 걸어서 이동합니다. **9** ㉠ 비늘, ㉡ 아가미 **10** ①

1 꿀벌의 특징

꿀벌은 몸이 머리, 가슴, 배의 세 부분으로 구분되어 있으며, 두 쌍의 날개와 한 쌍의 더듬이, 세 쌍의 다리가 있습니다.

왜 답이 아닐까?

(가) 달팽이

→ 한 쌍의 더듬이는 있지만, 날개가 없고 몸이 머리, 가슴, 배로 구분되지 않습니다.

(나) 참새

→ 날개는 있지만, 더듬이가 없고 몸이 머리, 가슴, 배로 구분되지 않습니다.

(다) 토끼

→ 날개와 더듬이가 없고, 몸이 머리, 가슴, 배로 구분되지 않습니다.

2 토끼의 특징

토끼는 꼬리가 짧고, 몸이 털로 덮여 있습니다.

| 추가자료 |

토끼의 생김새

3 동물의 분류

까치는 날개가 있으며, 붕어, 거미, 공벌레, 지렁이는 날개가 없습니다.

4 동물의 공통점

다람쥐와 너구리는 두 쌍의 다리가 있고, 잠자리는 세 쌍의 다리가 있습니다.

채점 TIP '눈이 있다.' 또는 '입이 있다.'와 같이 대부분의 동물에 해당하는 공통점을 쓴 경우에는 부분 점수를 주도록 합니다.

5 동물의 분류

개구리, 나비, 뱀은 알을 낳는 동물이고, 소, 개, 고양이는 새끼를 낳는 동물입니다. 개구리, 나비, 뱀 중에 나비는 날개가 있고, 개구리와 뱀은 날개가 없습니다.

| 추가자료 |

동물의 분류

6 땅속에 사는 동물

뱀, 개미는 땅 위와 땅속을 오가며 사는 동물이고, 토끼, 고라니, 달팽이, 개, 메뚜기, 거미, 공벌레, 고양이는 땅 위에 사는 동물입니다. 개구리는 강가나 호숫가에서 땅과 물속을 오가며 삽니다.

▲ 땅강아지

▲ 두더지

▲ 지렁이

7 두더지의 특징

두더지는 앞발이 튼튼하고 삽처럼 생겨 땅속에 굴을 파서 이동합니다.

8 뱀과 개미의 이동 방식

뱀과 개미는 땅 위와 땅속을 오가며 삽니다. 뱀은 다리가 없어서 비늘로 덮인 긴 몸으로 기어서 이동하고, 개미는 세 쌍의 다리를 이용해 걸어서 이동합니다.

채점 TIP 뱀과 개미의 이동 방법을 비교하여 각각 쓰면 정답으로 합니다.

9 붕어의 특징

강이나 호수의 물속에 사는 붕어는 몸이 비늘로 덮여 있고, 아가미가 있어 물속에서 숨을 쉴 수 있습니다. 여러 개의 지느러미로 헤엄쳐 이동합니다.

| 추가자료 |

붕어와 같은 물고기가 물속에서 생활하기에 알맞은 점

- 지느러미가 있어서 물속에서 헤엄을 잘 칠 수 있습니다.
- 아가미가 있어서 물속에서 숨을 쉴 수 있습니다.
- 몸이 유선형이라서 물속에서 빨리 헤엄쳐 이동할 수 있습니다.

---

10 갯벌에 사는 동물

바닷물이 들어오면 물에 잠기고, 바닷물이 빠져나가면 드러나는 땅을 갯벌이라고 합니다. 갯벌에 사는 동물에는 조개, 게, 짱뚱어, 갯지렁이 등

▲ 갯벌

이 있습니다. 상어, 돌고래, 가오리는 바닷속에서 사는 동물입니다.

▲ 조개

▲ 게

▲ 갯지렁이

＊ 천적: 잡아먹는 동물을 잡아먹히는 동물에 상대하여 이르는 말입니다.

---

2 사는 곳에 따른 동물의 특징 (2)

＋개념 분석

필수 개념 13 사막에 사는 동물은 덥고 건조한 환경에 잘 견딜 수 있는 특징이 있다.

- 사막의 환경: 비가 내리지 않아 건조하고, 모래바람이 강하게 불며, 낮에는 햇볕이 뜨겁고 밤에는 매우 추움.
- 사막에 사는 동물: 낙타, 미어캣, 사막여우, 사막 도마뱀, 전갈 등이 살고 있음.

필수 개념 14 극지방에 사는 동물은 추위를 잘 견딜 수 있는 특징이 있다.

- 극지방의 환경: 눈과 빙하로 덮여 있고, 매우 추움.
- 극지방에 사는 동물: 북극여우, 북극곰, 바다코끼리, 황제펭귄 등이 살고 있음.

＋탐구 분석

동물의 생김새와 환경과의 관계 찾기

- 동물의 몸 색깔이 사는 곳의 환경과 비슷한 동물: 토끼, 메뚜기, 이구아나 등
- 동물의 모양이 사는 곳의 환경과 비슷한 동물: 대벌레, 나뭇잎벌레, 난초사마귀 등
- 사는 곳의 환경과 비슷한 색깔이나 모양을 가지고 있는 동물은 자신을 잡아먹는 동물이나 먹잇감의 눈에 잘 띄지 않음.

필수 탐구 ▶52쪽

1 ③　　　　　　　**2** 선우

1 대벌레는 나뭇가지 모양이어서 눈에 잘 띄지 않아 ＊천적을 피할 수 있습니다.

2 메뚜기나 이구아나는 사는 곳의 환경과 몸 색깔이 비슷하고, 대벌레나 나뭇잎벌레는 사는 곳의 환경과 몸 모양이 비슷해서 눈에 잘 띄지 않아 자신을 잡아먹는 동물이나 먹잇감의 눈에 잘 띄지 않습니다.

▶53쪽

1 ⑤　　　**2** ㉢　　　**3** 미어캣　　**4** (2) ○

5 (1) 사막　(2) 북극　(3) 북극　(4) 사막　　**6** (1) ㉠　(2) ㉢

(3) ㉡

1 사막 환경의 특징

사막은 비가 거의 내리지 않아 건조하고, 낮에는 매우 뜨겁고, 밤에는 매우 춥습니다.

2 낙타의 특징

사막에 사는 낙타는 콧구멍을 열고 닫을 수 있어서 모래바람을 견딜 수 있습니다.

3 미어캣의 특징

미어캣의 몸은 갈색 털로 덮여 있으며, 눈 주위의 검은 털이 빛의 반사를 막아 주어 강한 햇빛에서도 멀리 볼 수 있습니다. 구부러진 발톱으로 굴을 파서 굴속에서 생활하며, 돌아가면서 망을 봅니다.

▲ 미어캣

4 극지방 환경의 특징

사막은 모래가 많으며, 비가 거의 내리지 않아 매우 건조하고 낮에는 햇볕이 뜨겁습니다. 극지방은 눈과 얼음으로 덮여 있고 매우 춥습니다.

5 사막여우와 북극여우의 특징

사막여우는 북극여우에 비해 몸집이 작고 귀가 큽니다.

| 추가자료 |

사막여우와 북극여우

구분	사막여우	북극여우
귀의 크기	귀가 커서 몸속 열을 밖으로 내보냄.	귀가 작아서 몸속 열이 덜 빠져나감.
몸집의 크기	몸집이 작음.	몸집이 큼.
털의 색깔	모래와 비슷한 황갈색 털	겨울에는 눈과 비슷한 흰색 털

6 극지방에 사는 동물

북극곰은 몸집이 크고 피부가 두꺼우며 몸이 털로 덮여 있어서 추위를 견딜 수 있습니다. 바다코끼리는 거대한 두 개의 이빨을 이용해 얼음에 몸을 고정하거나 먹이를 찾을 때 얼음에 구멍을 뚫기도 합니다. 황제펭귄은 보온이 잘 되는 깃털로 몸이 덮여 있어 추위를 견디고 무리 지어 생활하면서 둥글게 모여 서로 체온을 나눕니다.

---

3 날아다니는 동물, 동물의 활용

+ 개념 분석

필수 개념 15　날아다니는 동물은 날개가 있고, 몸의 크기에 비해 가볍다.

- 곤충: 나비, 매미, 잠자리, 벌 등
- 새: 까치, 참새, 직박구리, 딱따구리, 제비 등

필수 개념 16　동물의 특징을 모방해 생활에서 활용할 수 있다.

- 전신 수영복: 물이 흐를 때 소용돌이가 잘 생기지 않는 상어 비늘의 특징을 활용하여 만들었음.
- 흡착판: 물체에 잘 붙는 문어 빨판의 특징을 활용하여 만들었음.
- 등산화: 절벽에서 잘 미끄러지지 않는 산양 발바닥의 특징을 활용하여 만들었음.
- 집게 차: 움켜쥐는 힘이 강해 먹이를 놓치지 않는 수리 발의 특징을 활용하여 만들었음.

+ 탐구 분석

동물의 특징을 모방해 활용하는 예 조사하기

- 물놀이용 물갈퀴: 헤엄을 잘 치는 오리의 발가락 사이에 있는 물갈퀴를 활용하여 만들었음.
- 고속열차: 날렵한 곡선 모양인 산천어의 머리 모양을 모방해 만들었음.
- 윙슈트: 하늘을 활공하는 하늘다람쥐의 날개막을 모방해 만들었음.
- 게코 테이프: 발바닥에 수백만 개의 미세한 털이 있어 벽을 오를 수 있는 도마뱀붙이를 모방해 만들었음.

▶56쪽

1 ⑤　　　　　　　　　　　　　**2** ㉠

1 날렵한 곡선 형태를 띤 산천어의 머리 모양을 본떠 공기 저항을 덜 받고 소음이 적은 고속열차를 만들었습니다.

2 하늘다람쥐의 날개막을 모방해 활공할 수 있는 윙슈트를 만들었습니다.

1 ㉡, ㉢, ㉤, ㉥ **2** ②, ④ **3** ④
4 (1) ○ **5** (1) ㉡ (2) ㉠ **6** ①

1 날아다니는 동물

나비, 잠자리와 같은 곤충이나 참새, 직박구리와 같은 새는 날개가 있어서 하늘을 날 수 있습니다.

▲ 나비

▲ 잠자리

▲ 참새

▲ 직박구리

2 새와 곤충의 공통점

까치는 새이고, 매미는 곤충입니다. 새와 곤충은 날개가 있어 하늘을 날 수 있고, 대부분 몸의 크기에 비해 무게가 가볍습니다. ①, ③, ⑤는 새에 해당하는 특징입니다.

3 몸의 일부를 날개처럼 사용하는 동물

박쥐는 앞 발가락과 다리 사이에 날개막이 있어 하늘을 날 수 있습니다. 날치는 위협을 느끼면 물 밖으로 튀어나와 지느러미를 날개처럼 이용해 날 수 있습니다. 하늘다람쥐는 앞다리와 뒷다리 사이에 날개막이 있어서 나무 사이를 날아서 이동할 수 있습니다.

4 수리 발의 특징을 모방한 집게 차

먹이를 잘 잡고 놓치지 않는 수리 발의 특징을 활용하여 집게 차를 만들었습니다.

5 동물의 특징을 모방한 생활용품

문어 빨판의 생김새를 모방해 흡착판을 만들었고, 산양 발바닥이 절벽에서 잘 미끄러지지 않는 특징을 모방해 등산화 밑창을 만들었습니다.

6 상어의 특징을 모방한 전신 수영복

미세한 돌기가 물의 저항을 줄여주는 상어 비늘의 원리를 활용하여 표면에 미세한 무늬가 있는 전신 수영복을 만들었습니다.

1 ㉡ **2** 예은 **3** 예 몸에 비해 큰 귀로 몸속의 열을 밖으로 내보내 체온 조절을 합니다.
4 (가) **5** (1) (나), (다), (라) (2) (가) **6** ④
7 ③, ⑤ **8** 예 몸의 일부를 날개처럼 사용하는 동물입니다.
9 ㉡ **10** (1) ○ (2) × (3) ○ (4) ×

1 사막에 사는 동물

사막에는 미어캣, 낙타, 전갈, 사막여우, 사막 도마뱀 등의 동물이 삽니다.

> **│ 추가자료 │**
>
> **사막 환경의 특징**
>
> • 비가 내리지 않아 물이 부족합니다.
>
> • 낮에는 햇볕이 뜨겁고 밤에는 매우 춥습니다.
>
> • 모래가 많으며, 모래바람이 붑니다.
>
> 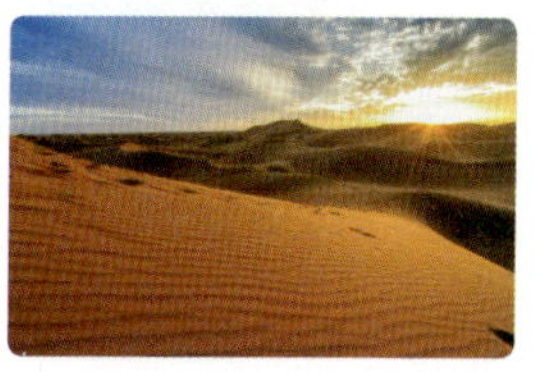
> ▲ 사막

2 사막 도마뱀의 특징

사막 도마뱀은 몸에 비늘이 있어 몸속 수분이 쉽게 빼앗기지 않습니다. 서 있거나 이동할 때 모래 위에서 발을 식히기 위해 두 발씩 번갈아 들어 올립니다.

3 사막여우의 특징

이 외에도 사막여우는 발바닥에도 털이 있어 모래에 잘 빠지지 않으며, 귓속에 털이 많아 모래바람이 불어도 모래가 잘 들어가지 않습니다. 몸이 모래와 비슷한 황갈색의 털로 덮여 있어 천적이나 먹잇감의 눈에 잘 띄지 않는 특징도 사막에서 살기에 알맞습니다.

채점 TIP 사막여우의 특징과 함께 그 특징이 사막에서 살기에 어떤 점이 유리한지 써야 정답으로 합니다. 특징만 쓰면 부분 점수를 줍니다.

> **│ 추가자료 │**
>
> **사막여우의 생김새**
>
> 
>

4 황제펭귄의 특징

남극에 사는 황제펭귄은 기름기가 있는 깃털로 빈틈없이 촘촘히 덮여 있어 물이 몸속으로 스며들지 않고 금세 흘러내립니다. 추위를 견디기 위해 둥근 형태로 겹겹이 서서 서로 몸을 맞대고 체온을 나눠 가집니다.

> **| 추가자료 |**
>
> **허들링**
> - 황제펭귄들이 추위를 견디기 위해 둥근 형태로 겹겹이 서로 몸을 바짝 붙이는 것을 말합니다.
> - 몸을 붙인 상태에서 한쪽 방향으로 천천히 움직이면서 바깥쪽 펭귄과 안쪽 펭귄이 자리를 바꿉니다.
> - 가장 안쪽은 추위에 약한 새끼들을 둡니다.
>
> 
>
> ▲ 허들링

5 북극에 사는 동물과 남극에 사는 동물

황제펭귄은 남극에 사는 동물이고, 북극곰, 북극여우, 바다코끼리는 북극에 사는 동물입니다.

6 곤충의 특징

세 쌍의 다리가 있고, 두 쌍의 날개로 하늘을 날아다니는 동물은 곤충인 잠자리입니다. 박쥐는 앞 발가락과 다리 사이에 날개막이 있어 하늘을 날아다닙니다. 까치, 참새, 직박구리는 한 쌍의 다리가 있고, 한 쌍의 날개로 하늘을 날아다닙니다.

> **| 추가자료 |**
>
> **잠자리의 생김새**
>
> 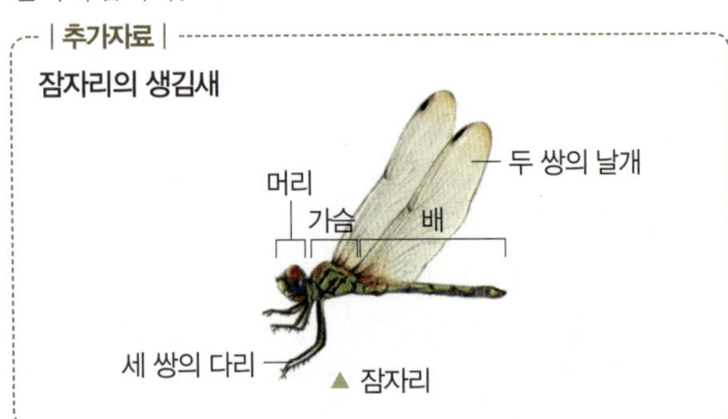
>
> ▲ 잠자리

7 새의 특징

까치, 참새, 직박구리 등과 같은 새는 날개가 있어서 하늘을 날아다닙니다. 한 쌍의 다리가 있고, 몸이 깃털로 덮여 있습니다. 대부분 뼛속이 비어 있어 몸의 크기에 비해 무게가 가볍습니다.

8 몸의 일부를 날개처럼 사용하는 동물

박쥐와 하늘다람쥐는 다리 사이에 날개막이 있어 날아서 이동하고, 날치는 지느러미를 날개처럼 이용해 날 수 있습니다.

채점 TIP 하늘을 날 수 있다는 내용만 쓰면 부분 점수를 줍니다.

▲ 박쥐

▲ 하늘다람쥐

▲ 날치

9 문어 빨판의 특징을 모방한 흡착판

문어 다리의 빨판이 물체에 잘 붙는 특징을 모방해 비누걸이나 칫솔걸이 등의 흡착판을 만들었습니다.

왜 답이 아닐까?

㉠ 물놀이용 물갈퀴
→ 오리는 발가락 사이에 물갈퀴가 있어 물속에서 헤엄을 잘 칩니다. 이러한 특징을 활용하여 잠수할 때 발에 끼워 헤엄치는 것을 도와주는 물놀이용 물갈퀴를 만들었습니다.

㉢ 등산화의 밑창
→ 산양의 발바닥은 테두리가 단단하지만, 안쪽은 고무처럼 말랑해서 절벽에서 잘 미끄러지지 않습니다. 이러한 산양 발바닥의 특징을 이용한 등산화는 밑창을 부드러운 고무로 만들어 산에서 미끄러지지 않고 안전하게 다닐 수 있도록 도와줍니다.

㉣ 윙슈트
→ 하늘다람쥐는 날개막을 펼치고 하늘을 활공합니다. 이러한 날개막을 모방해 만든 윙슈트를 입으면 스카이다이빙을 할 때 떨어지는 속도를 줄일 수 있습니다.

10 동물의 특징을 모방한 생활용품

동물의 특징을 모방해 생활에 활용할 때 동물의 몸집은 관계가 없습니다. 게코 테이프는 도마뱀붙이의 발바닥에 수백만 개의 미세한 털이 있어 벽을 오를 수 있는 특징을 모방해 만들었습니다.

▲ 도마뱀붙이의 발바닥

▲ 게코 테이프

1 ⑤	**2** (1) ㉠ (2) ㉢ (3) ㉡	**3** ㉠ 아가미,
㉡ 지느러미	**4** (1) (라) (2) (가)	**5** ③, ⑤
6 ⑤	**7** 지렁이	**8** (1) ◯
9 (다), (라)		
10 기정	**11** ㉠ 혹, ㉡ 귀	**12** ㉢
13 ④	**14** ①, ④	**15** ㉠

16 예 동물의 생김새가 귀엽고, 귀엽지 않은지 판단하는 기준이 사람마다 다르기 때문에 분류 기준으로 적당하지 않습니다.

17 예 앞발이 튼튼하고 삽처럼 생겼으며, 긴 발톱이 있어 땅을 잘 팔 수 있습니다.　**18** 예 지느러미가 있어서 물속에서 헤엄을 잘 칠 수 있습니다. 아가미가 있어서 물속에서 숨을 쉴 수 있습니다. 몸이 유선형이라서 물속에서 빨리 헤엄쳐 이동할 수 있습니다.　**19** 예 비가 거의 내리지 않아 물이 부족합니다. 낮에는 햇볕이 뜨겁고 밤에는 매우 춥습니다. 모래로 뒤덮인 곳이 많아 모래바람이 붑니다.　**20** 예 수리의 발은 움켜쥐는 힘이 강해 먹이를 잡으면 잘 놓치지 않는 특징을 이용해 집게 차를 만들었습니다.

1 땅 위에 사는 소, 개, 토끼, 거미는 다리가 있어 걷거나 뛰어서 이동합니다. 땅속에 사는 지렁이는 다리가 없어 기어서 이동합니다.

| 추가자료 |

땅에 사는 동물의 다리의 수

2 개미는 땅 위와 땅속을 오가며 사는 동물입니다. 나비는 두 쌍의 날개로 하늘을 날아다니고, 긴 빨대 모양의 입을 뻗어 꽃에서 꿀을 빨아 먹습니다. 개구리는 강가나 호숫가에서 땅과 물속을 오가며 삽니다.

3 금붕어는 연못의 물속에 사는 동물입니다. 아가미로 숨을 쉬고 지느러미를 이용해 물속에서 헤엄쳐 이동합니다.

4 까치는 몸이 깃털로 덮여 있고, 날개가 있습니다. 고양이는 몸이 털로 덮여 있고, 꼬리와 두 쌍의 다리가 있습니다.

5 고양이, 공벌레, 까치는 다리가 있고, 지느러미는 없습니다. 붕어는 다리가 없고, 지느러미가 있어 물속에서 헤엄쳐 이동합니다.

왜 답이 아닐까?

① 곤충인 것과 아닌 것
→ 고양이, 공벌레, 붕어, 까치는 모두 곤충이 아닙니다.
② 날개가 있는 것과 없는 것
→ 까치는 날개가 있고, 고양이, 공벌레, 붕어는 날개가 없습니다.
④ 더듬이가 있는 것과 없는 것
→ 공벌레는 더듬이가 있고, 고양이, 붕어, 까치는 더듬이가 없습니다.

6 땅에 사는 동물 중 다리가 있는 것은 걷거나 뛰어다니고, 다리가 없는 것은 기어다닙니다. 토끼처럼 땅 위에서 생활하는 동물도 있고, 두더지나 지렁이처럼 주로 땅속에서 생활하는 동물도 있습니다. 물속에서 사는 동물이 아가미로 숨을 쉽니다.

7 지렁이는 주로 땅속에서 생활하는 동물로, 몸이 길고 원통 모양이며, 고리 모양의 마디로 되어 있습니다. 다리가 없어 기어서 이동합니다.

▲ 소　　▲ 개미

▲ 지렁이　　▲ 도롱뇽

8 조개, 게, 갯지렁이는 갯벌에 사는 동물입니다. 조개는 도끼 모양의 발로 기어다니고, 게는 다리를 이용해 걸어 다닙니다. 갯지렁이는 몸에 털처럼 생긴 다리를 이용해 걸어 다닙니다.

9 수달은 물과 땅을 오가며 살고, 상어는 바닷속에서 삽니다.

10 (나) 상어는 바닷속에서 살고, (다) 다슬기는 다리가 없어 바닥을 기어다니거나 바위에 붙어서 생활합니다. (라) 물방개는 털이 나 있는 긴 뒷다리를 뻗어서 헤엄쳐 이동합니다.

11 사막에 사는 동물은 덥고 건조한 환경에 잘 견딜 수 있는 특징이 있습니다. 낙타는 등에 있는 혹에 지방을 저장하고 있어 먹이가 부족한 사막에서 잘 버틸 수 있습니다. 사막여우는 몸에 비해 귀가 커서 몸속의 열을 밖으로 잘 내보낼 수 있고, 작은 소리도 잘 들을 수 있습니다.

| 추가자료 |

낙타와 사막여우의 특징

12 극지방은 눈과 빙하로 덮여 있고, 기온이 매우 낮습니다.

13 극지방에 사는 북극여우는 사막여우와 다르게 귀가 작아서 몸속 열이 덜 빠져나가고, 몸집이 큽니다. 겨울에는 눈과 비슷한 흰색 털이 나서 눈에 잘 띄지 않습니다.

14 곤충이나 새는 날개가 있어 하늘을 날 수 있습니다. 직박구리, 참새와 같은 새는 부리가 있고, 몸이 깃털로 덮여 있습니다. 나비, 잠자리와 같은 곤충은 몸이 머리, 가슴, 배로 구분되고, 세 쌍의 다리가 있습니다.

15 오리는 발가락 사이에 물갈퀴가 있어 물속에서 헤엄을 잘 칩니다. 이러한 특징을 활용하여 잠수할 때 발에 끼워 헤엄치는 것을 도와주는 물놀이용 물갈퀴를 만들었습니다.

왜 답이 아닐까?

ⓛ 문어
→ 문어 다리의 빨판이 물체에 잘 붙는 특징을 이용해 비누걸이나 칫솔걸이의 흡착판을 만들었습니다.

ⓒ 하늘다람쥐
→ 하늘다람쥐는 앞다리와 뒷다리 사이에 날개막이 있어서 나무 사이를 날아서 이동할 수 있는데, 이러한 특징을 모방해 윙슈트를 만들었습니다.

16 누가 분류하더라도 같은 분류 결과가 나오는 것이 분류 기준으로 적당합니다.

채점 기준

상	귀여운 정도는 판단하는 기준이 사람마다 다르기 때문에 분류 기준으로 적당하지 않다고 쓴 경우
중	사람마다 생각이 다르기 때문에 적당하지 않다고 간단히 쓴 경우
하	적당하지 않다고만 쓴 경우

17 주로 땅속에 사는 두더지는 앞발을 사용해 땅속에 굴을 파서 이동합니다.

채점 기준

상	앞발이 튼튼하고 삽처럼 생겼으며, 긴 발톱이 있어서라고 쓴 경우
중	앞발이 튼튼하고 삽처럼 생겼기 때문이라고 쓴 경우
하	앞발이 튼튼해서라고 쓴 경우

18 붕어는 아가미로 물속에서 숨을 쉬고, 몸이 유선형이며 지느러미가 있어 빠르게 헤엄쳐 이동할 수 있습니다.

채점 기준

상	지느러미, 아가미, 유선형의 몸 중 두 가지를 쓴 경우
중	지느러미, 아가미, 유선형의 몸 중 한 가지를 쓴 경우
하	물속에서 숨을 쉴 수 있다고 쓰거나 헤엄을 잘 칠 수 있다고 쓴 경우

19 사막은 비가 적게 내려 건조하고, 낮에는 덥고 밤에는 춥습니다. 모래바람이 심하게 붑니다.

채점 기준

상	건조한 날씨, 낮과 밤의 기온 차, 모래바람 중 두 가지를 옳게 쓴 경우
중	건조한 날씨, 낮과 밤의 기온 차, 모래바람 중 한 가지를 옳게 쓴 경우
하	'덥다.'라고 쓰거나 '모래가 많다.'라고 간단하게 쓴 경우

20 먹이를 잘 잡고 놓치지 않는 수리 발의 특징을 활용하여 무거운 물건을 집어올릴 수 있는 집게 차를 만들었습니다.

채점 기준

상	수리 발이라고 부위를 정확히 쓰고, 먹이를 잡으면 잘 놓치지 않는 특징을 함께 쓴 경우
중	수리 발이라고 부위를 쓰지 않고, 먹이를 잡으면 잘 놓치지 않는 특징만 쓴 경우
하	수리 발의 특징을 모방했다고만 쓴 경우

단원 핵심 정리 ▶64~65쪽

1 물갈퀴	**2** 새끼	**3** 다리	**4** 지느러미
5 낙타	**6** 귀	**7** 곤충	**8** 빨판

3 식물의 생활

1 식물의 분류, 들과 산에 사는 식물

+ 개념 분석

필수 개념 17 잎의 특징에 따라 분류 기준을 정하여 분류할 수 있다.

- 잎의 전체적인 모양, 가장자리 모양, 잎자루에 달린 잎의 개수, 잎맥의 모양, 만졌을 때의 느낌 등을 관찰하여 분류 기준을 정해 분류할 수 있음.
- 분류 기준으로 알맞은 것: '잎의 전체적인 모양이 넓적한가?', '잎의 끝 모양이 뾰족한가?' 등

필수 개념 18 들과 산에 사는 식물은 대부분 땅에 뿌리를 내리고 줄기와 잎이 잘 구분된다.

- 풀과 나무는 뿌리, 줄기, 잎이 있고, 양분을 스스로 만듦.
- 풀은 대부분 한해살이식물이고, 나무는 모두 여러해살이 식물임.
- 나무는 풀에 비해 줄기가 굵고 키가 큼.

+ 탐구 분석

기준을 정해 식물 분류하기

[분류 기준: 잎의 전체적인 모양이 길쭉한가?]
- 잎의 전체적인 모양이 길쭉한 식물: 소나무, 강아지풀
- 잎의 전체적인 모양이 길쭉하지 않은 식물: 단풍나무, 토끼풀, 은행나무

필수 탐구 ▶72쪽

1 ⓒ	2 ⓒ, ⓔ

1 잎은 전체적인 모양, 끝 모양, 가장자리 모양, 잎맥 모양 등 생김새에 따라 다양하게 분류할 수 있습니다. 소나무, 강아지풀의 잎은 전체적인 모양이 길쭉하며, 단풍나무, 토끼풀, 은행나무의 잎은 전체적인 모양이 길쭉하지 않습니다.

2 ㉠, ㉡, ㉢, ㉣은 잎의 끝 모양이 뾰족하고, ㉢, ㉤은 잎의 끝 모양이 둥급니다.

개념 확인문제 ▶73쪽

1 (1) ⓛ, ⓒ (2) ㉠, ⓔ	2 ①	3 ㉠
4 뿌리	5 서빈	6 ④

1 잎의 특징

강아지풀의 잎은 길쭉한 모양이며 끝부분은 뾰족하고, 잎맥이 나란합니다. 가장자리 모양이 매끄럽고, 만졌을 때 느낌은 꺼끌꺼끌합니다. 떡갈나무의 잎은 넓적하며 가장자리가 물결 모양이고, 끝부분이 둥급니다. 만졌을 때 느낌이 꺼끌꺼끌합니다.

> **추가자료**
>
> **강아지풀과 떡갈나무 잎의 특징**
>
> | 식물 | 잎의 특징 |
> |---|---|
> |  ▲ 강아지풀 | • 길쭉한 모양이며 끝부분은 뾰족하고, 잎맥이 나란함.
• 가장자리 모양이 매끄럽고, 만졌을 때 느낌은 꺼끌꺼끌함. |
> | ▲ 떡갈나무 | • 넓적하며 끝부분은 둥근 모양이고, 잎맥이 그물 모양임.
• 가장자리가 물결 모양이고, 만졌을 때 느낌은 꺼끌꺼끌함. |

2 잎의 분류 기준

잎의 특징에 따라 식물을 분류할 때 잎의 전체적인 모양, 끝 모양, 가장자리 모양, 잎맥의 모양 등이 기준이 될 수 있습니다. '잎의 색깔이 예쁜가?'는 사람에 따라 분류 결과가 달라지므로 알맞지 않은 분류 기준입니다.

3 잎의 분류

잎의 가장자리가 갈라진 것과 갈라지지 않은 것으로 분류하였습니다.

4 풀과 나무의 공통점

민들레와 떡갈나무처럼 들과 산에 사는 식물은 대부분 잎과 줄기가 뚜렷하고 땅에 뿌리를 내리고 삽니다.

5 나무의 특징

㉮는 풀이고, ㉯는 나무입니다. 나무는 모두 여러해살이식물입니다. 나무는 풀에 비해 키가 크고, 줄기가 굵습니다.

6 풀과 나무의 종류

강아지풀, 토끼풀, 명아주는 풀, 단풍나무는 나무입니다.

실력 강화문제

▶74~75쪽

1 ③, ④ **2** (1) ㉡, ㉢ (2) ㉠, ㉣ (3) ㉢ (4) ㉡
3 ⑤ **4** 예 사람에 따라 분류 결과가 달라질 수 있기 때문입니다. **5** ⑤ **6** ㉠
7 ①, ④, ⑥ **8** ③ **9** 강아지풀 **10** 지아

1 잎의 가장자리 모양

잎의 가장자리 모양이 톱니 모양인 것과 톱니 모양이 아닌 것으로 분류할 수 있습니다. 단풍나무와 토끼풀의 잎은 가장자리가 톱니 모양입니다.

| 추가자료 |

잎의 특징

식물	잎의 특징
 ▲ 은행나무	• 넓적한 부채 모양이고, 가운데 부분이 갈라져 있음. • 잎의 가장자리가 물결 모양임.
▲ 잣나무	• 길쭉한 바늘 모양이고, 한곳에 다섯 개가 뭉쳐 남. • 만졌을 때 느낌은 매끈매끈함.
 ▲ 단풍나무	• 손바닥 모양이고 가장자리가 여러 갈래로 갈라져 있으며, 톱니 모양임. • 만져 보면 얇고 부드러움.
▲ 토끼풀	• 동그란 모양의 잎 세 개가 한곳에 함께 나 있고, 가장자리는 톱니 모양임. • 만져 보면 얇고 부드러움.

2 잎의 분류

㉡, ㉢은 잎의 끝 모양이 뾰족하고, ㉠, ㉣은 잎의 끝 모양이 둥급니다. ㉡은 잎맥이 나란한 모양이고, ㉢은 잎맥이 그물 모양입니다.

| 추가자료 |

잎맥의 모양

• 잎맥은 잎에서 물과 양분이 이동하는 통로로, 줄기와 이어져 있고, 잎의 형태를 유지해 줍니다.
• 잎맥은 퍼진 모양에 따라 그물맥과 나란히맥으로 나눌 수 있습니다.

▲ 그물맥   ▲ 나란히맥

3 감나무 잎의 특징

감나무의 잎은 잎자루에 달린 잎의 개수가 한 개입니다.

| 추가자료 |

잎자루

• 잎자루는 잎몸 부분을 받치며 줄기에 붙어 있는 자루 부분입니다.
• 잎자루에 달린 잎의 개수에 따라 홑잎과 겹잎으로 나눌 수 있습니다.
• 잎자루에 잎이 한 개 붙어 있는 홑잎을 가진 식물에는 은행나무, 감나무, 단풍나무, 해바라기, 떡갈나무 등이 있습니다.
• 잎자루에 잎이 여러 개 붙어 있는 겹잎을 가진 식물에는 토끼풀, 소나무, 콩, 장미, 회양목, 등나무 등이 있습니다.

▲ 홑잎   ▲ 겹잎

4 잎의 분류 기준

분류 기준을 세울 때 크다, 무겁다, 예쁘다 등과 같이 사람마다 다르게 분류할 수 있는 기준을 세우지 않도록 합니다.

채점 TIP 사람마다 다르게 분류할 수 있기 때문에 알맞지 않다고 쓰면 정답으로 합니다.

5 잎의 분류

토끼풀과 강낭콩은 한곳에 잎이 여러 개가 나지만, 시금치와 감자는 한 개씩 납니다.

왜 답이 아닐까?

① 잎의 무게
→ 잎의 무게는 식물이 자란 정도에 따라 달라지기 때문에 식물의 종류에 따른 잎의 특징이라고 볼 수 없어 분류 기준으로 알맞지 않습니다.

② 잎맥의 모양
→ 토끼풀, 강낭콩, 시금치, 감자의 잎은 모두 잎맥이 그물 모양입니다.

③ 잎의 끝 모양
→ 토끼풀, 시금치는 잎의 끝 모양이 둥글고, 강낭콩, 감자는 잎의 끝 모양이 뾰족합니다.

④ 잎에서 나는 향기
→ 잎에서 나는 향기는 사람마다 다르게 느낄 수 있으므로 분류 기준으로 알맞지 않습니다.

6 들과 산에 사는 식물의 특징

들과 산에 사는 식물은 대부분 잎과 줄기가 뚜렷하고 땅에 뿌리를 내리고 삽니다. 잎의 색깔이 대부분 초록색이며, 햇빛을 받아 필요한 양분을 스스로 만듭니다.

㉡ 햇빛이 잘 들지 않는 곳에서 살 수 있다.

→ 식물은 양분을 만들기 위해 햇빛이 필요하기 때문에 햇빛이 잘 받을 수 있는 곳에서 잘 자랍니다.

㉢ 사람이 양분을 공급하지 않으면 살 수 없다.

→ 식물은 빛, 이산화 탄소, 물을 이용하여 살아가는 데 필요한 양분을 스스로 만듭니다.

㉣ 대부분의 식물이 뿌리가 발달되어 있지 않다.

→ 식물이 양분을 만들 때 물이 필요하기 때문에 땅속의 물을 흡수하기 위해 땅에 뿌리를 내리고 삽니다.

7 나무의 특징

들과 산에 사는 식물은 크게 풀과 나무로 구분할 수 있습니다. 풀은 대부분 한해살이식물이지만, 나무는 모두 여러해살이식물입니다. 나무는 풀에 비해 줄기가 굵고 키가 큽니다. 토끼풀, 명아주, 민들레는 풀이고, 은행나무, 소나무, 밤나무는 나무입니다.

| 추가자료 |

들과 산에 사는 식물의 종류

식물	특징
토끼풀	• 땅을 뒤덮을 정도로 키가 작음. • 잎은 보통 세 장씩 달리고, 흰색 꽃이 둥근 모양으로 핌.
명아주	• 잎이 삼각형 모양이고, 가장자리는 톱니 모양임. • 민들레보다 키가 큼.
민들레	• 잎이 한곳에서 뭉쳐 나고, 하나의 잎은 톱니 모양으로 갈라져 있음. • 꽃은 주로 노란색이고, 열매는 잘 날아감.
은행나무	• 키가 20 m~35 m까지 자람. • 잎이 부채 모양이고, 가을이 되면 잎이 노랗게 물듦.
소나무	• 키가 20 m~35 m까지 자람. • 잎은 바늘 모양이고, 한곳에 두 개씩 뭉쳐 남.
밤나무	• 잎이 긴 타원형이고, 끝이 뾰족함. • 꽃이 6월에 피고, 9~10월에 열매를 맺음.

8 풀과 나무의 특징

풀은 대부분 한해살이식물이지만, 나무는 모두 여러해살이식물입니다. 나무는 풀에 비해 줄기가 굵고 키가 큽니다. 풀은 대부분 겨울철에는 잎과 줄기를 볼 수 없지만, 나무는 겨울철에도 줄기를 볼 수 있습니다.

① 풀은 겨울철에 잎이 살아 있다.

→ 풀은 대부분 겨울철에 잎과 줄기를 볼 수 없습니다.

② 모든 풀은 일 년만 살고 죽는다.

→ 풀 중에는 토끼풀, 민들레와 같이 여러 해를 사는 여러해살이풀도 있습니다.

④ 풀은 겨울에도 줄기가 죽지 않는다.

→ 풀은 대부분 한해살이식물이기 때문에 겨울에 죽어 줄기를 볼 수 없습니다.

⑤ 나무는 겨울철에 줄기를 볼 수 없다.

→ 나무는 모두 여러해살이식물이기 때문에 겨울에도 죽지 않고 살아 있어 줄기를 볼 수 있습니다.

9 강아지풀의 특징

강아지풀은 키가 20 cm~100 cm 정도이며, 잎은 길고 가느다란 모양으로 끝이 뾰족합니다. 꽃은 초록색이며 여러 개의 꽃이 모여 강아지 꼬리 모양을 이룹니다.

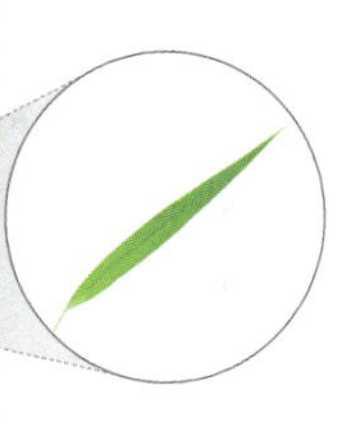

▲ 강아지풀

10 풀과 나무의 공통점

풀과 나무는 잎과 줄기가 뚜렷하고 땅에 뿌리를 내리고 살며, 햇빛을 이용해 스스로 양분을 만듭니다.

| 추가자료 |

풀과 나무의 공통점과 차이점

구분	풀	나무
공통점	• 뿌리, 줄기, 잎이 있음. • 필요한 양분을 스스로 만듦.	
차이점	• 나무보다 키가 작음. • 나무보다 줄기가 가늚. • 대부분 한해살이식물임.	• 풀보다 키가 큼. • 풀보다 줄기가 굵음. • 모두 여러해살이식물임.

2 강이나 호수, 사막에 사는 식물

+ 개념 분석

필수 개념 19 강이나 호수에 사는 식물은 물에 살기에 알맞은 특징을 가지고 있다.

- 물속에 잠겨서 사는 식물은 줄기와 잎이 좁고 긴 모양이며, 줄기가 물의 흐름에 따라 잘 휨.
- 물에 떠서 사는 식물은 수염처럼 생긴 뿌리가 물속으로 뻗어 있고, 물에 뜰 수 있는 구조로 되어 있음.
- 잎이 물에 떠 있는 식물은 잎과 꽃이 물 위에 떠 있고, 뿌리는 물속의 땅에 있음.
- 잎이 물 위로 높이 자라는 식물은 뿌리는 물속이나 물가의 땅에 있으며, 대부분 키가 크고 줄기가 단단함.

필수 개념 20 사막에 사는 식물은 물이 적어도 살 수 있는 특징을 가지고 있다.

- 사막은 비가 적게 오고 건조하여 물이 적은 환경이며, 선인장, 아데니움, 바오바브나무, 용설란, 메스키트나무, 회전초 등이 살고 있음.
- 선인장은 줄기가 굵어 물을 저장할 수 있으며, 잎이 가시 모양이라 동물이 함부로 먹지 못하고 물의 증발을 막을 수 있음.

+ 탐구 분석

선인장의 특징 알아보기
- 선인장은 바늘과 같이 뾰족한 가시 모양의 잎이 있음. → 물이 잘 빠져나가지 않음.
- 선인장의 줄기를 자른 면은 미끈미끈하고, 휴지를 대어 보면 휴지가 젖음. → 줄기에 물을 저장하고 있음.

필수 탐구 ▶ 78쪽

1 ㉡	2 (1) ○

1 선인장의 줄기는 굵고 통통하며, 색깔이 초록색입니다. 다른 식물에서 볼 수 있는 모양의 잎이 없고, 바늘처럼 뾰족한 가시가 있습니다.

2 선인장의 줄기를 자르면 자른 면이 미끈미끈하고 촉촉합니다. 줄기를 자른 면에 휴지를 대어 보면 물이 묻어 나오는 것을 통해 줄기에 물이 있다는 사실을 알 수 있습니다.

개념 확인문제 ▶ 79쪽

1 ①, ④	2 (1) ㉠ (2) ㉡	3 ㉡
4 사막	5 (1) ○ (2) × (3) ×	6 은채

1 **부엽식물의 종류**
수련, 마름, 가래 등은 부엽식물로, 잎과 꽃이 물 위에 떠 있고 뿌리는 물속의 땅에 있습니다. 물상추는 물에 떠서 사는 식물이고, 부들은 잎이 물 위로 높이 자라는 식물입니다.

2 **부유식물과 침수식물의 종류**
개구리밥은 물에 떠서 사는 부유식물로, 수염처럼 생긴 뿌리가 물속으로 뻗어 있습니다. 검정말은 물속에 잠겨서 사는 침수식물로, 줄기와 잎이 좁고 긴 모양이며 줄기가 물의 흐름에 따라 잘 휩니다.

3 **부레옥잠의 특징**
부레옥잠은 잎자루에 있는 공기주머니의 공기 때문에 물에 떠서 살 수 있습니다.

▲ 부레옥잠　　　▲ 잎자루의 가로 단면

4 **사막의 특징**
사막은 낮에 햇빛이 강하고, 낮과 밤의 온도 차가 큽니다. 또 비가 적게 와서 건조하고, 모래로 이루어져 있습니다. 기둥선인장과 낙타는 사막의 환경에서 살기에 알맞은 특징을 가지고 있습니다.

5 **사막에 사는 식물의 특징**
용설란, 바오바브나무는 사막에 사는 식물이며, 물이 적은 환경에서 살기에 알맞은 특징을 가지고 있습니다.

> **추가자료**
> **용설란과 바오바브나무의 특징**
> - 용설란은 잎이 용의 혀 모양을 닮아서 붙여진 이름으로, 잎이 크고 두꺼워서 물을 저장하기에 좋습니다.
> - 바오바브나무는 키가 크고 줄기가 굵어서 물을 많이 저장할 수 있습니다.

6 **선인장의 특징**
선인장의 가시 모양의 잎은 물이 빠져나가는 것을 줄이고, 동물이 쉽게 먹지 못하게 합니다.

+ 개념 분석

필수 개념 21 특수한 환경에 사는 식물은 그 환경에서 살기에 알맞은 특징이 있다.

- 극지방에 사는 식물은 대부분 키가 작고, 땅속 깊이 뿌리를 내리지 않음.
- 바닷가에 사는 식물은 대부분 키가 작고, 줄기가 기어가듯이 자라며, 물에 소금 성분이 있어도 살 수 있음.
- 덥고 비가 많이 오는 곳에 사는 식물은 일 년 내내 잎이 푸르고, 잎이 길고 끝이 뾰족한 모양이 많으며, 매우 크게 자라는 나무가 많음.

필수 개념 22 식물의 특징을 모방해 생활에 활용할 수 있다.

- 도꼬마리 열매의 가시 끝부분이 갈고리처럼 휘어서 털이나 옷에 잘 달라붙는 특징을 활용하여 찍찍이 테이프를 만듦.
- 가시가 있는 덩굴이 있어 사람이나 동물이 접근하기 어려운 덩굴장미의 특징을 활용하여 가시철조망을 만듦.
- 민들레 열매가 바람에 날려 퍼지는 모습을 보고 열매의 생김새를 활용하여 낙하산을 만듦.
- 단풍나무 열매가 빙글빙글 돌아가며 멀리 날아가는 특징을 활용하여 헬리콥터 프로펠러를 만듦.

+ 탐구 분석

연잎의 특징을 활용한 방수 천

- 연잎에 물을 한 방울 떨어뜨리면 물방울이 흡수되지 않고 공처럼 둥글게 뭉쳐짐.
- 물을 흡수하지 않고 미끄러지게 하는 연잎의 특징을 활용하여 방수 천을 만들었음.

 **탐구** ▶82쪽

1 ㉡	2 ㉢

1 연잎 표면에 작고 둥근 돌기가 많이 나 있어 물이 스며들지 않고, 물방울이 공처럼 뭉쳐집니다.

2 물에 젖지 않는 연잎의 특징을 활용하여 물이 스며들지 않는 방수 천이나 유리 코팅제를 만듭니다.

---

1 ㉡	2 ②	3 희수	4 ④
5 (1) ◯	6 (1) ㉠ (2) ㉡		

1 **극지방 환경의 특징**
극지방은 남극과 북극 지역을 말하고, 온도가 매우 낮고 바람이 많이 부는 환경입니다.

2 **바닷가에 사는 식물의 종류**
바닷가에는 퉁퉁마디, 순비기나무, 해홍나물, 갯방풍 등의 식물이 삽니다. 아데니움은 사막에 사는 식물입니다.

3 **덥고 비가 많이 오는 곳에 사는 식물의 특징**
덥고 비가 많이 오는 곳에 사는 식물은 일 년 내내 잎이 푸르고, 잎이 길고 끝이 뾰족한 모양이 많습니다. 잘 휘어져서 빗방울을 쉽게 흘려보내며, 햇빛이 강하고 비가 많이 와서 매우 크게 자라는 나무가 많습니다.

4 **도꼬마리의 특징을 모방한 찍찍이 테이프**
도꼬마리 열매의 가시 끝부분이 갈고리처럼 휘어 있어서 동물의 털이나 옷에 잘 달라붙는 특징을 활용한 찍찍이 테이프는 모자, 가방, 신발, 장난감 등에 사용됩니다.

| 추가자료 |

찍찍이 테이프를 사용한 제품

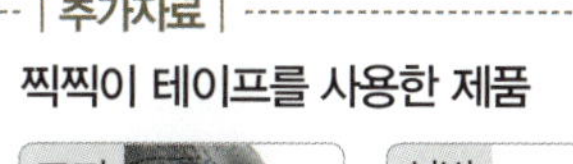

5 **단풍나무 열매의 특징을 모방한 헬리콥터 프로펠러**
단풍나무 열매가 빙글빙글 돌아가며 멀리 날아가는 특징을 활용하여 헬리콥터의 프로펠러를 만들었습니다.

6 **식물의 특징을 모방한 생활용품**
민들레 열매가 바람에 날려 퍼지는 모습을 보고 열매의 생김새를 활용하여 낙하산을 만들었습니다. 가시가 있는 둥근 모양의 덩굴을 만들며 자라서 사람이나 동물이 접근하기 어려운 덩굴장미의 생김새를 활용하여 가시철조망을 만들었습니다.

실력 강화문제 ▶84~85쪽

1 ①	2 나연	3 ⓒ	4 (3) ○
5 예 굵은 줄기에 물을 저장하여 사막의 건조한 환경에서도 잘 견딜 수 있습니다.		6 ㉠ 낮고, ㉡ 작다	
7 ④	8 ③	9 ⓒ	10 ㉣

1 침수식물의 종류

검정말과 물수세미는 물속에 잠겨서 사는 식물로, 줄기가 가늘어 물의 흐름에 따라 잘 휩니다.

2 부레옥잠의 특징

부레옥잠의 잎자루를 칼로 잘라 관찰하면 잎자루 단면에 많은 공기주머니가 보입니다. 자른 부레옥잠의 잎자루를 물이 담긴 수조에 넣고 손가락으로 누르면 공기 방울이 위로 올라갑니다. 누른 손을 떼면 잎자루가 다시 부풀어 오릅니다.

┌─ **추가자료** ─┐

부레옥잠의 특징

[부레옥잠의 잎자루를 자른 모습]

- 잎자루의 속이 꽉 차 있지 않고, 자른 면에 많은 공기주머니가 있습니다.
- 잎자루의 가로 단면에는 둥근 공기구멍이 가득 차 있습니다.
- 잎자루의 세로 단면에는 공기구멍이 줄줄이 연결되어 있습니다.

▲ 가로 단면   ▲ 세로 단면

[자른 부레옥잠의 잎자루를 물속에 넣고 손으로 누를 때 나타나는 현상]

- 부레옥잠의 자른 잎자루를 물속에 넣고 손으로 누르면 공기 방울이 나와 위로 올라갑니다.
- 잎자루를 누른 손을 떼면 잎자루가 다시 부풀어 오릅니다.

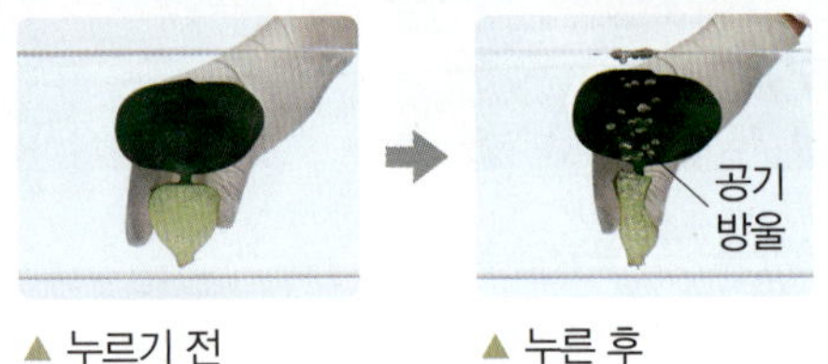

▲ 누르기 전   ▲ 누른 후

3 사막에 사는 식물의 종류

용설란, 바오바브나무, 메스키트나무는 사막에 사는 식물입니다. 떡갈나무는 들과 산에 사는 식물입니다.

4 선인장의 특징

선인장은 줄기가 굵고 통통합니다. 줄기를 자른 면은 미끄럽고 축축하며, 휴지를 대어 보면 물기가 묻어 나옵니다.

┌─ **추가자료** ─┐

선인장 줄기를 자른 면에 휴지를 대어 본 모습

- 선인장 줄기를 자른 면에 휴지를 대어 보면 휴지가 젖습니다.
- 물기가 묻어 나오는 것을 확인할 수 있습니다.

5 선인장의 특징

선인장은 굵은 줄기에 물을 저장할 수 있어서 오랫동안 비가 오지 않아도 살 수 있습니다.

채점 TIP 굵은 줄기에 물을 저장할 수 있는 선인장의 특징을 쓰면 정답으로 합니다.

▲ 선인장

6 극지방 환경의 특징

극지방에 사는 식물은 대부분 키가 작아서 낮은 기온과 차고 강한 바람을 견딜 수 있습니다.

┌─ **추가자료** ─┐

극지방에 사는 식물

▲ 남극구슬이끼   ▲ 남극좀새풀

▲ 북극이끼장구채   ▲ 북극버들

7 바닷가에 사는 식물의 종류

갯방풍과 칠면초는 바닷가에 사는 식물입니다. 바닷가는 바람이 많이 불고, 바닷물에 소금 성분이 많기 때문에 바닷가에 사는 식물은 키가 작게 자라며, 소금 성분이 있는 물에서도 살 수 있는 특징이 있습니다.

8 덥고 비가 많이 오는 곳에 사는 식물의 종류

고사리, 바나나, 몬스테라는 덥고 비가 많이 오는 곳에 사는 식물입니다. 순비기나무는 바닷가에 사는 식물입니다.

| 추가자료 |

덥고 비가 많이 오는 곳에 사는 식물

▲ 고사리   ▲ 바나나

▲ 몬스테라   ▲ 야자나무

9 도꼬마리의 특징을 모방한 찍찍이 테이프

도꼬마리 열매의 가시 끝이 갈고리 모양으로 천에 붙어 잘 떨어지지 않는 특징을 활용해 찍찍이 테이프를 만들었습니다.

| 추가자료 |

도꼬마리 열매와 찍찍이 테이프의 공통점
- 끝부분이 갈고리처럼 휘어져 있습니다.
- 사람의 옷이나 동물의 털에 달라붙어 잘 떨어지지 않습니다.

▲ 도꼬마리 열매

▲ 찍찍이 테이프

10 식물의 특징을 모방한 생활용품

연잎의 표면에는 작고 둥근 돌기가 많아 물이 흡수되지 않고 미끄러지듯이 흘러내리는 특징이 있습니다. 이러한 특징을 활용해 방수 천이나 유리 코팅제 등을 만들었습니다.

| 추가자료 |

연잎의 특징
- 연잎에 스포이트로 물을 한 방울 떨어뜨리면 물방울이 퍼지지 않고 공처럼 둥글게 뭉쳐집니다.
- 연잎 위의 물방울은 흡수되지 않고 미끄러지듯이 흘러내립니다.

연잎   맺힌 물방울

1 잎맥　　**2** (3) ◯ (4) ◯　　**3** (라)
4 ㉠ 풀, ㉡ 나무　　**5** 다희　　**6** ㉣
7 (3) ×　　**8** ③　　**9** ㉡, ㉣　　**10** 용설란
11 ③　　**12** ㉠, ㉣　　**13** (1) ◯ (4) ◯
14 유하　　**15** (1) ㉡ (2) ㉠　　**16** (1) 예 잎의 전체적인 모양이 길쭉한가? (2) 예 소나무, 강아지풀 (3) 예 단풍나무, 토끼풀　　**17** 예 전체적인 모양이 넓적합니다. 가장자리가 톱니 모양입니다. 끝부분은 뾰족합니다. 잎맥의 모양이 그물 모양입니다.　　**18** 예 부레옥잠은 잎자루에 있는 공기주머니의 공기 때문에 물에 떠서 살 수 있습니다.　　**19** 예 물의 증발을 줄일 수 있습니다. 동물이 함부로 먹지 못합니다.　　**20** 예 도꼬마리 열매 가시 끝의 갈고리 모양이 동물의 털이나 사람의 옷에 잘 붙는 특징을 활용해 찍찍이 테이프를 만들었습니다.

1 잎맥은 잎몸에서 선처럼 보이는 부분입니다. 잎맥은 잎에서 물과 양분이 이동하는 통로로, 잎의 형태를 유지해 줍니다. 잎맥은 퍼진 모양에 따라 그물맥과 나란히맥으로 나눌 수 있습니다.

| 추가자료 |

잎의 생김새
- 잎몸: 잎을 이루는 넓은 부분입니다.
- 잎자루: 잎몸과 줄기 사이에 있는 부분입니다.
- 잎맥: 잎몸에서 선처럼 보이는 부분입니다.

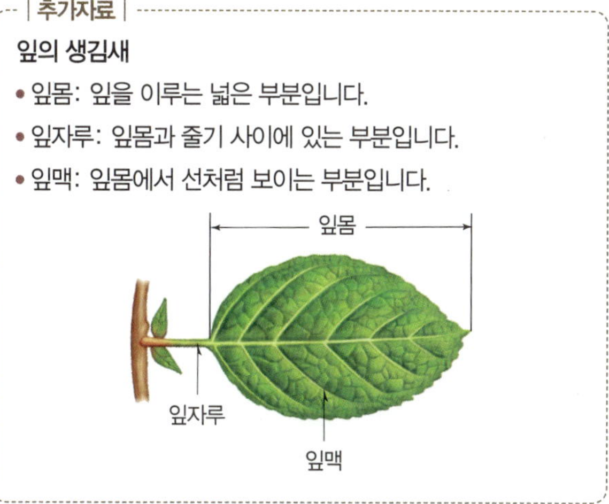

2 강아지풀과 대나무의 잎은 전체적인 모양이 좁고 길쭉하며, 끝 모양이 뾰족합니다. 감나무의 잎은 전체적인 모양이 좁지 않고 둥급니다. 토끼풀은 잎이 한곳에 세 개씩 납니다.

3 잣나무의 잎은 바늘처럼 잎의 끝이 뾰족하고, 한곳에 다섯 개씩 뭉쳐납니다. 토끼풀의 잎은 한곳에 세 개씩 나고, 잎의 끝이 둥급니다.

▲ 잣나무   ▲ 토끼풀

4 풀과 나무의 차이점을 묻는 문제입니다. 들과 산에 사는 식물은 크게 풀과 나무로 구분할 수 있습니다. 풀은 나무보다 키가 작고, 줄기가 가늡니다. 풀은 대부분 한해살이식물이지만 나무는 모두 여러해살이식물입니다.

5 풀과 나무의 공통점을 묻는 문제입니다. 풀과 나무는 뿌리, 줄기, 잎이 있고, 잎 색깔이 대부분 초록색입니다. 풀과 나무는 필요한 양분을 광합성을 통해 스스로 만듭니다.

왜 답이 아닐까?

• 영재: 잎과 줄기만 있고, 뿌리는 없어.

→ 들과 산에 사는 풀과 나무는 대부분 잎과 줄기가 뚜렷하고 땅에 뿌리를 내리고 삽니다.

• 시언: 겨울철에도 줄기가 죽지 않고 살아 있어.

→ 풀은 대부분 겨울철에는 잎과 줄기를 볼 수 없고, 나무는 겨울철에도 줄기를 볼 수 있습니다. ㈎ 강아지풀은 겨울에 죽는 한해살이식물이고, ㈐ 소나무는 겨울에도 죽지 않고 살아 있는 여러해살이식물입니다.

6 강이나 호수에는 물속에 잠겨서 사는 식물, 물에 떠서 사는 식물, 잎이 물에 떠 있는 식물, 잎이 물 위로 높이 자라는 식물이 있습니다. 관찰 일기는 물에 떠서 사는 식물에 대한 설명이고, 물상추, 개구리밥, 부레옥잠 등이 물에 떠서 삽니다.

7 연꽃, 부들, 창포 등은 잎이 물 위로 높이 자라고, 뿌리는 물속이나 물가의 땅에 있습니다. 개구리밥은 물에 떠서 살고, 수염처럼 생긴 뿌리가 물속으로 뻗어 있습니다.

8 갈대, 수련, 부레옥잠, 물수세미는 강이나 호수에 사는 식물이고, 명아주는 들과 산에 사는 식물입니다.

| 추가자료 |

강이나 호수에 사는 식물

• 물속에 잠겨서 사는 식물

▲ 물수세미　　▲ 나사말　　▲ 검정말

• 물에 떠서 사는 식물

▲ 개구리밥　　▲ 물상추　　▲ 부레옥잠

• 잎이 물에 떠 있는 식물

▲ 수련　　▲ 가래　　▲ 마름

• 잎이 물 위로 높이 자라는 식물

▲ 연꽃　　▲ 부들　　▲ 창포

9 사막에는 회전초, 선인장, 바오바브나무, 메스키트나무, 용설란 등이 삽니다.

| 추가자료 |

사막에 사는 식물

▲ 기둥선인장　　▲ 아데니움　　▲ 바오바브나무

▲ 용설란　　▲ 메스키트나무　　▲ 회전초

10 용설란은 두껍고 껍질이 단단한 잎에 물을 저장할 수 있기 때문에 사막에 살기에 알맞습니다.

11 사막은 비가 적게 오고 건조하여 물이 적은 환경입니다. 사막에 사는 식물은 이러한 환경에서 잘 견딜 수 있는 특징이 있습니다.

12 극지방에 사는 식물은 대부분 키가 작아서 낮은 기온과 차고 강한 바람을 견딜 수 있습니다. 또한 깊은 땅속은 일 년 내내 얼어 있기 때문에 땅속 깊이 뿌리를 내리지 않습니다.

13 퉁퉁마디, 해홍나물, 갯방풍, 칠면초는 바닷가에 사는 식물입니다. 바닷가의 환경은 햇빛이 강하고 바람이 많이 불며, 물에 소금 성분이 많이 들어 있습니다.

▲ 퉁퉁마디　　　▲ 순비기나무

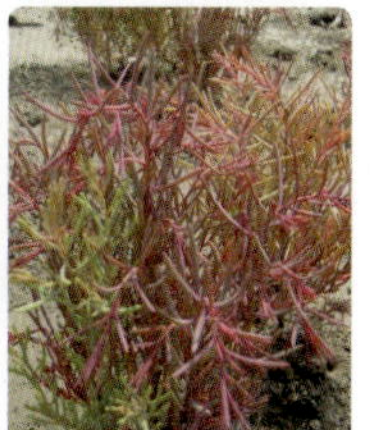

▲ 해홍나물　　　▲ 갯방풍　　　▲ 칠면초

14 덥고 비가 많이 오는 곳에는 여러 종류의 식물이 빽빽하게 살고 있으므로 식물마다 햇빛을 최대한 많이 받기 위해 층을 이루며 살고 있습니다.

15 연잎을 확대해서 보면 표면에 수많은 작은 돌기가 있는데 이것이 물을 흡수하지 않고 흘러내리게 합니다. 이러한 특징을 활용하여 물이 스며들지 않는 방수 천, 자동차나 유리 코팅제 등을 만들었습니다. 단풍나무 열매가 빙글빙글 돌아가며 멀리 날아가는 특징을 활용하여 헬리콥터의 프로펠러를 만들었습니다.

연잎의 표면을 확대해 보면 수많은 작은 돌기가 있습니다. 이 돌기가 물을 흡수하지 않고 흘러내리게 합니다.

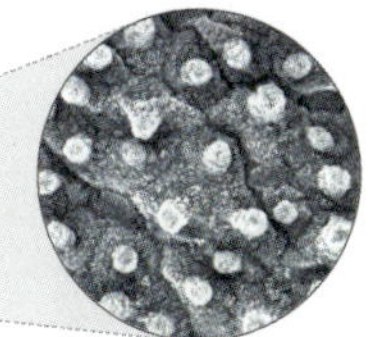

▲ 연잎

16 잎의 끝 모양으로 분류할 수도 있습니다. 잎의 끝 모양이 뾰족한 것은 단풍나무, 소나무, 강아지풀의 잎이고, 그렇지 않은 것은 토끼풀의 잎입니다. 잎의 가장자리 모양으로도 분류할 수 있습니다. 잎의 가장자리가 톱니 모양인 것은 단풍나무, 토끼풀의 잎이고, 그렇지 않은 것은 소나무, 강아지풀의 잎입니다.

채점 기준

| 상 | (1) 분류 기준을 옳게 정하고, 그 기준에 맞게 (2), (3)의 식물의 잎을 옳게 분류한 경우 |
| 하 | (1) 분류 기준을 옳게 정했으나, (2), (3)의 식물의 잎을 옳게 분류하지 못한 경우 |

17 잎은 종류에 따라 전체적인 모양, 가장자리 모양, 끝부분 모양, 잎맥의 모양 등 생김새가 다양합니다.

채점 기준

상	전체적인 모양, 가장자리 모양, 끝부분 모양, 잎맥의 모양 등의 생김새의 특징 중 세 가지를 옳게 쓴 경우
중	생김새의 특징 중 두 가지를 옳게 쓴 경우
하	생김새의 특징 중 한 가지를 옳게 쓴 경우

18 부레옥잠의 잎자루를 칼로 잘라 관찰하면 단면에 많은 공기주머니가 보입니다. 이 공기주머니에 공기를 저장하고 있기 때문에 부레옥잠이 물에 떠서 살 수 있습니다.

채점 기준

상	잎자루에 공기주머니가 있기 때문에 물에 뜰 수 있다고 쓴 경우
중	공기주머니가 있기 때문에 물에 뜰 수 있다고 쓴 경우
하	잎자루 때문에 물에 뜰 수 있다고 쓴 경우

19 선인장의 잎은 가시 모양이라 물이 필요한 다른 동물이 공격하는 것을 피할 수 있고, 물의 증발을 줄여 건조한 사막에서 살기에 유리합니다.

채점 기준

상	물의 증발을 줄이는 것과 동물에게 쉽게 먹히지 않는 것을 모두 쓴 경우
중	물의 증발을 줄이는 것만 쓴 경우
하	동물에게 쉽게 먹히지 않는 것만 쓴 경우

20 도꼬마리 열매의 생김새를 활용해 찍찍이 테이프를 만들었습니다.

채점 기준

| 상 | 도꼬마리 열매의 생김새와 털이나 옷에 잘 붙는 특징을 모두 쓴 경우 |
| 하 | 도꼬마리 열매의 생김새와 털이나 옷에 잘 붙는 특징 중 한 가지만 쓴 경우 |

단원 핵심 정리　　　▶90~91쪽

| 1 잎맥 | 2 나무 | 3 줄기 | 4 잎 |
| 5 소금 | 6 낙하산 |

4 생물의 한살이

1 동물의 한살이 (1)

+ 개념 분석

필수 개념 23 배추흰나비는 알, 애벌레, 번데기, 어른벌레의 한살이 과정을 거친다.

- 동물의 한살이: 동물의 알이나 새끼가 태어나고 자라서 다시 알이나 새끼를 낳기까지의 과정임.
- 배추흰나비의 한살이: 알 → 애벌레 → 번데기 → 어른벌레

필수 개념 24 곤충의 한살이는 완전 탈바꿈과 불완전 탈바꿈이 있다.

- 완전 탈바꿈: '알 → 애벌레 → 번데기 → 어른벌레'의 한살이 과정을 거치는 곤충의 생김새 변화임.
- 불완전 탈바꿈: '알 → 애벌레 → 어른벌레'의 한살이 과정을 거치는 곤충의 생김새 변화임.

+ 탐구 분석

배추흰나비 한살이 관찰하기

- 배추흰나비 알: 연한 노란색의 길쭉한 옥수수 모양이고 크기가 매우 작으며, 움직이지 않고 먹이도 먹지 않음.
- 배추흰나비 애벌레: 초록색의 긴 원통 모양이고, 몸이 여러 개의 마디로 되어 있으며, 기어다니면서 잎을 갉아 먹음.
- 배추흰나비 번데기: 가운데가 볼록 튀어 나왔고 양쪽 끝이 뾰족한 모양이며, 움직이지 않고 먹이도 먹지 않음.
- 배추흰나비 어른벌레: 몸이 머리, 가슴, 배로 구분되고 가슴에 세 쌍의 다리와 두 쌍의 날개가 달려 있으며, 날개로 날아다니며 꽃의 꿀을 빨아 먹음.

필수 탐구　▶98쪽

1 배추흰나비 알　　**2** (4) ✕

1 배추흰나비는 알, 애벌레, 번데기, 어른벌레 단계를 거치며 자랍니다.

2 배추흰나비 애벌레가 번데기가 되면 움직이지 않고, 먹이도 먹지 않습니다. (4)는 배추흰나비 애벌레에 대한 설명입니다.

개념 확인문제　▶99쪽

1 동물의 한살이　　　**2** ㉢
3 ㉡ → ㉠ → ㉣ → ㉢　　**4** ㉠ 다리, ㉡ 곤충
5 ④　　　　　　　　**6** ②

1 **동물의 한살이의 의미**
동물의 알이나 새끼가 자라서 어미가 되면 다시 알이나 새끼를 낳습니다. 이처럼 동물이 태어나서 성장하여 자손을 남기는 과정을 동물의 한살이라고 합니다.

2 **배추흰나비 알과 애벌레의 특징**
배추흰나비 알은 애벌레의 먹이가 될 식물의 잎 뒷면에서 볼 수 있고, 크기가 1 mm 정도로 작으며 움직이지 않고, 자라지도 않습니다. 배추흰나비 애벌레는 자유롭게 기어 다니며, 잎을 먹고 자랍니다.

3 **배추흰나비의 한살이 과정**
㉠은 배추흰나비 애벌레, ㉡은 배추흰나비 알, ㉢은 배추흰나비 어른벌레, ㉣은 배추흰나비 번데기의 모습입니다. 배추흰나비는 알, 애벌레, 번데기, 어른벌레 단계를 거치며 자랍니다.

4 **배추흰나비의 특징**
곤충은 몸이 머리, 가슴, 배로 구분되고 세 쌍의 다리가 있는 동물입니다.

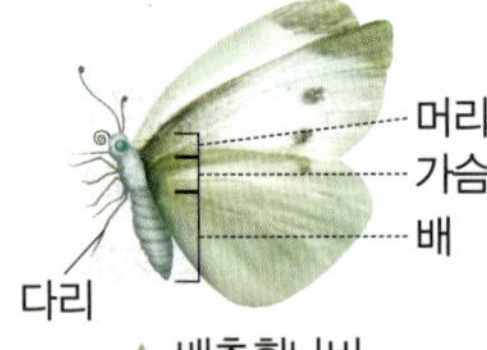

▲ 배추흰나비

5 **불완전 탈바꿈을 하는 곤충**
사마귀는 알, 애벌레를 거쳐 어른벌레로 자라며 번데기 단계가 없는 불완전 탈바꿈을 합니다.

| 추가자료 |

사마귀의 한살이

▲ 알　　　　　▲ 애벌레　　　　　▲ 어른벌레

6 **곤충의 한살이**
애벌레의 몸은 단단한 껍데기에 싸여 있기 때문에 몸이 어느 정도 자라면 이 껍데기를 벗어야 계속 자랄 수 있습니다. 애벌레가 벗은 껍데기를 허물이라고 합니다.

① 동물의 한살이 (2)

+ 개념 분석

필수 개념 25 알을 낳는 동물은 알에서 새끼가 나와 먹이를 먹고 자란다.

- 알을 낳는 동물의 특징: 알에서 새끼가 나와서 자라고, 다 자란 암컷은 다시 알을 낳아 한살이를 이어감.
- 알을 낳는 동물의 종류: 배추흰나비, 잠자리, 개구리, 뱀, 거북, 닭, 까치, 붕어 등
- 닭의 한살이: 알 → 병아리 → 어린 닭 → 다 자란 닭

필수 개념 26 새끼를 낳는 동물은 어미와 비슷하게 생긴 새끼를 낳아 젖을 먹인다.

- 새끼를 낳는 동물의 특징: 새끼는 어미와 모습이 비슷하고 어미젖을 먹고 자라다가 점차 어미와 같은 먹이를 먹음.
- 새끼를 낳는 동물의 종류: 개, 고양이, 박쥐, 고래, 소 등
- 개의 한살이: 갓 태어난 강아지 → 큰 강아지 → 다 자란 개

+ 탐구 분석

개구리의 한살이 알아보기

- 개구리의 한살이: 알 → 올챙이 → 개구리
- 개구리 알은 투명한 우무질에 싸여 물속에 뭉쳐 있음. → 알에서 올챙이가 나옴. → 뒷다리가 나옴. → 앞다리가 나옴. → 꼬리가 서서히 없어지고 어린 개구리가 됨. → 다 자란 개구리는 암컷이 알을 낳을 수 있음.

필수 탐구 ▶102쪽

1 ㉢　　　　**2** ⑤

1 배추흰나비는 식물의 잎에 알을 낳고, 개미는 땅속에 알을 낳습니다. 개구리는 물속에 알을 낳고 알에서 나온 올챙이는 물속에서 생활합니다.

2 올챙이는 물속에서 꼬리로 헤엄을 치며 삽니다. 뒷다리가 먼저 나오고 앞다리가 나온 뒤에 꼬리가 서서히 없어지고 개구리가 되면 물과 땅을 오가며 생활합니다. 개구리 뒷다리에는 물갈퀴가 있어서 헤엄을 잘 칩니다. 다 자란 개구리는 물속에 알을 낳습니다.

개념 확인문제 ▶103쪽

1 ①, ③　　**2** (1) ㉢ (2) ㉠ (3) ㉡　　**3** ㉠
4 ㉡　　　**5** 송아지　　**6** ④

1 알을 낳는 동물의 종류

까치와 붕어는 알을 낳는 동물이고, 토끼와 호랑이는 새끼를 낳는 동물입니다.

> **추가자료**
>
> **알을 낳는 동물과 새끼를 낳는 동물의 종류**
> - 알을 낳는 동물: 배추흰나비, 잠자리, 개구리, 뱀, 거북, 닭, 까치, 붕어, 연어 등
> - 새끼를 낳는 동물: 개, 고양이, 박쥐, 고래, 돌고래, 소, 말 등

2 닭의 한살이

닭은 '알 → 병아리 → 어린 닭 → 다 자란 닭'의 한살이 과정을 거칩니다. 닭은 땅 위에 알을 낳고 병아리가 알을 깨고 나와 닭으로 자랍니다.

3 수탉과 암탉의 차이점

수탉은 머리에 볏이 있고, 꽁지깃이 길어서 휘어집니다. 수탉은 암탉보다 깃털의 색깔이 화려합니다.

4 갓 태어난 강아지의 특징

갓 태어난 강아지는 눈을 뜨지 못해 사물을 볼 수 없고, 귀가 막혀 있어 소리를 들을 수 없습니다.

> **왜 답이 아닐까?**

㉠ 꼬리가 없다.
→ 갓 태어난 강아지도 다 자란 개와 마찬가지로 꼬리가 있습니다.
㉢ 몸이 깃털로 덮여 있다.
→ 갓 태어난 강아지도 다 자란 개와 마찬가지로 몸이 털로 덮여 있습니다.
㉣ 작은 소리도 잘 들을 수 있다.
→ 갓 태어난 강아지는 귀가 막혀 있어 소리를 들을 수 없습니다.

5 소의 한살이 과정

소의 새끼를 부르는 말은 송아지입니다. 개의 새끼는 강아지, 말의 새끼는 망아지라고 부릅니다.

6 새끼를 낳는 동물의 한살이

새끼를 낳는 동물은 종류에 따라 한 번에 낳는 새끼의 수가 다릅니다. 코끼리, 소 등은 한 번에 한 마리의 새끼를 낳지만, 토끼, 개 등은 한 번에 여러 마리의 새끼를 낳습니다.

실력 강화문제

▶ 104 ~ 105쪽

1 ㉢　　**2** 예 동물의 알이나 새끼가 태어나고 자라서 다시 알이나 새끼를 낳기까지의 과정을 말합니다.
3 서울　　**4** ㉢　　**5** ②, ⑤　　**6** ㉢
7 올챙이　　**8** ④　　**9** ③, ④　　**10** 예 갓 태어난 강아지는 눈을 뜨지 못해 사물을 볼 수 없고, 다 자란 개는 눈을 떠 사물을 볼 수 있습니다. 갓 태어난 강아지는 어미젖을 먹고, 다 자란 개는 이빨이 있어 먹이를 뜯거나 씹어 먹습니다.

1 배추흰나비 애벌레의 특징

알에서 나온 애벌레는 단백질이 많은 알껍데기를 먹어서 몸에 부족한 영양분을 얻습니다. 또한 알껍데기를 먹는 것은 자신의 흔적을 빨리 제거하여 적에게 노출되는 것을 막고 자신을 보호하기 위한 방편입니다.

2 동물의 한살이의 의미

동물의 알이나 새끼가 자라서 어미가 되면 다시 알이나 새끼를 낳습니다. 이처럼 동물이 태어나서 자손을 남기는 과정을 동물의 한살이라고 합니다.

채점 TIP 동물이 태어나 자라서 자손을 남기는 과정이라고 써도 정답으로 합니다.

3 배추흰나비 애벌레와 번데기의 특징

배추흰나비 애벌레는 먹이를 먹고, 다리로 자유롭게 기어서 움직입니다. 허물을 네 번 벗으면서 몸이 커집니다. 애벌레가 번데기가 되면 한곳에 붙어 움직이지 않습니다. 번데기는 먹이를 먹지 않고, 자라지도 않습니다.

| 추가자료 |

배추흰나비 애벌레와 번데기 비교

구분	배추흰나비 애벌레	배추흰나비 번데기
모습		
생김새	• 초록색의 몸에 털이 많고, 긴 원통 모양임. • 몸이 여러 개의 마디로 되어 있음.	• 주변의 색깔과 비슷하게 몸 색깔이 변함. • 가운데가 볼록하고, 양쪽 끝이 뾰족함.
크기	허물을 벗으면서 몸이 30 mm까지 자람.	길이가 20 mm~25 mm 정도이며, 크기가 달라지지 않음.
움직이는 모습	자유롭게 기어다니며 잎을 갉아 먹음.	움직이지 않고, 먹이도 먹지 않음.

4 배추흰나비 어른벌레의 특징

배추흰나비는 몸이 머리, 가슴, 배 세 부분으로 구분되며, 가슴에 날개 두 쌍과 다리 세 쌍이 있습니다. ㉠은 머리, ㉡은 가슴, ㉢은 배입니다.

5 곤충의 특징

벌, 잠자리, 무당벌레는 곤충이고, 참새, 거미, 원숭이는 곤충이 아닙니다. 곤충의 특징을 이용하여 분류할 수 있습니다. 몸이 머리, 가슴, 배로 구분되고, 세 쌍의 다리가 있는 동물을 곤충이라고 합니다. 벌과 무당벌레는 완전 탈바꿈을 하고, 잠자리는 불완전 탈바꿈을 합니다.

6 병아리와 닭의 차이점

다 자란 수탉은 암탉보다 볏과 꽁지깃이 길고 색깔이 화려해서 암수를 구별하기 쉽습니다.

왜 답이 아닐까?

㉠ 암수의 구별이 뚜렷하다.
→ 병아리는 암수가 쉽게 구별되지 않지만, 다 자란 닭은 암수가 쉽게 구별됩니다.
㉡ 볏이 작아 보이지 않는다.
→ 병아리는 볏이 없고, 다 자란 닭은 볏이 있습니다. 수탉은 암탉보다 볏의 크기가 큽니다.

7 개구리의 한살이 과정

알에서 나온 개구리의 새끼를 올챙이라고 합니다. 올챙이는 물속에서 살면서 뒷다리, 앞다리가 나오고 꼬리가 없어지면서 개구리가 됩니다.

| 추가자료 |

개구리의 한살이

8 개구리와 올챙이의 차이점

올챙이는 물속에서 생활하며, 시간이 지나면 다리가 생기고 꼬리가 사라지면서 물과 땅을 오가며 생활하는 개구리가 됩니다. 이처럼 올챙이와 개구리는 사는 곳과 생김새 등이 많이 다르기 때문에 예전 일을 기억하지 못한다는 뜻으로 속담에서 사용한 것입니다.

| 추가자료 |

올챙이와 개구리 비교

구분	올챙이	개구리
모습		
특징	• 둥근 머리에 눈과 입이 있으며, 아가미 한 쌍이 있음. • 물속에서 꼬리로 헤엄을 치며 이동함.	• 다리가 네 개이고, 꼬리가 없음. • 뒷다리의 발가락에 물갈퀴가 있어서 헤엄을 잘 침. • 물속과 땅 위를 오가며 생활함.

9 새끼를 낳는 동물의 한살이

박쥐, 고래, 고양이는 새끼를 낳는 동물입니다. 새끼는 어미와 모습이 비슷하고 어미젖을 먹고 자라다가 점차 어미와 같은 먹이를 먹습니다. 다 자란 동물은 암수가 짝짓기를 하여 암컷이 새끼를 낳습니다.

왜 답이 아닐까?

① 알을 낳는다.

→ 박쥐, 고래, 고양이는 모두 새끼를 낳는 동물입니다.

② 물속에 새끼를 낳는다.

→ 고래만 물속에서 새끼를 낳습니다.

⑤ 새끼와 어미의 모습이 많이 다르다.

→ 새끼를 낳는 동물은 새끼와 어미의 모습이 많이 비슷합니다.

10 갓 태어난 강아지와 개의 차이점

갓 태어난 강아지는 귀가 막혀 있어 소리를 듣지 못하고, 다리에 힘이 없어 일어나지 못합니다. 다 자란 개는 작은 소리도 들을 수 있고, 걷거나 뛰어다닙니다.

채점 TIP 단순히 크기의 차이가 아닌 보고, 듣고, 먹고, 뛰는 등의 능력의 차이를 두 가지 쓰면 정답으로 합니다.

---

2 식물의 한살이 (1)

+ 개념 분석

필수 개념 27 씨가 싹 트려면 충분한 양의 물과 적당한 온도가 필요하다.

• 씨가 싹 트려면 충분한 양의 물이 있어야 하고, 적당한 온도가 유지되어야 함.

• 냉장고에 넣어 둔 강낭콩은 싹이 트지 않고, 냉장고 밖에 둔 강낭콩은 싹이 틈.

• 강낭콩이 싹 트는 과정: 씨가 부풀어오름. → 뿌리가 나옴. → 두 장의 떡잎이 나옴. → 떡잎 사이로 본잎이 나옴.

필수 개념 28 식물이 잘 자라려면 충분한 양의 물과 햇빛이 필요하다.

• 식물이 잘 자라기 위해서는 충분한 양의 물과 햇빛이 필요하고, 적당한 온도도 필요함.

• 강낭콩이 자라는 모습: 씨가 싹 터서 떡잎이 두 장 나옴. → 떡잎 사이로 본잎이 나옴. → 잎과 줄기가 자라고, 꽃이 핌. → 꽃이 지고 열매와 씨를 맺음.

+ 탐구 분석

씨가 싹 트는 데 물이 미치는 영향

• 실험 조건: 물 조건은 다르게 하고, 온도, 강낭콩의 크기, 컵의 크기, 탈지면, 컵을 두는 장소 등의 조건은 모두 같게 해야 함.

• 물을 준 강낭콩은 싹이 트고, 물을 주지 않은 강낭콩은 싹이 트지 않음.

• 씨가 싹 트려면 충분한 양의 물이 필요함.

필수 탐구 ▶ 108쪽

1 ㉢	**2** (1) ○

1 씨가 싹 트는 데 물이 미치는 영향을 알아보기 위해서는 물 조건을 다르게 해야 합니다.

2 씨가 싹 트려면 충분한 양의 물이 필요하므로 물을 준 강낭콩만 싹이 틉니다.

 확인문제   ▶109쪽

1 ②	2 떡잎	3 ③	4 (가)
5 ㉡	6 ③		

1 싹 트는 데 필요한 조건 실험 설계

씨가 싹 트는 데 온도가 미치는 영향을 알아보기 위해서는 온도 조건만 다르게 해야 합니다.

│추가자료│

씨가 싹 트는 데 온도가 미치는 영향을 알아보는 실험 조건

다르게 해야 할 조건	온도
같게 해야 할 조건	온도를 제외한 조건(물, 강낭콩의 크기, 강낭콩의 개수, 강낭콩을 올려놓는 컵의 크기 등)

2 강낭콩이 싹 트는 과정

강낭콩이 싹 터서 자라는 과정을 살펴보면 먼저 뿌리가 나오고 껍질이 벗겨집니다. 그리고 땅 위로 떡잎 두 장이 나오고 떡잎 사이에서 본잎이 나옵니다.

3 식물이 자라는 데 햇빛이 미치는 영향

햇빛을 받은 화분과 햇빛을 받지 못한 화분의 식물이 자라는 모습을 비교하여 식물이 자라는 데 햇빛이 미치는 영향을 알아보는 실험입니다.

4 식물이 자라는 데 물이 미치는 영향

물을 적당히 준 화분의 식물은 잘 자라고, 물을 주지 않은 화분의 식물은 시들고 잘 자라지 못합니다.

5 식물이 자라는 데 물이 미치는 영향

물은 식물이 양분을 만들거나 양분을 이동시킬 때도 사용됩니다. 이 외에도 물은 식물체의 형태를 유지할 수 있도록 해 주기 때문에 물을 주지 않으면 식물 *세포 내에 물이 부족해져 형태를 유지하기 힘들게 되고 결국 시들게 됩니다.

6 식물의 잎과 줄기가 자라는 모습

식물이 자라면서 잎이 점점 넓어지고 개수도 많아집니다. 줄기도 점점 굵어지고 길어집니다.

* 세포: 생명체를 이루는 기본 단위입니다.

---

2 식물의 한살이 (2)

+ 개념 분석

필수 개념 29 한해살이식물은 한 해 안에 한살이 과정을 마치고 죽는 식물이다.

- 한해살이식물: 한 해 안에 씨가 싹 터서 자라 꽃이 피고 열매를 맺어 씨를 만드는 한살이를 마치는 식물임.
- 한해살이식물의 종류: 봉숭아, 강낭콩, 나팔꽃, 토마토, 해바라기, 코스모스, 호박, 고추, 옥수수, 벼 등

필수 개념 30 여러해살이식물은 여러 해를 살면서 한살이 과정을 반복하는 식물이다.

- 여러해살이식물: 씨가 싹 터서 자란 다음, 여러 해를 살면서 꽃이 피고 열매를 맺어 씨를 만드는 것을 반복하는 식물임.
- 여러해살이식물의 종류: 사과나무, 감나무, 은행나무, 개나리, 민들레, 비비추, 국화, 토끼풀 등

+ 탐구 분석

식물의 한살이 비교하기

- 한해살이식물인 벼의 한살이: 벼는 봄에 싹이 터서 가을에 열매와 씨를 남기고 한살이 과정을 끝냄.
- 여러해살이식물인 감나무의 한살이: 감나무 씨를 심으면 싹이 터서 몇 년간 자라다가 죽지 않고 겨울을 지낸 후 다음 해 새잎이 나옴. 적당한 크기로 자라면 꽃이 피고 열매를 맺는 과정을 반복함.

 탐구   ▶112쪽

1 ㉠ 꽃, ㉡ 열매	2 ㉠

1 벼는 씨가 싹 트고 잎과 줄기가 자라 꽃이 피고, 열매를 맺으면 한 해 동안의 한살이를 마치고 죽습니다.

2 여러해살이나무는 싹이 터서 몇 년 동안 자라다가 적당한 크기로 자라면 꽃이 피고 열매를 맺습니다. 나무는 열매를 맺은 뒤 죽지 않고 대부분 잎이 떨어진 채 겨울을 지내며, 다음 해 나무에서 새잎이 나오고 꽃을 피우며 열매 맺는 것을 반복합니다.

개념 확인문제

▶113쪽

1 한살이 **2** (3) ◯ **3** ③
4 ㉡ → ㉣ → ㉠ → ㉢ **5** 혜인 **6** ②

1 **식물의 한살이의 의미**

식물은 씨가 싹 터서 자라 꽃을 피우고 열매를 맺어 대를 잇는 한살이 과정을 모두 거칩니다.

2 **한해살이식물의 특징**

한해살이식물은 한 해 동안 한살이를 거치고 일생을 마치는 식물로, 보통 풀이 한해살이식물에 속합니다. 한해살이식물은 씨가 싹 터서 자라 꽃이 피며, 열매를 맺어 씨를 만들고 죽습니다. 봉숭아, 강낭콩, 토마토 등이 있습니다.

왜 답이 아닐까?

(1) 모두 나무이다.

→ 나무는 모두 여러해살이식물입니다.

(2) 민들레, 국화 등이 있다.

→ 민들레와 국화는 여러해살이풀입니다.

(4) 겨울에 뿌리와 줄기는 죽지 않고 살아남는다.

→ 한해살이식물은 봄에 씨가 싹 터서 자라 꽃을 피우고, 열매를 맺어 씨를 만들고 죽습니다.

3 **한해살이식물의 종류**

호박, 나팔꽃, 옥수수는 한 해 안에 한살이를 마치는 한해살이식물입니다. 개나리는 여러 해 동안 살면서 한살이를 되풀이하는 여러해살이식물입니다.

4 **봉숭아의 한살이 과정**

봉숭아는 봄에 싹이 터서 잎과 줄기가 자라 꽃이 피고, 꽃이 지면 열매와 씨를 만들고 한살이 과정을 끝냅니다.

5 **여러해살이식물의 특징**

여러해살이식물은 한해살이식물과 마찬가지로 씨가 싹 터서 자라며 꽃이 피고 열매를 맺어 번식합니다. 사과나무, 감나무, 은행나무 등과 같은 나무와 제비꽃, 비비추, 국화 등과 같은 일부 풀이 여러해살이식물에 속합니다.

6 **한해살이식물과 여러해살이식물의 종류**

벼와 강낭콩은 한해살이식물이고, 비비추와 감나무는 여러해살이식물입니다. 풀 중에는 비비추, 국화, 민들레와 같은 여러해살이식물도 있습니다.

실력 강화문제

▶114 ~ 115쪽

1 물 **2** ② **3** (나)
4 ㉣ → ㉠ → ㉢ → ㉡ **5** (1) ㉠, ㉢ (2) ㉠, ㉢
6 ㉢ **7** 코스모스, 옥수수, 나팔꽃
8 ② **9** ④ **10** 예 씨가 싹 터서 자라 꽃을 피우고 열매를 맺어 씨를 만듭니다.

1 **씨가 싹 트는 데 필요한 조건 실험 설계**

물의 조건만 다르게 하고 나머지 조건은 모두 같게 해 씨가 싹 트는 데 물이 필요한지 알아보는 실험입니다.

| 추가자료 |

씨가 싹 트는 데 물이 미치는 영향

- 물을 준 강낭콩은 싹이 트고, 물을 주지 않은 강낭콩은 싹이 트지 않습니다.
- 씨가 싹 트려면 충분한 양의 물이 필요합니다.

▲ 물을 주지 않은 강낭콩 ▲ 물을 준 강낭콩

2 **씨가 싹 트는 데 필요한 조건 실험 설계**

냉장고 안과 밖은 온도가 다릅니다. 온도의 조건만 다르게 하고 나머지 조건은 모두 같게 해 씨가 싹 트는 데 온도가 영향을 미치는지 알아보는 실험입니다.

3 **씨가 싹 트는 데 온도가 미치는 영향**

냉장고 안에 둔 강낭콩은 싹이 트지 않고, 냉장고 밖에 둔 강낭콩은 싹이 틉니다. 이 결과를 통해 씨가 싹 트려면 적당한 온도가 필요하다는 것을 알 수 있습니다.

| 추가자료 |

씨가 싹 트는 데 온도가 미치는 영향

- 냉장고에 넣어 둔 강낭콩은 싹이 트지 않았고, 냉장고 밖에 둔 강낭콩은 싹이 틉니다.
- 씨가 싹 트려면 적당한 온도가 필요합니다.

▲ 냉장고에 넣어 둔 강낭콩 ▲ 냉장고 밖에 둔 강낭콩

4 강낭콩의 꽃과 열매가 자라는 모습

강낭콩이 싹 트고 잎과 줄기가 자란 후 꽃봉오리가 생깁니다. 꽃봉오리의 개수가 점점 많아지고 꽃이 피기 시작합니다. 꽃이 지면 꽃이 진 자리에 열매(꼬투리)가 생기고, 꼬투리가 자라면서 꼬투리 속에 씨가 자랍니다.

5 식물이 자라는 데 필요한 조건

식물이 자라는 데 물이 미치는 영향을 알아보기 위한 실험에서는 물의 조건만 다르게 하고, 햇빛이 미치는 영향을 알아보기 위한 실험에서는 햇빛의 조건만 다르게 합니다.

| 추가자료 |

식물이 자라는 데 필요한 조건

● 식물이 잘 자라려면 적당한 양의 물이 필요합니다.

물을 준 식물	물을 주지 않은 식물
잎이 넓어지고 개수가 많아졌으며, 줄기도 길어짐.	잎이 시들었고, 줄기가 약하고 가늘게 자람.

● 식물이 잘 자라려면 충분한 햇빛이 필요합니다.

햇빛을 받은 식물	햇빛을 받지 않은 식물
잎이 크고 두꺼우며 진한 초록색을 띠고, 줄기가 굵고 튼튼하게 자람.	잎이 작고 얇으며 연한 초록색을 띠고, 줄기가 가늘고 약하게 자람.

6 봉숭아의 한살이 과정

봉숭아는 싹이 터서 두 장의 떡잎이 나오고, 잎과 줄기가 자라며 꽃이 피고 진 후에 열매가 맺혀 그 속에서 씨가 자랍니다. 봉숭아의 한살이 과정은 한 해 안에 이루어집니다.

| 추가자료 |

봉숭아의 한살이

▲ 봉숭아씨 　▲ 싹이 터서 떡잎이 두 장 나옴. 　▲ 본잎이 나옴.

▲ 잎과 줄기가 자람. 　▲ 잎겨드랑이에 꽃이 핌. 　▲ 꽃이 지면 꼬투리가 생김.

▲ 꼬투리가 터져서 씨가 튀어나옴. 　▲ 새로운 씨

7 한해살이식물의 종류

한해살이식물은 한살이 과정을 한 해 안에 끝내고 죽기 때문에 다음 해에 새잎을 보기 위해서는 다시 씨를 심어야만 합니다. 코스모스, 옥수수, 나팔꽃은 한해살이식물이고, 무궁화, 토끼풀, 사과나무는 여러해살이식물입니다.

8 여러해살이식물의 한살이 과정

사과나무는 씨가 싹 트고 잎과 줄기가 자랍니다. 겨울이 되어도 죽지 않고 살아남아 다음 해에 새잎이 납니다. 적당한 크기로 자라면 꽃이 피고 열매를 맺는 과정을 여러 해 동안 반복합니다.

| 추가자료 |

사과나무의 한살이

▲ 사과씨 　▲ 싹이 터서 떡잎이 두 장 나옴. 　▲ 잎과 줄기가 자람.

▲ 적당한 크기의 나무로 자람. 　▲ 겨울이 되면 잎이 떨어짐. 　▲ 봄이 되면 새잎이 나옴.

▲ 꽃이 핌. 　▲ 꽃이 지면 열매가 맺히고 씨가 생김.
(반복)

9 여러해살이식물의 특징

겨울에도 죽지 않고 살아남아 한살이 과정을 반복하는 식물을 여러해살이식물이라고 하고, 개나리가 여러해살이식물에 속합니다. 벼, 고추, 토마토, 해바라기는 한 해 동안 한살이를 마치고 죽는 한해살이식물입니다.

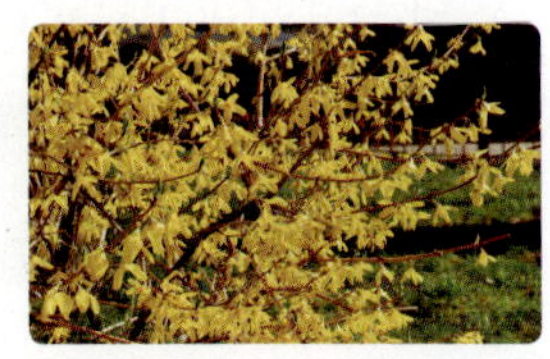
▲ 개나리

10 한해살이식물과 여러해살이식물의 공통점

한해살이식물과 여러해살이식물 모두 씨가 싹 터서 잎과 줄기가 자라며 꽃이 핀 뒤 열매를 맺고 열매 안에 씨가 있다는 공통점이 있습니다.

채점 TIP 씨가 싹 트는 것부터 다시 씨를 만들기까지의 과정을 모두 쓰면 정답으로 합니다.

1 ⑤	**2** ③	**3** ㉡	**4** (나), (라)
5 ㉣ → ㉢ → ㉡ → ㉠		**6** ②	**7** (2) ○
8 ㉣	**9** ①	**10** ⑤	**11** (1) ㉠ (2) ㉡
12 재희		**13** 한해살이식물	**14** ②

15 (1) ㉠ (2) ㉡, ㉢, ㉣　**16** 예 번데기에서 날개가 있는 어른벌레가 나오는 과정입니다.　**17** 예 무당벌레는 번데기 과정이 있는 완전 탈바꿈을 하고, 사마귀는 번데기 과정이 없는 불완전 탈바꿈을 합니다.

18 예 다 자란 수탉은 암탉보다 볏과 꽁지깃이 길고, 깃털의 색깔이 화려합니다.　**19** 예 식물이 잘 자라려면 충분한 햇빛이 필요합니다.　**20** 예 여러 해 동안 살면서 한살이 과정을 되풀이하는 여러해살이식물입니다.

1 알에서 나온 애벌레가 알껍데기를 갉아 먹는 까닭은 알껍데기에 영양분이 풍부하기 때문입니다. 애벌레가 초록색 잎을 먹으면서 몸 색깔이 점점 초록색으로 변합니다.

2 배추흰나비 어른벌레는 몸이 머리, 가슴, 배 세 부분으로 구분되고, 다리가 세 쌍 있습니다. 이러한 동물을 곤충이라고 합니다.

3 무당벌레는 '알 → 애벌레 → 번데기 → 어른벌레'의 한살이 과정을 거칩니다. 이러한 곤충의 생김새 변화를 완전 탈바꿈이라고 합니다.

| 추가자료 |

무당벌레의 한살이

4 '알 → 애벌레 → 어른벌레'의 한살이 과정을 거치는 곤충의 생김새 변화를 불완전 탈바꿈이라고 합니다. 불완전 탈바꿈을 하는 곤충에는 사마귀, 잠자리, 메뚜기, 매미 등이 있습니다.

| 추가자료 |

• **사마귀의 한살이**

• **잠자리의 한살이**

5 알에서 나온 올챙이는 뒷다리가 나온 뒤에 앞다리가 나옵니다. 그리고 꼬리가 짧아지다가 없어지면서 개구리가 됩니다.

6 소, 돼지, 고래는 새끼를 낳는 동물이고, 개구리는 물속에 알을 낳습니다.

| 추가자료 |

닭의 한살이

7 알을 낳는 동물은 동물의 종류에 따라 알을 낳는 장소와 한 번에 낳는 알의 개수, 알의 모양과 크기 등이 다양합니다. 알에서 새끼가 나와서 자라고, 다 자란 암컷은 다시 알을 낳아 한살이를 이어 갑니다. 알에서 나온 새끼는 어미와 모습이 비슷한 동물도 있고, 다른 동물도 있습니다.

왜 답이 아닐까?

(1) 물속에 알을 낳는다.

→ 개구리처럼 물속에 알을 낳는 동물도 있고, 닭처럼 땅 위에 알을 낳는 동물도 있습니다.

(3) 알은 단단한 껍데기에 싸여 있다.

→ 닭은 단단한 껍데기에 싸여 있는 알을 낳지만, 개구리는 투명한 우무질에 싸여 있는 알을 낳습니다.

(4) 알에서 나온 새끼와 어미의 모습이 비슷하다.

→ 메뚜기는 애벌레와 어른벌레의 생김새가 비슷하지만, 올챙이와 개구리처럼 새끼와 어미의 모습이 많이 다른 동물도 있습니다.

8 새끼를 낳는 동물의 새끼는 어미와 모습이 비슷하고 어미 젖을 먹고 자라다가 점차 어미와 같은 먹이를 먹습니다. 다 자라면 짝짓기를 하여 암컷이 새끼를 낳을 수 있습니다.

9 갓 태어난 강아지는 이빨이 없어 먹이를 씹지 못하고 어미 젖을 먹습니다. 다리에 힘이 없어 일어서지 못합니다. 다 자란 개는 이빨이 있어 먹이를 뜯거나 씹어 먹을 수 있고, 걷거나 달릴 수 있습니다. 짝짓기를 하여 암컷은 새끼를 낳을 수 있습니다.

10 씨가 싹 트는 데 물이 미치는 영향을 알아보는 실험에서는 물 조건만 다르게 하고, 나머지 조건은 같게 해야 합니다.

11 냉장고 밖에 둔 페트리 접시의 강낭콩은 온도가 적당하여 싹이 트지만, 냉장고 안에 넣어 둔 페트리 접시의 강낭콩은 온도가 낮아 싹이 트지 않습니다.

12 식물이 잘 자라기 위해서는 충분한 양의 물과 햇빛, 적당한 온도가 필요합니다.

13 한 해 안에 한살이를 마치는 식물을 한해살이식물이라 하고, 보통은 풀이 여기에 속합니다.

14 벼, 봉숭아, 해바라기는 한해살이식물이고, 감나무는 여러해살이식물입니다.

15 한해살이식물은 한 해 동안 한살이를 거치고 일생을 마치는 식물입니다. 여러해살이식물은 씨를 심어 적당한 크기로 자라는 데 몇 년이 걸리고, 어느 정도 자란 뒤 새잎이 나고 열매와 씨를 만드는 한살이를 여러 해 동안 반복합니다.

16 배추흰나비 번데기는 시간이 지나면서 점점 어른벌레의 날개 무늬가 보입니다. 번데기 등쪽이 갈라지면서 어른벌레의 머리가 나온 뒤 몸 전체가 나옵니다. 번데기에서 나온 어른벌레의 젖은 날개가 완전히 마르면 날 수 있습니다.

채점 기준

상	번데기에서 날개가 있는 어른벌레가 나오는 과정이라고 쓴 경우
중	번데기에서 어른벌레가 나오는 과정이라고 쓴 경우
하	어른벌레가 나오는 과정이라고만 쓴 경우

17 무당벌레는 '알 → 애벌레 → 번데기 → 어른벌레'의 한살이를 거치는 완전 탈바꿈을 하고, 사마귀는 '알 → 애벌레 → 어른벌레'의 한살이를 거치는 불완전 탈바꿈을 합니다.

채점 기준

상	번데기 과정의 유무를 쓰고, 완전 탈바꿈, 불완전 탈바꿈의 용어를 사용하여 비교한 경우
중	번데기 과정의 유무만 비교한 경우
하	비교하여 쓰지 않고 무당벌레와 사마귀 중 한 가지의 한살이 특징만 쓴 경우

18 병아리는 암수가 쉽게 구별되지 않지만, 부화한 지 6개월이 지나면 암수가 쉽게 구별됩니다.

채점 기준

상	수탉과 암탉의 볏, 꽁지깃, 깃털의 색깔 중 한 가지 이상의 차이점을 옳게 쓴 경우
중	정확한 명칭을 사용하지 않고, '수탉이 더 화려하다.', '수탉이 더 크다.'와 같이 간단하게 쓴 경우
하	'암탉은 알을 낳을 수 있다.'와 같이 생김새와 관련이 적은 차이점을 쓴 경우

19 식물은 햇빛을 이용하여 자라는 데 필요한 양분을 만들기 때문에 식물이 자라는 데 햇빛이 필요합니다.

채점 기준

상	식물이 잘 자라려면 충분한 햇빛이 필요하다고 쓴 경우
중	햇빛 차단 장치를 씌우지 않은 식물이 잘 자란다고 쓴 경우
하	햇빛 차단 장치를 씌운 식물은 잘 자라지 못한다고 쓴 경우

20 비비추는 여러해살이풀, 무궁화는 여러해살이나무입니다.

채점 기준

상	여러해살이식물의 특징 중 한 가지를 옳게 쓴 경우
하	식물의 한살이 과정을 쓴 경우

단원 핵심 정리 ▶ **120~121쪽**

1 번데기	**2** 애벌레	**3** 올챙이	**4** 어미젖
5 본잎	**6** 꽃	**7** 한해	**8** 여러해

믿고 보는 동아출판 초등 교재

동아출판

기초학습서부터 교과서 개념 다지기, 과목별 전문서까지!

초등학교 입학 전부터, 예비 중등까지!

초등학생에게 꼭 필요한 영역을 빠짐없이! **동아출판 초등 교재 라인업**

1 교과서 개념 완벽 학습

백점 국어, 수학, 사회, 과학

   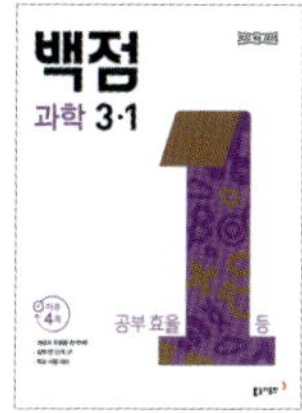

2 초등 영역별 기초학습서

초능력 국어, 수학, 과학
한국사, 한자

     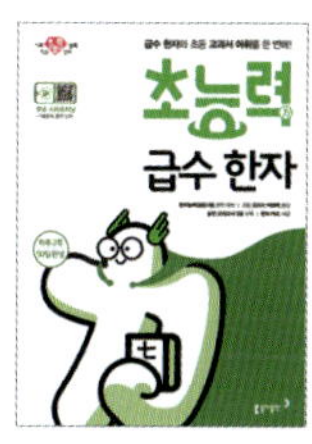

3 과목별 전문서

빠작 | 큐브 | 하이탑
뜯어먹는 초등 필수 영단어
그래머 클리어 스타터

    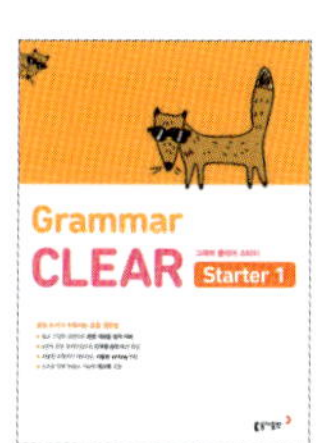

4 예비 중등

초고필 국어, 수학, 한국사
적중 반편성 배치고사 + 진단평가

하이탑
HIGHTOP

초등 과학 3·1

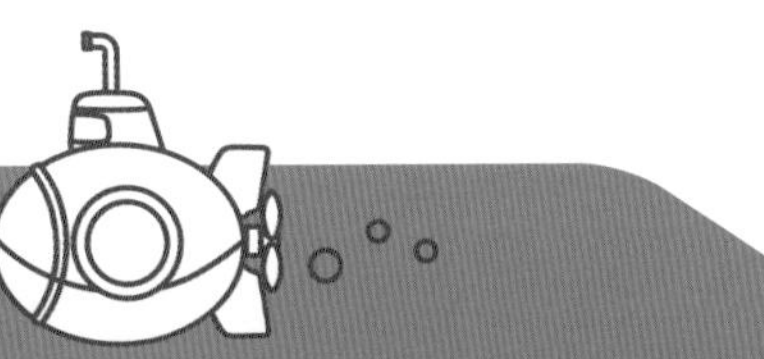

3권 정답과 해설